光盘界面

案例欣赏

案例欣赏

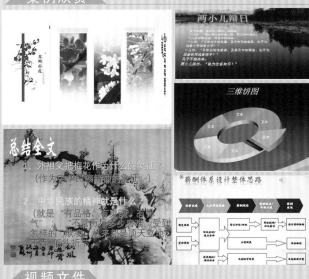

素材下载

视频文件

 1.flv
 2.flv
 3.flv
 4.flv
 5.flv
 6.flv
 7.flv
 8.flv
9.flv

 10.flv
 11.flv
 12.flv
 13.flv
 14.flv
15.flv
16.flv

苏州印象

文表混排

PPT教程

数学之美

再看看这个对称式

$1 \times 1 = 1$
$11 \times 11 = 121$
$111 \times 111 = 12321$
$1111 \times 1111 = 1234321$
$11111 \times 11111 = 123454321$
$111111 \times 111111 = 12345654321$
$1111111 \times 1111111 = 1234567654321$
$11111111 \times 11111111 =$
123456787654321
$111111111 \times 111111111 =$
12345678987654321

而 态度
A·T·T·I·T·U·D·E
$1+20+20+9+20+21+4+5 = 100\%$

那么看看「神的爱」能达到多少
L·O·V·E·O·F·G·O·D
$12+15+22+5+15+6+7+15+4 =$
101%

编排文档格式

语文课件

梅花简介

　　梅花，主要有红、白两种颜色，花分五瓣，香味很浓。特别是它在万花凋零的初春时节开放，深受人们的喜爱。梅花不畏严寒、不怕风欺雪压，它顶天立地，不肯低头折节。

学习目标

1、学习本课的生字新词。
2、正确、流利、有感情地朗读课文。
3、基本读懂课文，感受外祖父对祖国无限眷恋的思想感情，领悟梅花那种不畏"风欺雪压"的品格。

图文混排

霍山县自然资源丰富。

素有"金山药岭名茶地，竹海桑田水电乡"的美誉。

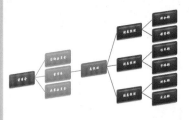

从新手到高手 Search

PowerPoint

办公 2016
应用 从新手到高手

Home   ▶   Company   ▶   Services   ▶   马海霞   金莉莉   编著 ◀
START MISSION   WHO WE ARE   WHAT WE DO

清华大学出版社
北京

内 容 简 介

本书由浅入深地介绍了使用 PowerPoint 2016 制作演示文稿的方法和技巧。全书共 14 章，内容涉及 PowerPoint 2016学习路线图、PowerPoint 基础操作、设置占位符、设置文本格式、设置版式及主题、使用图像、使用形状、使用 SmartArt 图形、使用表格、使用图表、使用多媒体、设置动画与交互效果、展示与发布演示文稿片、PowerPoint 高手进阶等知识。

本书图文并茂，秉承了基础知识与实例相结合的特点，其内容简单易懂、结构清晰、实用性强、案例经典，适合于项目管理人员、办公自动化人员、大中院校师生及计算机培训人员使用，同时也是 PowerPoint 爱好者的必备参考书。

本书封面贴有清华大学出版社防伪标签，无标签者不得销售。

版权所有，侵权必究。侵权举报电话：**010-62782989　13701121933**

图书在版编目（CIP）数据

PowerPoint 2016办公应用从新手到高手/马海霞，金莉莉编著. —北京：清华大学出版社，2016
（从新手到高手）

ISBN 978-7-302-44156-4

Ⅰ．①P⋯　Ⅱ．①马⋯　②金⋯　Ⅲ．①图形软件　Ⅳ．①TP391.41

中国版本图书馆 CIP 数据核字（2016）第 148563 号

责任编辑：冯志强　薛　阳
封面设计：杨玉芳
责任校对：徐俊伟
责任印制：沈　露

出版发行：清华大学出版社
　　　　　网　　　址：http://www.tup.com.cn, http://www.wqbook.com
　　　　　地　　　址：北京清华大学学研大厦 A 座　　　邮　　编：100084
　　　　　社 总 机：010-62770175　　　　　　　　　　邮　　购：010-62786544
　　　　　投稿与读者服务：010-62776969，c-service@tup.tsinghua.edu.cn
　　　　　质量反馈：010-62772015，zhiliang@tup.tsinghua.edu.cn
印 刷 者：清华大学印刷厂
装 订 者：北京市密云县京文制本装订厂
经　　销：全国新华书店
开　　本：190mm×260mm　印 张：21.75　插 页：1　字　数：630 千字
　　　　　（附光盘 1 张）
版　　次：2016 年 10 月第 1 版　　　　　　　　　印　次：2016 年 10 月第 1 次印刷
印　　数：1～3500
定　　价：59.80 元

产品编号：068242-01

前　言

　　PowerPoint 2016 是微软公司发布的 Office 2016 办公软件的重要组成部分，主要用于制作与演示幻灯片。PowerPoint 2016 在继承以前版本优点的基础上增加了一些新功能，用户使用起来更加方便。

　　本书以 Microsoft PowerPoint 2016 为基本工具，详细介绍如何以其可视化操作来创建多媒体演示文稿，并应用各种多媒体元素。

　　本书是一种典型的案例实例教程，由多位经验丰富的 PowerPoint 数据管理者编著而成。并且，立足于企事业办公自动化和数字化，详细介绍各类幻灯片的制作方法。

1．本书内容介绍

　　全书系统、全面地介绍 PowerPoint 2016 的应用知识，每章都提供了丰富的实用案例，用来帮助读者巩固所学知识。本书共分为 14 章，内容概括如下：

　　第 1 章　全面介绍 PowerPoint 2016 学习路线图，包括 PowerPoint 概述、PowerPoint 2016 新增功能、PowerPoint 2016 工作界面、PowerPoint 2016 快速入门、PowerPoint 视图、PowerPoint 窗口操作等内容。

　　第 2 章　全面介绍 PowerPoint 基础操作，包括创建演示文稿、操作幻灯片、设置幻灯片大小、保存演示文稿、保护演示文稿等内容。

　　第 3 章　全面介绍设置占位符，包括选择占位符、编辑占位符、美化占位符、输入文本、编辑文本、查找和替换文本等内容。

　　第 4 章　全面介绍设置文本格式，包括设置字体格式、设置段落格式、设置项目符号、设置编号、设置艺术字样式等内容。

　　第 5 章　全面介绍设置版式及主题，包括设置幻灯片布局、设置幻灯片母版、设置讲义母版、设置备注母版、设置幻灯片主题、设置幻灯片背景等内容。

　　第 6 章　全面介绍使用图像，包括插入图片、操作图片、排列图片、裁剪图片、美化图片、使用相册等内容。

　　第 7 章　全面介绍使用形状，包括绘制形状、编辑形状、排列形状、美化形状、使用文本框、使用艺术字等内容。

　　第 8 章　全面介绍使用 SmartArt 图形，包括创建 SmartArt 图形、编辑 SmartArt 图形、设置布局和样式、设置图形格式等内容。

　　第 9 章　全面介绍使用表格，包括创建表格、编辑表格、设置表格样式、设置边框样式、设置表格效果等内容。

　　第 10 章　全面介绍使用图表，包括创建图表、编辑图表、设置图表布局、设置图表样式、设置图表格式等内容。

　　第 11 章　全面介绍使用多媒体，包括插入音频、设置音频格式、插入视频、处理视频、设置视频格式等内容。

　　第 12 章　全面介绍设置动画与交互效果，包括添加动画效果、编辑动画效果、设置动画选项、设置切换动画、设置交互效果等内容。

　　第 13 章　全面介绍展示与发布演示文稿，包括放映幻灯片、审阅幻灯片、发送演示文稿、发布演示文稿、打包成 CD 或视频、打印演示文稿等内容。

第 14 章　全面介绍 PowerPoint 高手进阶，包括插入 Microsoft 3.0 公式、使用宏、管理 PowerPoint 加载项、使用控件等内容。

2．本书主要特色

❑ **系统全面，超值实用**。全书提供了 41 个练习案例，通过示例分析、设计过程讲解 PowerPoint 2016 的应用知识。每章穿插大量提示、分析、注意和技巧等栏目，构筑了面向实际的知识体系。采用了紧凑的体例和版式，相同的内容下，篇幅缩减了 30% 以上，实例数量增加了 50%。

❑ **串珠逻辑，收放自如**。统一采用三级标题灵活安排全书内容，摆脱了普通培训教程按部就班讲解的窠臼。每章都配有扩展知识点、便于用户查阅相应的基础知识。内容安排收放自如，方便读者学习图书内容。

❑ **全程图解，快速上手**。各章内容分为基础知识和实例演示两部分，全部采用图解方式，图像均做了大量的裁切、拼合、加工，信息丰富，效果精美，阅读体验轻松，上手容易。让读者在书店中翻开图书的第一感就获得强烈的视觉冲击，与同类书在品质上拉开距离。

❑ **书盘结合，相得益彰**。本书使用 Director 技术制作了多媒体光盘，提供了本书实例完整素材文件和全程配音教学视频文件，便于读者自学和跟踪练习图书内容。

❑ **新手进阶，加深印象**。全书提供了 56 个基础实用案例，通过示例分析、设计应用全面加深 PowerPoint 2016 的基础知识应用方法的讲解。在新手进阶部分，每个案例都提供了操作简图与操作说明，并在光盘中配以相应的基础文件，以帮助用户完全掌握案例的操作方法与技巧。

❑ **知识链接，扩展应用**。本书新增加了知识链接内容，摆脱了以往图书中只安排基础知识的限制，增加了一些针对 PowerPoint 中知识的高级应用内容。本书中所有的知识链接内容，都以 PDF 格式存放在光盘中，方便读者学习知识链接中的案例与实际应用技巧。

3．本书使用对象

本书从 PowerPoint 2016 的基础知识入手，全面介绍了 PowerPoint 2016 面向应用的知识体系。本书制作了多媒体光盘，图文并茂，能有效吸引读者学习。本书适合作为高职高专院校学生学习使用，也可作为计算机办公应用用户深入学习 PowerPoint 2016 的培训和参考资料。

参与本书编写的人员除了封面署名人员之外，还有于伟伟、王翠敏、张慧、冉洪艳、刘红娟、谢华、夏丽华、谢金玲、张振、卢旭、王修红、扈亚臣、程博文、方芳、房红、孙佳星、张彬、张书艳、王志超、张莹等人。由于作者水平有限，疏漏之处在所难免，欢迎读者朋友登录清华大学出版社的网站 www.tup.com.cn 与我们联系，帮助我们改进提高。

编　者

2016 年 8 月

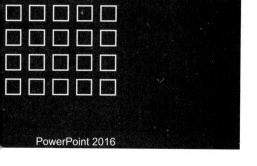

PowerPoint 2016

目　　录

第 1 章

PowerPoint 2016 学习路线图

　　随着计算机技术的逐渐发展，越来越多的企事业单位开始使用计算机作为各种多媒体发布、演示的平台。随之而来，出现了各种多媒体发布演示软件。微软公司开发的 PowerPoint 提供了丰富的多媒体元素，允许用户使用简单的可视化操作，创建复杂的多媒体演示程序。本章将系统地介绍 PowerPoint 软件的简史，最新版本 PowerPoint 2016 的新增功能、应用领域、主要界面，以及 PowerPoint 窗口操作与视图等功能，为用户使用 PowerPoint 2016 打下基础。

1.1 PowerPoint 概述

PowerPoint 是 Microsoft 公司推出的 Office 系列软件中的重要组件之一，也是当前办公应用软件中最实用、设计最灵活、功能最强大的幻灯片制作软件。

1.1.1 PowerPoint 发展简介

PowerPoint 是一款著名的多媒体演示设计与播放软件，其允许用户以可视化的操作，将文本、图像、动画、音频和视频集成到一个可重复编辑和播放的文档中，通过各种数码播放产品展示出来。PowerPoint 的发展经历了 4 大阶段，其具体情况如下所述。

1．Macintosh 上的演示程序

在 20 世纪 80 年代初，计算机业界兴起了一股图形化浪潮，各种具有图形界面的操作系统，包括 Apple Macintosh、Microsoft Windows、Cloanto Amiga 等纷纷发布，越来越多的行业开始进行办公自动化和商务电子化，人们迫切需要一款软件，可以将各种多媒体数据展示给用户，进行商业推广和宣传。

基于以上需求，1984 年，美国加州伯克利大学的博士生鲍勃•加斯金（Bob Gaskins）加入了 Forethought 软件公司，和硅谷的软件工程师丹尼斯•奥斯汀（Dennis Austin）一起决定开发出一种可以展示文本和图像，并对文本和图像进行简单排版的软件。

1987 年，这款软件开发完成，鲍勃将之命名为 PowerPoint 1.0。PowerPoint 1.0 只能运行于苹果公司的 Macintosh 计算机上，支持黑白双色和透明投影，允许用户将文本和图形打包为演示程序，通过 Macintosh 计算机连接的投影仪进行播放。

2．崭露头角的 PowerPoint

PowerPoint 软件在商业上的优异表现引起了软件巨头微软公司的注意。1987 年，微软公司斥资 1400 万美元收购了鲍勃•加斯金和丹尼斯•奥斯汀所在的 Forethought 公司和公司主要产品 PowerPoint。

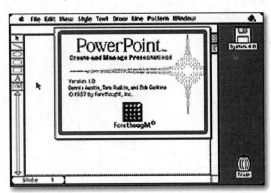

一年后，同时可运行于 Macintosh 和 Microsoft Windows 的 PowerPoint 2.0 问世。相比之前版本的 PowerPoint，PowerPoint 2.0 支持 8 位彩色，为用户提供了更丰富的多媒体体验，受到了各种商业企业的欢迎。

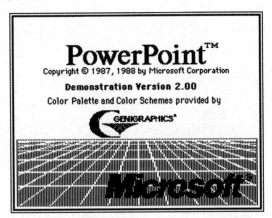

3．Office 家族成员

1992 年，微软公司将 PowerPoint 集成到了其开发的 Office 办公套件中，成为 Office 系列中除 Word、Excel 以外的又一重要成员，增强了 PowerPoint 与其他 Office 组件的集成性，允许用户

将 Word 或 Excel 中的数据直接粘贴到 PowerPoint 中，这一版本被称作 PowerPoint 3.0。

在 PowerPoint 3.0 中，微软公司还将其界面进行了修改，使之更符合 Word 和 Excel 等 Office 其他组件的界面风格。值得注意的是，在这一版本的 PowerPoint 软件版权对话框中，第一次使用了彩色的 PowerPoint 标志。

4．跨平台的演示程序

作为诞生于 Macintosh 计算机上的演示程序，虽然 PowerPoint 被微软公司收购，但从未放弃在 Macintosh 计算机上的应用。早期的 PowerPoint 往往同时发布基于 Windows 操作系统和 Macintosh 操作系统的版本。

目前，PowerPoint 除了拥有运行于微软公司 Windows 操作系统的 PowerPoint 之外，同样拥有运行于 Mac 操作系统的 PowerPoint for Mac。

上图为微软公司于 2008 年发布的基于 Mac 操作系统的 PowerPoint for Mac 2008，是基于 Mac 操作系统的最新版 PowerPoint。

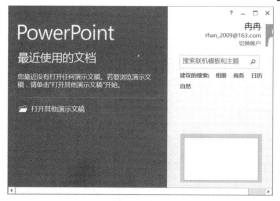

上图即微软公司于 2015 年发布的基于 Microsoft Windows 操作系统的 Microsoft PowerPoint 2016，是运行于 Windows 操作系统上的最新版 PowerPoint。

1.1.2　PowerPoint 应用领域

PowerPoint 可以将各种媒体元素嵌入到同一文档中。同时，还具有超文本的特性，可以实现链接等诸多复杂的文档演示方式。目前 PowerPoint 主要有以下几种用途。

1．商业多媒体演示

最初开发 PowerPoint 软件的目的就是为各种商业活动提供一个内容丰富的多媒体产品或服务演示的平台，帮助销售人员向终端用户演示产品或服务的优越性。

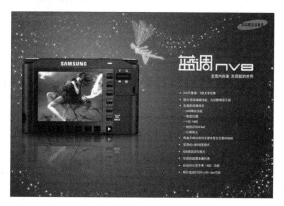

2．教学多媒体演示

随着笔记本计算机、幻灯机、投影仪等多媒体教学设备的普及，越来越多的教师开始使用这些数字化的设备向学生提供板书、讲义等内容，通过声、光、电等多种表现形式增强教学的趣味性，提高学生的学习兴趣。

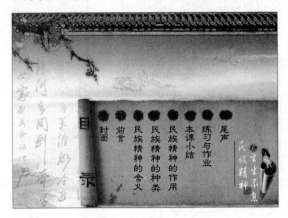

3. 个人简介演示

PowerPoint 是一种操作简单且功能十分强大的多媒体演示设计软件，因此，很多具有一定计算机基础知识的用户都可以方便地使用它。

目前很多求职者也通过 PowerPoint 来设计个人简历程序，以丰富的多媒体内容展示自我，向用人单位介绍自身情况。

4. 娱乐多媒体演示

由于 PowerPoint 支持文本、图像、动画、音频和视频等多种媒体内容的集成，因此，很多用户都使用 PowerPoint 来制作各种娱乐性质的演示文稿，例如各种漫画集、相册等，通过 PowerPoint 的丰富表现功能来展示多媒体娱乐内容。

1.2　PowerPoint 2016 新增功能

PowerPoint 2016 是一款功能强大的幻灯片制作软件，主要用于设计制作广告宣传、产品演示、学术交流、演讲、工作汇报、辅助教学等领域。最新版本的 PowerPoint 不仅在主题颜色上有所改进，而且在其图表功能、协作功能、搜索和查找功能等方面也增加和改进了不少功能。

1.2.1　新增图表形功能

图表形功能是指 PowerPoint 中的新增或改进的包括新增加了针对数据分析类的图表、表格、图像和形状等功能。

1．新增六种图表类型

PowerPoint 中的图表可视化显示对于有效的数据分析以及增加数据的吸引力具有至关重要的作用，PowerPoint 2016 新增加了 6 种新图表，以帮助用户创建财务或分层类数据，以及显示数据中的统计属性。执行【插入】|【插图】|【图表】命令，在弹出的【插入图表】对话框中，可查看所有新增的图表。

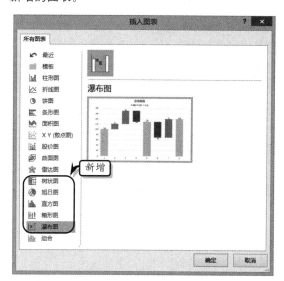

通过【插入图表】对话框，可以发现新增了树状图、旭日图、直方图、排列图、箱形图和瀑布图6 种图表类型。其中，直方图和排列图共同存放在【直方图】类型中。

2．新增 PowerPoint 设计器

PowerPoint 2016 新增加了 PowerPoint 设计器服务功能，可以汇集幻灯片内容并自动生成多种多样的构思，以增加幻灯片的美观性。

当用户在标题幻灯片中添加照片或视频内容时，设计器会自动打开，并显示一些应用于幻灯片的视觉处理方法。

3．改进的智能参考线

PowerPoint 2016 改进了表格中的智能参考线功能，当用户在幻灯片中插入表格时，其智能参考

线不会关闭，以确保用户可以准确地对齐表格。

4．快速形状格式设置

快速形状格式设置是 PowerPoint 2016 在旧版

本的基础上，新增了 35 种形状的"预设"样式。用户只需选择形状，执行【格式】|【形状样式】|【其他】命令，在其级联菜单中选择【预设】栏中的样式即可。

5．新增墨迹公式

PowerPoint 2016 新增了"墨迹公式"功能，不仅方便用户在幻灯片中输入比较复杂的公式，而且还方便拥有触摸设备的用户对公式进行手写、擦除及选择等编辑操作。

执行【插入】|【符号】|【公式】|【墨迹公式】命令，在弹出的对话框中使用鼠标或触摸屏书写公式内容即可。

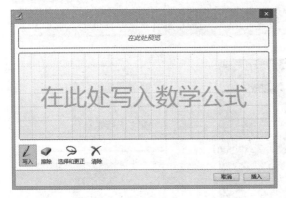

1.2.2　新增查找与共享功能

新版本的 PowerPoint 增加了多种共享功能，以协助用户快速且有效地传阅和审批工作簿数据。除此之外，在查找方面，新版本也增加了快速搜索和智能查找功能。

1．新增操作说明搜索

对于新版本的 PowerPoint 来讲，用户会先注

意到在界面功能区中，新增加了一个文本框，其内容显示为"告诉我你想要做什么"。

单击该文字段，系统会自动弹出"试用"内容。除此之外，用户还可以直接在文本框中输入想要搜索的模糊信息，并在其列表中选择具体内容。

2．新增智能查找

智能查找是由"必应"提供支持的【见解】选项组中的功能。选择包含字词或短语的单元格，执行【审阅】|【见解】|【智能查找】命令，即可打开【智能查找】窗格。在该窗格中，包含了有关所选字词或短语的定义、来自 Web 中的搜索等内容。

除此之外，用户也可以右击包含字词或短语，在弹出的菜单中执行【智能查找】命令，也可弹出【智能查找】窗格。

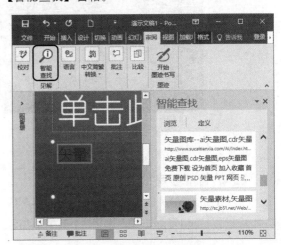

3．共享更简单

PowerPoint 2016 增强了共享功能，以简便的操作协助用户在 SharePoint、OneDrive 或 OneDrive for Business 上与他人共享工作簿。

对于初次使用的用户来讲，首先需要登录微软账户。然后，单击工作界面右上角的【共享】按钮，单击【保存到云】按钮，根据提示和向导将当前工作簿保存到云中。

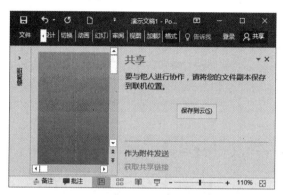

此时，系统会自动上载工作簿。稍等一段时间后，【共享】窗格中将显示共享选项和信息。

4．解决冲突

在 PowerPoint 2016 中，运用新增协调功能可以更好地解决共享冲突。也就是当用户与其他人协作处理演示文稿并且所做出的更改与其他人所做的更改发生冲突时，系统会显示包含冲突更改的幻灯片的并排比较，以便用户可以轻松且直观地选择要保留的更改。

5．新增历史记录功能

新版本的 PowerPoint 增加了历史记录功能，该功能适用于存储在 OneDrive for Business 或 SharePoint 上的演示文稿。运用该功能，可以查看对演示文稿进行的更改的完整列表并访问早期版本。

1.2.3　新增其他功能

新版本的 PowerPoint 新增加了一些多媒体、变换和主题颜色等功能，包括屏幕录制、增强的视频分辨率、变体切换效果等功能。

1．更佳的视频分辨率

PowerPoint 2016 新增加了高分辨率的视频导出功能，可以选择创建适合在较大屏幕上进行演示的 1920×1080 分辨率的视频文件。

2．新增屏幕录制

新增加的屏幕录制功能适用于演示场景，用户只需设置好录制内容，执行【插入】|【媒体】|【屏幕录制】命令，便可以通过一个无缝过程选择所需要录制的屏幕范围、捕获所需内容，并将其直接插入到演示文稿中。

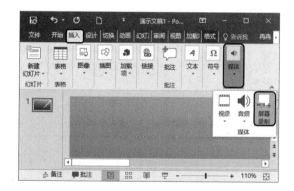

3．新增主题颜色

PowerPoint 2016 版本中新增加了多彩的 Colorful 主题，更多色彩丰富的选择将加入其中，其风格与 Modern 应用类似。执行【文件】|【选项】命令，在弹出的对话框中设置【Office 主题】选项即可。

4. 新增变体切换效果

PowerPoint 2016 新增了"变体"切换效果，该效果可以在演示文稿中的幻灯片上执行平滑的动画、切换和对象移动。

在使用"变体"切换效果之前，需要先制作一张包含对象的幻灯片，然后复制幻灯片并将第 2 张幻灯片上的对象移动到其他位置。最后，选择第 2 张幻灯片，执行【切换】|【切换到此幻灯片】|【切换效果】|【变体】命令，即可显示变体切换效果。

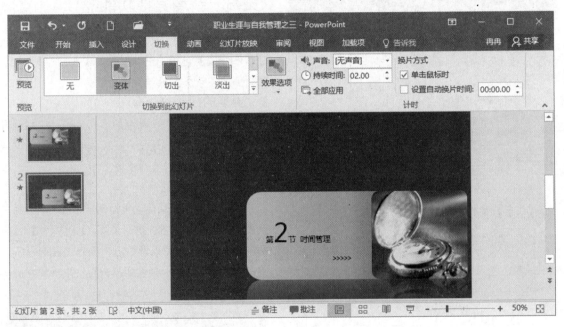

1.3 PowerPoint 2016 快速入门

PowerPoint 是著名的幻灯片制作软件，不仅可以制作出生动、优美的幻灯片，还可以根据用户需求制作一些具有专业水准的幻灯片，并能达到最佳的现场演示效果。

1.3.1 PowerPoint 2016 工作界面

PowerPoint 2016 采用了全新的操作界面，与 Office 2016 系列软件的界面风格保持一致。相比之前版本，PowerPoint 2016 的界面更加整齐而简洁，也更便于操作。其中，PowerPoint 2016 软件的基本界面如下所示。

通过下页图，用户已大概了解 PowerPoint 2016 的界面组成，下面将详细介绍具体部件的用途和含义。

1. 标题栏

【标题栏】是几乎所有 Windows 窗口共有的一种工具栏。在该工具栏中，可显示窗口或应用程序的名称。除此之外，绝大多数 Windows 窗口的【标题栏】还会提供 4 种窗口管理按钮，包括【最小化】按钮 ━ 、【最大化】按钮 ▢ 、【功能区显示选项】

按钮▣以及【关闭】按钮✕。

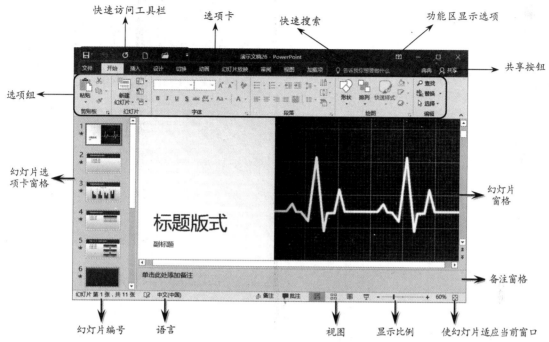

2. **快速访问工具栏**

　　【快速访问工具】是 PowerPoint 提供的一组快捷按钮，在默认情况下，其包含【保存】▤、【撤销清除】↶、【恢复清除】↷和【自定义快速访问工具栏】▾等工具。在单击【自定义快速访问工具栏】按钮▾后，用户可自定义【快速访问工具】中的按钮。

3. **选项卡和选项组**

　　选项卡栏是一组重要的按钮栏，它提供了多种命令，包括文件、开始、插入、设计、切换、动画、幻灯片放映等 10 种常用选项卡。

　　而选项组则集成了 PowerPoint 中绝大多数的功能，根据用户在选项卡栏中选择的内容，选项组中可显示各种相应的功能。

　　在选项组中，相似或相关的功能按钮、下拉菜单以及输入文本框等组件以组的方式显示。一些可自定义功能的组还提供了扩展按钮▣，辅助用户以对话框的方式设置详细的属性。

4. **幻灯片选项卡窗格**

　　【幻灯片选项卡】窗格的作用是显示当前幻灯片演示程序中所有幻灯片的预览或标题，供用户选择以进行浏览或播放。另外，在该窗格中还可以实现新建、复制和删除幻灯片，以及新增节、删除节和重命名节等功能。

5. **幻灯片窗格**

　　幻灯片窗格是 PowerPoint 的【普通】视图中最主要的窗格。在该窗格中，用户既可以浏览幻灯片的内容，也可以选择【功能区】中的各种工具，对幻灯片的内容进行修改。

6. **备注窗格**

　　在设计幻灯片时，在某些情况下可能需要在幻灯片中标注一些提示信息。如不希望这些信息在幻灯片中显示，则可将其添加到【备注】窗格。

7. **状态栏**

　　【状态栏】是多数 Windows 程序或窗口共有的工具栏，其通常位于窗口的底部，显示各种说明信息，并提供一些辅助工具。

　　在 PowerPoint 2016 的状态栏中，可显示【幻灯片编号】、【备注】、【批注】以及幻灯片所使用的【语言】状态。

除此之外，用户还可以通过【状态栏】中提供的【视图】工具栏切换 PowerPoint 的视图，以实现各种功能。

在【状态栏】中，用户可以单击当前幻灯片的【显示比例】数值，在弹出的【显示比例】对话框中选择预设的显示比例，或输入自定义的显示比例值。

在【状态栏】最右侧，提供了【使幻灯片适应当前窗口】按钮。单击该按钮后，PowerPoint 2016 将自动根据窗口的尺寸大小，对【幻灯片】窗格内的内容进行缩放。

知识链接 1-1	自定义快速访问工具栏

快速访问工具栏是包含用户经常使用命令的工具栏，并确保始终可单击访问。下面向用户介绍启用、移动快速访问工具栏，以及向快速访问工具栏添加命令的操作方法。

1.3.2 快速了解 PowerPoint 2016

PowerPoint 是 Office 套装中的一个组件，主要用于制作演示文稿，目前已被应用于教学、商业、娱乐等各领域中。在使用 PowerPoint 制作幻灯片时，不仅可以使用文本、形状、图片、图表和表格等元素丰富幻灯片内容，还可以通过添加动画和切换效果来增加幻灯片的动态性。在本节中，将通过 3 个简单案例，详细介绍运用 PowerPoint 制作丰富多彩幻灯片的操作方法。

1. 教学课件

教学课件演示文稿中最常使用的类型之一，通过 PowerPoint 不仅可以形象地显示课件内容，还可以通过动画效果来增加课件的可读性和活跃性。例如，在"数学之美"课件中，不仅通过自定义字体颜色来区分数字的特性和通过图片丰富幻灯片的内容，而且还通过添加"进入"动画效果充分体现了幻灯片的动态性。

在"数学之美"幻灯片中，用户需要执行下列操作来完成幻灯片的制作：

（1）新建空白演示文稿，在占位符中输入标题文本，并设置文本的字体格式。

（2）在"单击此处添加副标题"占位符中，输入对称式，并设置对称式文本的字体格式。

（3）执行【设计】|【自定义】|【设置背景格式】命令，将背景设置为"黑色"。

（4）执行【插入】|【图像】|【图片】命令，在弹出的对话框中选择图片文件，单击【插入】按钮，插入图片。

（5）调整图片的大小和位置。

（6）选择标题占位符，执行【动画】|【动画】|【动画样式】|【基本缩放】命令，添加动画样式。

（7）在【动画】选项卡【计时】选项组中，设置动画效果的【开始】选项。使用同样方法，添加其他动画效果。

2. 销售数据统计表

表格是组织幻灯片数据最有用的工具之一，不仅能够以易于理解的方式显示数字或者文本，而且还便于用户将大量数据进行归纳和汇总，以使表格数据更加清晰和美观。例如，在"销售数据统计表"幻灯片中，除了通过表格来展示幻灯片数据之外，还通过设置表格样式来美化数据表，以及通过艺术字标题和设计样式增加了幻灯片的美观性。

在"销售数据统计表"幻灯片中，用户需要执行下列操作来完成幻灯片的制作：

（1）新建空白演示文稿，删除幻灯片中的所有占位符。

（2）执行【设计】|【主题】|【其他】|【电路】命令，设置主题样式。

（3）执行【插入】|【表格】|【表格】|【插入表格】命令，插入一个 4 行 5 列的表格。

（4）输入表格数据，并设置数据的字体格式和对齐格式。

（5）选择表格，执行【表格工具】|【设计】|【表格样式】|【中度样式 1-强调 3】命令，设置表格样式。

（6）选择第 1 个单元格，执行【表格工具】|【表格样式】|【边框】|【斜下框线】命令，制作斜线表头。

（7）执行【插入】|【文本】|【艺术字】命令，插入艺术字并设置艺术字的样式。

销售数据统计表

项目 年份	销售数量	销售额	毛利润	净利润
2008年	3600	4000万	3000万	1500万
2009年	4100	5200万	4300万	2200万
2010年	4200	5600万	4400万	2400万

3．寓言故事

图像和形状是丰富幻灯片的主要元素，也是优秀幻灯片中必不可少的元素之一。通过图片，既可以增强幻灯片的展现力，又可以形象地展示幻灯片的主题和中心思想；而通过形状则可使幻灯片更加生动、形象，更富有说服力。例如，在"寓言故事"幻灯片中，通过图片配以文字说明，形象地再现了乌鸦、兔子和狐狸之间的故事。

在"寓言故事"幻灯片中，用户需要执行下列操作来完成幻灯片的制作：

（1）新建空白演示文稿，添加多个占位符，在各个占位符中输入文本，并设置文本的字体格式。

（2）调整占位符的位置，执行【插入】|【插图】|【形状】|【矩形】命令，绘制一个矩形形状，并调整其大小和位置。

（3）选择形状，执行【绘图工具】|【格式】|【形状样式】|【形状填充】和【形状轮廓】命令，设置形状的填充和轮廓颜色。

（4）执行【插入】|【图像】|【插图】命令，选择图片文件，单击【插入】按钮，插入图片并调整图片的大小、位置和叠放层次。

（5）选择乌鸦图片和第 1 个占位符，右击执行【组合】|【组合】命令，组合对象。使用同样方法，组合其他对象。

（6）选择组合后的乌鸦对象，执行【动画】|【动画】|【动画样式】|【飞入】命令，添加动画样式。使用同样方法，添加其他动画效果。

知识链接 1-2 自定义功能区

在 PowerPoint 2016 中，用户可以根据使用习惯，创建新的选项卡和选项组，并将相应的命令添加到选项组中。除此之外，用户还可以加载相应的选项卡，完美使用 PowerPoint 操作各类数据。

1.4 PowerPoint 视图

PowerPoint 视图包括演示文稿视图和母版视图两大类，其中演示文稿视图包括普通视图、大纲视图、幻灯片浏览视图、备注页视图、阅读视图以及状态栏中的幻灯片放映视图 6 种视图方式；而母版视图则包括幻灯片母版、讲义母版和备注母版 3 种视图方式。

1.4.1 演示文稿视图

演示文稿视图是 PowerPoint 中比较常用视图类型，相对于母版视图来讲它属于前台视图，用于展示、编辑与放映演示文稿。

1．普通视图

执行【视图】|【演示文稿视图】|【普通】命令，即可切换到普通视图中。该视图为 PowerPoint 的主要编辑视图，也是 PowerPoint 默认视图。在该视图中，可以编辑逐张幻灯片，并且可以使用普通视图导航缩略图。

2．大纲视图

执行【视图】|【演示文稿视图】|【大纲视图】命令，即可切换到大纲视图中。在该视图中，可以按由小到大的顺序和幻灯片的内容层次的关系，显示演示文稿内容。另外，用户还可以通过将 Word 文本粘贴到大纲中的方法，实现轻松创建整个演示文稿的效果。

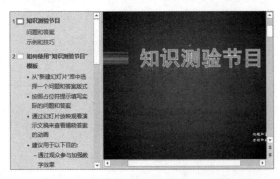

3．幻灯片浏览视图

执行【视图】|【演示文稿视图】|【幻灯片浏览】命令，即可切换到幻灯片浏览视图中。该视图是以缩略图形式显示幻灯片内容的一种视图方式，便于用户查看与重新排列幻灯片。

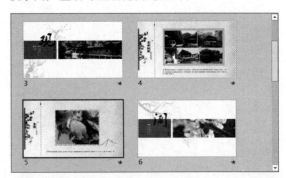

> **注意**
>
> 在幻灯片的状态栏中，单击【幻灯片浏览】按钮 ，可切换至幻灯片浏览视图中。

4．备注页视图

执行【视图】|【演示文稿视图】|【备注页】命令，即可切换到备注页视图中。

该视图用于查看备注页，以及编辑演讲者的打印外观。另外，用户可以在位于"幻灯片窗格"下方的"备注窗格"中输入备注内容。

5．阅读视图

执行【视图】|【演示文稿视图】|【阅读视图】命令，即可切换到备注页视图中。在该视图中，可以以放映幻灯片的方式显示幻灯片内容，以实现在无须切换到全屏状态下，查看动画和切换效果的目的。

在阅读视图中,用户可以通过单击鼠标来切换幻灯片,使幻灯片按照顺序显示,直至阅读完所有的幻灯片。另外,用户可在阅读视图中单击【状态栏】中的【菜单】按钮,来查看或操作幻灯片。

6．幻灯片放映视图

单击状态栏中的【幻灯片放映】按钮,切换至【幻灯片放映视图】中,在该视图中用户可以看到演示文稿的演示效果。

在放映幻灯片的过程中,用户可通过按 Esc键结束放映。另外,还可以在放映幻灯片中右击,执行【结束放映】命令,来结束幻灯片的放映操作。

1.4.2　母版视图

母版是模板的一部分,主要用来定义演示文稿中所有幻灯片的格式,其内容主要包括文本与对象在幻灯片中的位置、文本与对象占位符的大小、文本样式、效果、主题颜色、背景灯信息。其中,占位符是一种带有虚线或阴影线边缘的框,可以放置标题、正文、图片、表格、图表等对象。

1．幻灯片母版

执行【视图】|【演示文稿视图】|【幻灯片母版】命令,即可查看幻灯片母版。幻灯片母版是存储关于模板信息的设计模板的一个元素,这些模板信息包括字形、占位符大小和位置、背景设计和主题颜色。

另外,幻灯片母版主要用来控制下属所有幻灯片的格式,当用户更改母版格式时,所有幻灯片的格式也将同时被更改。在幻灯片母版中,可以设置主题类型、字体、颜色、效果及背景样式等格式。同时,还可以插入幻灯片母版、插入版本、设置幻灯片方向等。用户可通过【幻灯片母版】选项卡中的【编辑母版】选项组插入幻灯片母版、版本及删除、保留、重命名幻灯片母版。

2．讲义母版

执行【视图】|【演示文稿视图】|【讲义母版】命令,即可查看讲义母版。讲义可以使用户更容易理解演示文稿中的内容,在讲义母版中可添加幻灯片图像、讲义的页眉页脚和演讲者提供的其他信息。

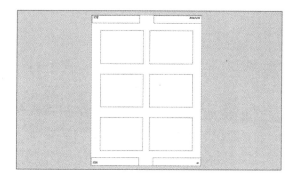

3．备注母版

执行【视图】|【演示文稿视图】|【备注母版】命令,即可查看备注母版。备注母版主要用来控制备注页的版本和格式。备注页由单个幻灯片的图像和下面的文本区域组成。

知识链接 1-3 妙用 PowerPoint 中的选项设置

在 PowerPoint 2016 中，用户可通过设置【PowerPoint 选项】对话框中一系列选项的方法，来设置 PowerPoint 的工作环境。

1.5 PowerPoint 窗口操作

PowerPoint 2016 提供了多窗口模式，允许用户使用两个甚至更多的 PowerPoint 窗口，打开同一个演示文稿，以方便用户快速复制和粘贴同一文档中的内容，提高用户编辑文档的效率。除此之外，PowerPoint 2016 还支持更改窗口颜色，包括灰色、黑白模式和颜色 3 种色彩模式。

1.5.1 新建窗口

创建窗口的作用是为 PowerPoint 创建一个与源窗口完全相同的窗口。执行【视图】|【窗口】|【新建窗口】命令，系统会自动创建一个与源文件相同的文档窗口，并以源文件加数字 2 的形式进行命名。

> **注意**
>
> 新建的窗口与原来的窗口内容完全相同，只是窗口上的标题有所不同，依次以"文件名：1-Microsoft PowerPoint""文件名：2-Microsoft PowerPoint"等来区分。

创建多窗口后，执行【视图】|【窗口】|【切换窗口】命令，在其列表中选择相应的窗口名，即可切换窗口。

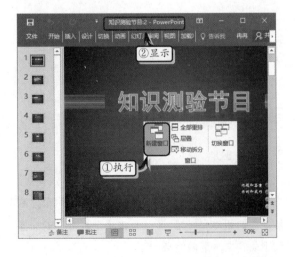

> **注意**
>
> 【切换窗口】的窗口列表中，列表项目将随着创建窗口的数量增加而逐渐扩展。

1.5.2 重排与重叠窗口

同时打开两个演示文稿，执行【视图】|【窗口】|【全部重排】命令，并排查看两个文档窗口。

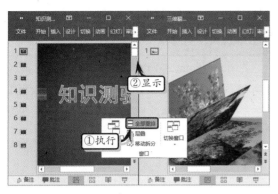

为了使窗口适应阅读习惯，可以执行【视图】|【窗口】|【层叠】命令，改变窗口的排列方式。

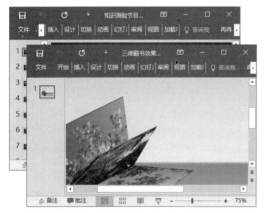

1.5.3　设置显示比例

在 PowerPoint 中，除了可以切换各种视图外，还可以调整窗口的显示比例，或使幻灯片充满窗口，来查看幻灯片内容并进行编辑修改。

1．通过状态栏设置

在 PowerPoint 的【状态栏】中存放了缩放比例控件，用户可以单击控件中的【放大】按钮 + 或【缩小】按钮 −，调整视图显示比例，或者拖动【显示比例】控件中的滑块调整视图显示比例。

2．自定义设置

执行【视图】|【显示比例】|【显示比例】命令，在弹出的【缩放】对话框中，选中需要设置的比例值，来达到用户浏览文档不同内容的目的。

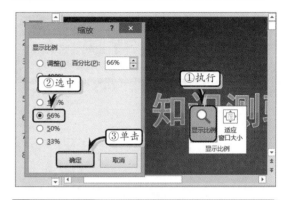

3．适应窗口大小

当用户调大或调小幻灯片的显示比例后，为适应当前的操作，还需要执行【视图】|【显示比例】|【适应窗口大小】命令，将幻灯片的比例调整为"适应窗口大小"状态，使幻灯片的显示比例刚好与窗口大小一致。

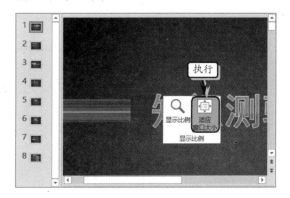

另外，还可以通过单击状态栏中的【使幻灯片适应当前窗口】按钮的方法，来调整幻灯片的显示

比例，使幻灯片充满窗口。

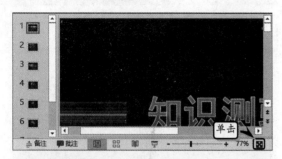

提示

单击状态栏中的【缩放级别】按钮，会弹出【缩放】对话框。

知识链接 1-4	隐藏元素

在 PowerPoint 2016 中，用户可以通过隐藏演示文稿界面中的垂直滚动条的方法，来扩容用户界面。另外，用户还可以根据工作习惯隐藏与显示演示文档中的标尺、网格线与参考线。

第2章

PowerPoint 基础操作

PowerPoint 中的幻灯片制作功能十分强大，而且设计起来也比较灵活，使用 PowerPoint 可以创建各种多媒体演示文稿，并通过可视化的操作，对文档进行编辑和修改，从而可以制作出适应不同需求的演示文稿。本章将向用户介绍演示文稿的创建、演示页面的设置、演示文稿的简单操作及保存和播放等功能，使用户轻松掌握制作的基本方法和技巧，为今后制作具有专业水准的演示文稿打下坚实的基础。

2.1 创建演示文稿

在 PowerPoint 2016 中，用户不仅可以创建空白演示文稿，还可以创建 PowerPoint 自带的模板文档。

2.1.1 创建空白演示文稿

PowerPoint 为用户提供了多种创建空白演示文稿的方法，下面将详细介绍最常用的 3 种方法。

1. 直接创建法

启动 PowerPoint 组件，系统自动弹出【新建】页面，在该页面中，选择【空白演示文稿】选项，即可创建一个空白演示文稿。

> **注意**
>
> 对话框右上角的用户信息，只有在用户注册 Office 网站用户，并登录该用户时才可以显示。另外，用户可以单击【切换用户】链接，切换登录用户。

2. 菜单命令法

如果用户已经进入到 PowerPoint 组件中，则需要执行【文件】|【新建】命令，打开【新建】页面，在该页面中选择【空白演示文稿】选项，创建空白演示文稿。

3. 快捷命令法

用户也可以通过【快速访问工具栏】中的【新建】命令，来创建空白演示文稿。对于初次使用的 PowerPoint 2016 的用户来讲，需要单击【快速访问工具栏】右侧的下拉按钮，在其列表中选择【新建】选项，将【新建】命令添加到【快速访问工具栏】中。然后，单击【快速访问工具栏】中的【新建】按钮，即可创建空白演示文稿。

> **技巧**
>
> 按 Ctrl+N 快捷键，也可创建一个空白的演示文稿。

2.1.2 创建模板演示文稿

PowerPoint 为用户提供了一系列的演示文稿模板，以方便用户快速创建类似的演示文稿。一般情况下，可通过下列 3 种方法，来创建模板演示文稿。

1. 创建常用模板演示文稿

执行【文件】|【新建】命令之后，在展开的【新建】页面中将会显示固定的模板样式，以及最近使用的模板演示文稿样式。在该页面中，选择模板样式。

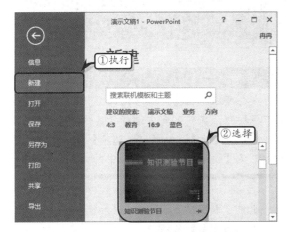

技巧

在新建模板列表中，单击模板名称后面的 📌 按钮，即可将该模板固定在列表中，便于下次使用。

然后，在弹出的创建页面中，预览模板文档内容，单击【创建】按钮即可。

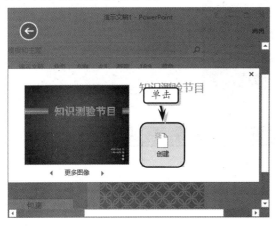

技巧

在创建页面中，用户可以单击页面左右两侧的箭头 ◀，来选择【新建】模板页面中的模板类型。

2. 创建 Office 网站模板

在【新建】页面中的【建议的搜索】列表中，选择相应的搜索类型，即可新建该类型的相关演示文稿模板。例如，在此选择【业务】选项。

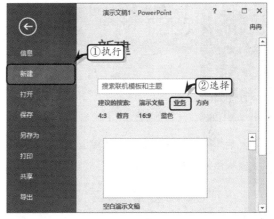

然后，在弹出的【业务】模板页面中，将显示联机搜索到的所有有关"业务"类型的演示文稿模板。用户只需在列表中选择模板类型，或者在右侧的【分类】窗口中选择模板分类，然后在列表中选择相应的演示文稿模板即可。

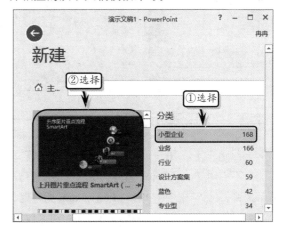

注意

在【业务】模板页面中，单击搜索框左侧的【主页】链接，即可将页面切换到【新建】页面中。

3．搜索模板

在【新建】页面中的搜索文本框中，输入需要搜索的模板类型。例如，输入"主题"文本，并单击搜索按钮。

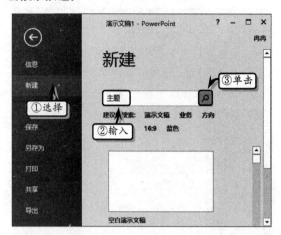

然后，在展开的列表中选择模板，即可创建主题类模板演示文稿。

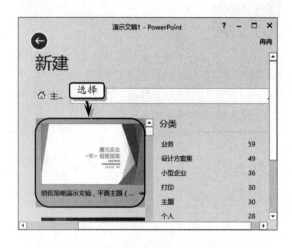

2.1.3　打开演示文稿

一般情况下，用户可以直接双击演示文稿文件，在不启动 PowerPoint 组件的情况，直接打开演示文稿。另外，当用户启动 PowerPoint 组件时，除了可以打开本机计算机中的演示文稿，还可以打开 OneDrive 或其他位置中的演示文稿。

1．打开本机演示文稿

在 PowerPoint 中，单击【快速访问工具栏】右侧的下拉按钮，在其下拉列表中选择【打开】命令，将该命令添加到【快速访问工具栏】中，然后单击【打开】按钮。

> **注意**
>
> 用户也可以单击【快速访问工具栏】右侧的下拉按钮，在其列表中选择【其他命令】选项，在弹出的【PowerPoint 选项】对话框中，自定义【快速访问工具栏】中的命令。

此时，系统会自动展开【打开】列表，在该列表中选择【浏览】选项。

> **注意**
>
> 在【打开】列表中，也可选择【这台电脑】选项，然后在右侧的列表中选择具体位置。

在弹出的【打开】对话框中，选择需要打开的演示文稿文档，单击【打开】按钮即可。

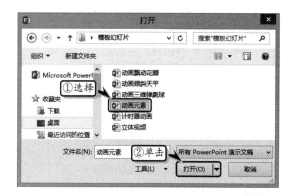

技巧

用户可以通过按 Ctrl+O 快捷键，快速打开【打开】列表。另外，按 Ctrl+F12 快捷键，则可以快速打开【打开】对话框。

2．打开 OneDrive 中的演示文稿

PowerPoint 为用户提供了 OneDrive 位置的功能，执行【文件】|【打开】命令，在【打开】列表中选择【OneDrive-个人】选项，并选择【OneDrive-个人】选项。

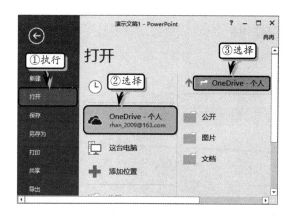

注意

在打开 OneDrive 中的演示文稿之前，用还需要登录微软账户。

然后，在弹出的【打开】对话框中，选择网站中的演示文稿文件，单击【打开】按钮即可。

3．打开其他位置中的演示文稿

PowerPoint 还为用户提供了【添加位置】功能，帮助用户打开 Office 365 SharePoint 或 OneDrive 中的演示文稿。

用户只需执行【文件】|【打开】命令，在【打开】列表中选择【添加位置】选项，在其列表中选择一种位置，输入注册邮箱地址即可。

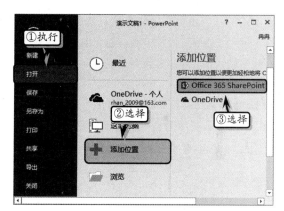

知识链接 2-1 妙用访问键

访问键是通过使用功能区中的快捷键，在无须借助鼠标的状态下快速执行相应的任务。在 PowerPoint 中，在处于程序的任意位置中使用访问键，都可以执行访问键对应的命令。

2.1.4 示例：创建"集思广益"幻灯片

PowerPoint 为用户提供了一系列的模板文档，

以方便用户通过简单的修改达到快速制作演示文稿的目的。在本练习中，将通过搜索模板功能，来创建"集思广益"幻灯片。

在新创建的模板文档中，只包含一张幻灯片。通过上图可以发现，该幻灯片中包含图片和文本等元素。但是，由于该演示文稿属于模板文档，只能修改幻灯片中占位符中的文本及调整占位符的位置，而无法更改幻灯片中的其他元素。若想更改幻灯片中的其他元素，还需要关注后面有关"幻灯片母版"的章节内容。

STEP|01 新建空白文档，执行【文件】|【新建】命令，在【新建】页面中的搜索文本框中，输入"集思广益"，并单击【搜索】按钮。

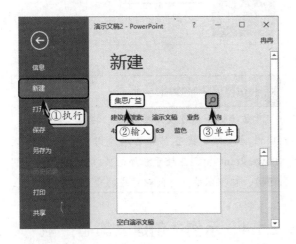

STEP|02 在展开的列表中选择"集思广益"模板，然后在弹出的预览界面中单击【创建】按钮。

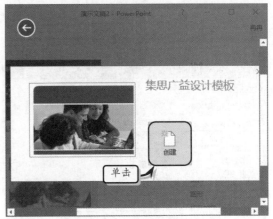

STEP|03 此时，系统将会自动创建模板文档，并显示模板内容。

STEP|04 将光标定位在"单击此处添加标题"占位符中，输入"集思广益"文本。

STEP|05 将光标定位在"单击此次添加副标题"占位符中，输入"产品研发与市场定位"文本。

STEP|06 该模板中只提供了一张幻灯片，当用户需要添加其他内容时。则需要执行【开始】|【幻灯片】|【新建幻灯片】|【标题和内容】命令，新建一张幻灯片。

STEP|07 执行【开始】|【幻灯片】|【新建幻灯片】|【两栏内容】命令，即可新建一张具有两栏内容布局的幻灯片。

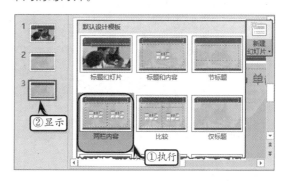

2.2　操作幻灯片

幻灯片是 PowerPoint 演示文稿中最重要的组成部分，也是展示内容的重要载体。通常情况下，一个演示文稿可以包含多张幻灯片，以供播放与展示。

2.2.1　新建幻灯片

在 PowerPoint 中，可以通过下列 3 种方法，为演示文稿新建幻灯片。

1. 选项组命令法

执行【开始】|【幻灯片】|【新建幻灯片】命令，在其菜单中选择一种幻灯片版式即可。

> **注意**
> 用户也可以直接单击【新建幻灯片】按钮的上半部分，直接插入最基本和最常用的"标题和内容"的幻灯片。

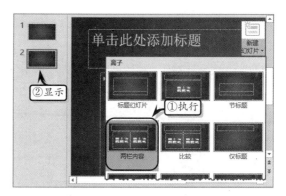

2. 右击鼠标法

选择【幻灯片选项卡】窗格中的幻灯片，右击执行【新建幻灯片】命令，创建新的幻灯片。

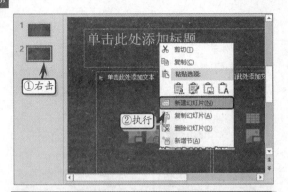

注意

右击执行【新建幻灯片】命令，所创建的幻灯片是基于用户所选幻灯片的版式而创建的。

3．键盘新建法

除了通过各种界面操作插入幻灯片以外，用户也可以通过键盘操作插入新的幻灯片。选择【幻灯片选项卡】窗格中的幻灯片，用户即可按 Enter 键，直接插入与所选幻灯片相同版式的新幻灯片。

2.2.2 复制幻灯片

为了使新建的幻灯片与已经建立的幻灯片保持相同的版式或设计风格，可以运用复制、粘贴来实现。

1．选项组命令法

在【幻灯片选项卡】窗格中，选择幻灯片，执行【开始】|【剪贴板】|【复制】命令，复制所选幻灯片。

注意

选择幻灯片之后，用户可以按下 Ctrl+C 快捷键，快速复制幻灯片。

然后，选择需要放置在其下方位置的幻灯片，执行【开始】|【剪贴板】|【粘贴】|【使用目标主题】命令，粘贴幻灯片。

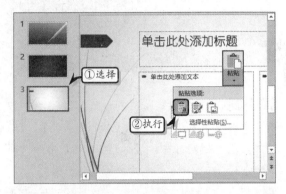

注意

选择幻灯片之后，用户可以按下 Ctrl+V 快捷键，快速复制幻灯片。

2．右击鼠标法

在【幻灯片选项卡】窗格中，选择幻灯片，右击执行【复制幻灯片】命令，即可复制与所选幻灯片版式和内容完全一致的幻灯片。

2.2.3 移动幻灯片

移动幻灯片可以调整一张或多张幻灯片的顺序，以使演示文稿更符合逻辑性。移动幻灯片，既可以在同一个演示文稿中移动，也可以在不同的演示文稿中移动。

1．同一演示文稿中移动

在【幻灯片选项卡】窗格中，选择要移动的幻灯片，拖动至合适位置后，松开鼠标。

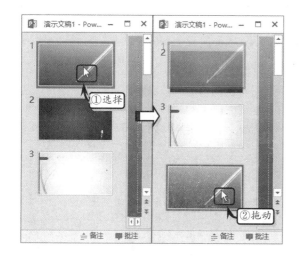

技巧

当用户需要同时移动多张幻灯片时，可以按住 Ctrl 键同时选择多张连续或不连续的幻灯片。

也可以执行【视图】|【演示文稿视图】|【幻灯片浏览】命令，切换至幻灯片浏览视图中。然后选择幻灯片，进行拖动。

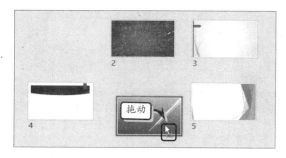

另外，在【普通】视图中，还可以选择要移动的幻灯片，执行【开始】|【剪贴板】|【剪切】命令。然后选择要移动幻灯片的新位置，执行【开始】|【剪贴板】|【粘贴】命令，移动幻灯片。

技巧

按 Ctrl+X 快捷键和 Ctrl+V 快捷键，可以进行剪切、粘贴。或者右击幻灯片，执行【剪切】/【粘贴】命令。

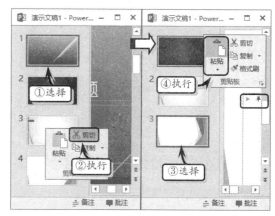

2．不同演示文稿中移动

执行【视图】|【窗口】|【全部重排】命令，将两个文稿显示在一个界面中。在其中一个窗口中选择需要移动的幻灯片，拖动到另一个文稿中即可。

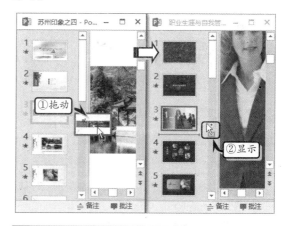

提示

选择幻灯片，右击执行【删除幻灯片】命令，或按下 Delete 键，即可删除幻灯片。

2.2.4　设置幻灯片节

PowerPoint 为用户提供了一个节功能，通过该功能可以将不同类别的幻灯片进行分组，从而便于管理演示文稿中的幻灯片。

1．新增节

在【幻灯片选项卡】窗格中，选择需要添加节的幻灯片，执行【开始】|【幻灯片】|【新增节】命令，即可为幻灯片增加一个节。

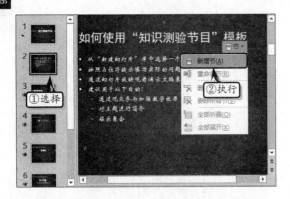

另外，选择幻灯片，右击执行【新增节】命令，也可以为幻灯片添加新节。

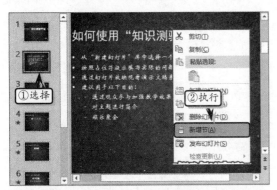

技巧

用户还可以选择两个幻灯片之间的空白处，右击执行【新增节】命令，来添加新节。

2. 重命名节

选择幻灯片中的节名称，执行【开始】|【幻灯片】|【节】|【重命名节】命令，在弹出的【重命名节】对话框中，输入节名称，单击【重命名】按钮即可。

注意

用户也可以右击节标题，执行【重命名节】命令，为节重命名。

3. 删除节

选择需要删除的节标题，执行【开始】|【幻灯片】|【节】|【删除节】命令，即可删除所选的节。

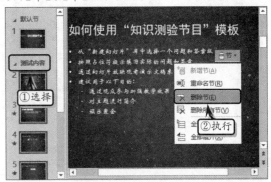

另外，直接执行【开始】|【幻灯片】|【节】|【删除所有节】命令，即可删除幻灯片中的所有节。

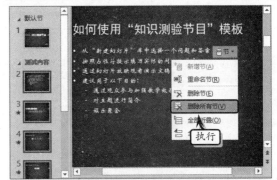

注意

用户也可以右击节标题，执行【删除】或【删除所有节】命令，删除所选的节或所有的节。

知识链接 2-2 删除个人或隐藏信息

用户在共享重要文档之前，除了仔细检查文档的内容，确保内容正确无误之外，还需要检查该文档中是否包含了一些隐藏数据或个人信息，特别是一些不想被共享的隐藏数据。在PowerPoint中，用户可以通过使用"文档检查器"功能，来查找并删除这些隐藏数据或个人信息，避免公开一些不希望被共享的文档数据或个人信息。

2.3 设置幻灯片大小

PowerPoint 可以制作多种类型的演示文稿,由于每种类型的幻灯片的尺寸不尽相同,所以用户还需要通过 PowerPoint 的页面设置,对制作的演示文稿进行编辑,制作出符合播放设备尺寸的演示文稿。

2.3.1 设置屏幕样式和方向

PowerPoint 提供了标准和宽屏两种屏幕样式,以供用户放映使用。

1. 设置宽屏样式

在演示文稿中,执行【设计】|【自定义】|【幻灯片大小】|【宽屏】命令,将幻灯片的大小设置为 16:9 的宽屏样式,以适应播放时的电视和视频所采用的宽屏和高清格式。

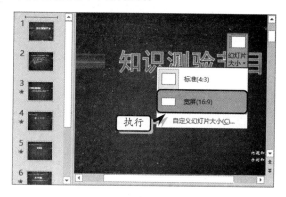

2. 设置标准样式

将幻灯片的大小由【宽屏】样式更改为【标准】样式时,系统无法自动缩放内容的大小,此时会自动弹出提示对话框,提示用户对内容的缩放进行选择。

执行【设计】|【自定义】|【幻灯片大小】|【标准】命令,在弹出的 Microsoft PowerPoint 对话框中,选择【最大化】选项或单击【最大化】按钮即可。

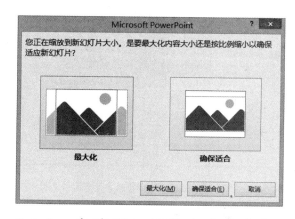

2.3.2 自定义幻灯片大小和方向

执行【设计】|【自定义】|【幻灯片大小】|【自定义幻灯片大小】命令,在弹出的【幻灯片大小】对话框中,单击【幻灯片大小】下拉按钮,在其列表中选择一种样式即可。

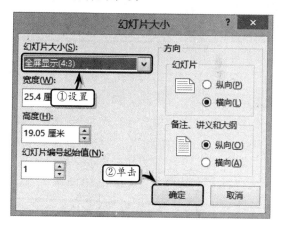

在【幻灯片大小】下拉列表中,主要包括下表中的 14 种样式。

预 设	作 用
全屏显示（4:3）	用于普通 CRT 显示器和标准 VGA 屏幕、幻灯机以及普通投影仪
全屏显示（16:9）	用于标准宽屏电视和宽屏投影仪
全屏显示（16:10）	用于非标准计算机宽屏显示器
信纸	用于标准 11 英寸信纸

续表

预　设	作　用
分类账纸张	用于标准 17 英寸账簿纸
A3 纸张	用于 29.7cm×42.0cm 标准 A3 纸张
A4 纸张	用于 21.0cm×29.7cm 标准 A4 纸张
B4 纸张	用于 25.0cm×35.3cm 标准 B4 纸张
B5 纸张	用于 17.6cm×25.0cm 标准 B5 纸张
35 毫米幻灯片	用于制作老式机械幻灯机的胶片
顶置	用于绝大多数 4:3 比例设备
横幅	用于横幅式幻灯片
宽屏	用于宽屏显示器演示幻灯片
自定义	输入宽度和高度，自定义尺寸

注意

用户还可以在【宽度】和【高度】两个输入文本域下方，设置演示文稿起始的幻灯片编号，在默认状态下，幻灯片编号从 1 开始。

除了可以自定义幻灯片的大小之外，在【幻灯片大小】对话框中，还可以通过【方向】选项组，来自定义幻灯片的方向。

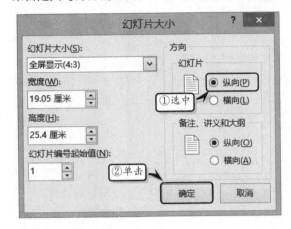

知识链接 2-3 确定演示文稿的类型

在制作演示文稿之前，由于不同的类型具有不同的风格，所以还需要先确定演示文稿的类型。

2.4 保存及保护演示文稿

在对演示文稿进行编辑后，用户还需要将其保存为可播放的演示文稿格式，才能发布并供其他用户播放。另外，对于一些具有隐私内容的演示文稿，还需要通过为其加密的方法，达到保护的作用。

2.4.1 保存演示文稿

在 PowerPoint 中，保存工作簿的方法大体可分为手动保存与自动保存两种方法。

1. 手动保存

对于新建演示文稿，则需要执行【文件】|【保存】或【另存为】命令，在展开的【另存为】列表中，选择【浏览】选项。

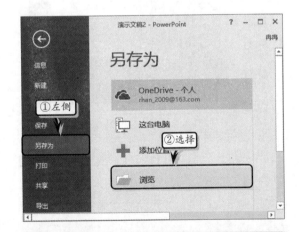

技巧

在【另存为】列表右侧的【最近访问的文件夹】列表中，选择某个文件，右击执行【保存】命令，即可在弹出的【另存为】对话框中保存该文档。

在弹出的【另存为】对话框中,选择保存位置,设置保存名称和类型,单击【保存】按钮即可。

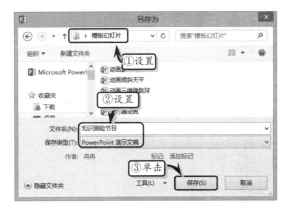

对于已保存过的演示文稿,用户可以直接单击【快速访问工具栏】中的【保存】按钮,直接保存演示文稿即可。

> **注意**
>
> 在 PowerPoint 中,保存文件也可以像打开文件那样,将文件保存到 OneDrive 和其他位置中。

2．自动保存

用户在使用 PowerPoint 时,往往会遇到计算机故障或意外断电的情况。此时,便需要设置工作簿的自动保存与自动恢复功能。

执行【文件】|【选项】命令,在弹出的对话框中激活【保存】选项卡,在右侧的【保存演示文稿】选项组中进行相应的设置即可。例如,保存格式、自动恢复时间以及默认的文件位置等。

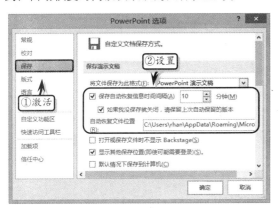

2.4.2　保护演示文稿

在 PowerPoint 中,可通过设置密码和文件信息的方法,来保护演示文稿。其中,设置密码是通过为演示文稿设置打开密码,来限制其他用户打开或编辑演示文稿内容;而设置文件信息则是通过设置演示文稿的文档权限,限制其他用户查看或编辑演示文稿。

1．设置密码

执行【文件】|【另存为】命令,在展开的【另存为】列表中,选择【浏览】信息。然后,在弹出的【另存为】对话框中,单击【工具】下拉按钮,选择【常规选项】选项。

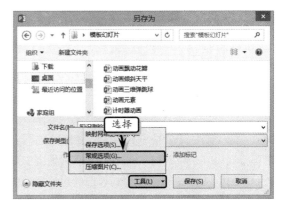

在弹出的【常规选项】对话框中,以此输入打开权限和修改权限密码,并单击【确定】按钮。

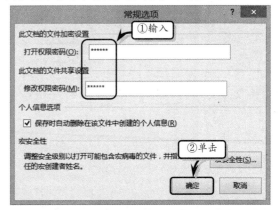

> **注意**
>
> 在【常规选项】对话框中,可以通过单击【宏安全性】按钮,在弹出的【信任中心】对话框中的【宏设置】选项卡中,设置宏的安全性。

在弹出的【确认密码】对话框中，重复输入打开权限和修改权限密码，即可使用密码保护演示文稿。

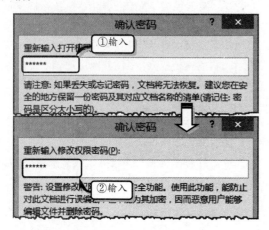

2. 设置文档信息

PowerPoint 提供了设置文档信息权限的功能，允许用户限制文档的编辑和查看。

1）标记为最终状态

执行【文件】|【信息】命令，在展开的列表中单击【保护演示文稿】下拉按钮，在其列表中选择【标记为最终状态】选项，在弹出的对话框中单击【确定】按钮，即可将演示文稿设置为只读，禁止用户编辑。

2）加密文档

执行【文件】|【信息】命令，在展开的列表中单击【保护演示文稿】下拉按钮，在其列表中选择【用密码进行加密】选项。

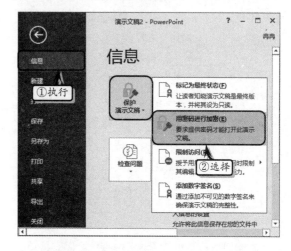

在弹出的【加密文档】对话框中，输入加密密码，并单击【确定】按钮。然后，在弹出的【确认密码】对话框中，重复输入加密密码即可。

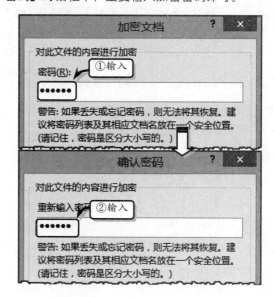

3）限制访问

除了通过密码限制对演示文稿的访问外，用户还可以通过授予用户访问权限、限制编辑、限制复制和打印的方法，来保护演示文稿。

执行【文件】|【信息】命令，单击【保护演示文稿】下拉按钮，在列表中选择【限制访问】|【连接到权限管理服务器并获取模板】选项，来保护演示文稿。

4）添加数字签名

数字签名是一种特殊的加密数据，通过这种数据，可以为文档建立一种特殊的密钥属性，以验证文档的完整性。

在选择【添加数字签名】选项后，用户可通过

微软的官方网站为演示文稿申请或自行建立一个数字签名。然后，所有查看该演示文稿的用户都可以通过数字签名验证文稿是否被第三方修改。

2.5　练习：动画元素演示模板

PowerPoint 内置了大量的演示文稿模板，以协助用户快速制作出适应不同需求和独特风格的演示文稿。运用内置的演示文稿模板，不仅可以创建动感十足的演示文稿，还可以加快创建速度，提高工作效率。在本练习中，将通过"动画元素演示模板"演示文稿，详细介绍创建模板演示文稿的操作方法。

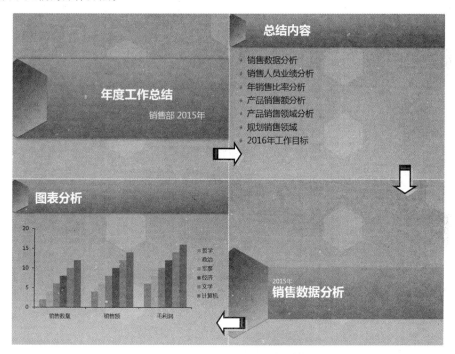

操作步骤 ▶▶▶▶

STEP|01 创建模板文档。启动 PowerPoint 组件，在展开的【新建】列表中，选择【演示文稿】选项。

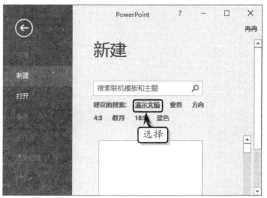

STEP|02 在展开的类别中选择【动画元素（带视频）】选项。

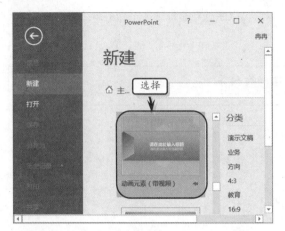

STEP|03 此时，系统会自动弹出预览窗口，预览模板内容，单击【创建】按钮，创建模板。

STEP|04 编辑幻灯片。选择第 4 个幻灯片，右击执行【删除幻灯片】命令，删除幻灯片。

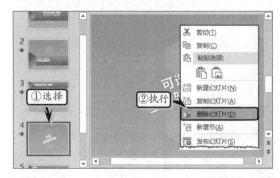

STEP|05 选择第 3 张幻灯片，拖动鼠标将其移动到第 2 张幻灯片位置处。

STEP|06 制作标题幻灯片。选择第 1 张幻灯片，在"请在此处输入标题"占位符中输入"年度工作总结"文本。

STEP|07 在"请在此处输入可选副标题"占位符中，输入副标题文本，并调整占位符的位置。

STEP|08 制作目录幻灯片。选择第 2 张幻灯片，在"请在此处输入标题"占位符中输入幻灯片标题，并在文本占位符中输入目录内容。

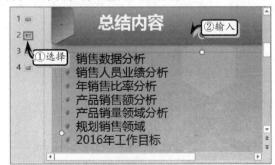

STEP|09 选择文本占位符，执行【开始】|【段落】|【行距】|【行距选项】命令，将【行距】设置为"固定值"，并将【设置值】设置为"40 磅"。

STEP|10 制作节幻灯片。选择第 3 张幻灯片，在"节分隔线版式"占位符中输入节标题，然后在"请在此处输入可选副标题"占位符中输入副标题。

STEP|11 制作图表幻灯片。选择第 4 张幻灯片，在标题占位符中输入"图表分析"文本。

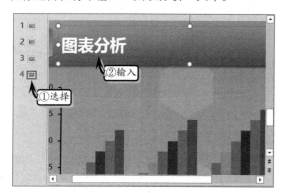

STEP|12 选择图表，右击执行【编辑数据】|【编辑数据】命令。

STEP|13 在弹出的 Excel 工作表中，依次编辑图表中的数据，并关闭 Excel 工作表。

STEP|14 此时，在幻灯片中，将显示更改数据之后的图表。

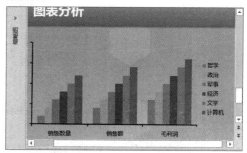

STEP|15 保存模板。执行【文件】|【另存为】命令，在【另存为】列表中，选择【浏览】选项。

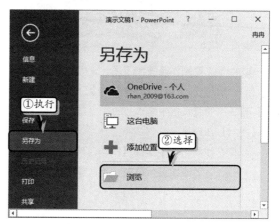

STEP|16 在弹出的【另存为】对话框中，设置保存位置和保存名称，单击【保存】按钮，保存模板文档。

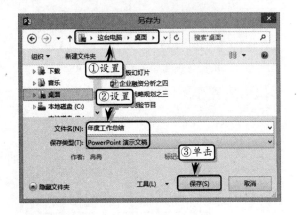

2.6 新手训练营

练习 1：创建模板文档
downloads\2\新手训练营\四季自然

提示：本练习中，主要使用 PowerPoint 中的模板文档的使用方法，例如创建"四季自然"模板文档。

其中，主要制作步骤如下所述。

（1）执行【文件】|【新建】命令，在展开的【新建】列表中的搜索框中输入"四季自然"文本，并单击【搜索】按钮。

（2）在搜索列表中选择【四季自然】选项。

（3）在弹出的预览窗口中，预览模板效果，单击【创建】按钮，创建模板文档。

练习 2：保存为放映格式
downloads\2\新手训练营\放映

提示：本练习中，主要使用 PowerPoint 中的多种保存格式功能，例如另存为"放映"格式。

其中，主要制作步骤如下所述。

（1）执行【文件】|【另存为】命令，在展开的【另存为】列表中，选择【浏览】选项。

（2）在弹出的【另存为】对话框中，选择保存位置和名称，将【保存类型】设置为"PowerPoint 放映"模式，单击【保存】按钮即可。

练习 3：为演示文稿添加节
downloads\2\新手训练营\节

提示：本练习中，主要使用 PowerPoint 中的节功能，包括新增节、重命名节、折叠和展开节等内容。

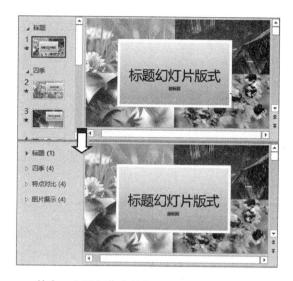

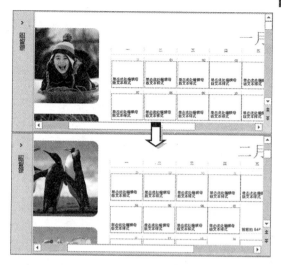

其中，主要制作步骤如下所述。

（1）打开"四季自然"演示文稿，选择第 2 张幻灯片，执行【开始】|【幻灯片】|【节】|【新增节】命令，新增一个节。

（2）选择第 1 个节标题，执行【开始】|【幻灯片】|【节】|【重命名节】命令。在弹出的【重命名节】对话框中，输入"标题"节名称，重命名节。

（3）选择第 2 个节标题，右击执行【重命名节】命令，输入"四季"节名称，重命名节。

（4）选择第 6 张幻灯片，执行【开始】|【幻灯片】|【节】|【新增节】命令，新增一个节。

（5）选择第 6 张幻灯片上方的节，右击执行【重命名节】命令，输入"特点对比"节名称，重命名节。

（6）选择第 10 张幻灯片，执行【开始】|【幻灯片】|【节】|【新增节】命令，新增一个节。

（7）选择第 10 张幻灯片上方的节，右击执行【重命名节】命令，输入"图片展示"节名称，重命名节。

（8）单击节标题前面的三角符号，折叠节。

练习 4：制作日历

downloads\2\新手训练营\日历

提示：本练习中，主要使用 PowerPoint 中的创建模板演示文稿，以及修改演示文稿等功能。

其中，主要制作步骤如下所述。

（1）执行【文件】|【新建】命令，在展开的【新建】列表中的搜索框中输入"日历"文本，并单击【搜索】按钮。

（2）在展开的搜索列表中，选择【日历】选项，并在浏览窗口中单击【创建】按钮，创建模板文档。

（3）选择第 2 张幻灯片，单击第 1 个【单击图标添加图片】占位符，在弹出的【插入图片】对话框中，选择图片文件，并单击【插入】按钮。

（4）单击第 2 个【单击图标添加图片】占位符，在弹出的【插入图片】对话框中，选择图片文件，单击【插入】按钮。使用同样方法，为其他幻灯片添加图片。

（5）执行【保存】|【另存为】命令，在展开的【另存为】列表中选择【浏览】选项。

（6）在弹出的【另存为】对话框中，设置保存位置和名称，单击【保存】按钮，保存演示文稿。

第 **3** 章

设置占位符

　　占位符是一种带有虚线边缘的框，在该框内可以放置标题及正文，或者图表、表格和图片等对象，是幻灯片中编辑各种内容的一种容器。另外，占位符也是幻灯片中的一个对象，其功能类似于形状。用户在创建幻灯片时，往往会根据幻灯片的版式自动在幻灯片中创建占位符。在幻灯片中编辑和使用占位符，不仅可以控制文本和各种形状、图片等对象的位置，还可以达到美化幻灯片的目的。在本章中，将着重介绍使用 PowerPoint 编辑、操作占位符，以及在占位符中编辑文本的基础知识和实用技巧。

3.1 调整占位符

占位符是 PowerPoint 中一种重要的显示对象，其最大使用频率是输入和编辑文本，在使用占位符之前，需要先了解一下选择和调整占位符的操作方法。

3.1.1 选择占位符

在幻灯片上移动光标，将光标移动到占位符的边框位置后，当光标转换为带有"十字箭头"的光标后，单击鼠标即可选择占位符。

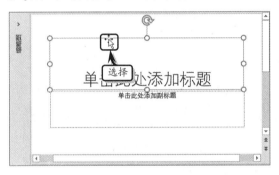

另外，执行【开始】|【编辑】|【选择】|【选择窗格】命令，在【选择和可见性】窗格中选择相应的占位符。

3.1.2 调整位置和大小

选择占位符之后，便可以通过鼠标调整占位符的具体位置和大小了，以使其适应整个幻灯片的布局。

1. 调整占位符的位置

用户可以通过鼠标或键盘移动占位符，调整占位符所在的位置。首先，选择占位符。然后，将光标置于占位符的边框处，拖动鼠标即可移动占位符。

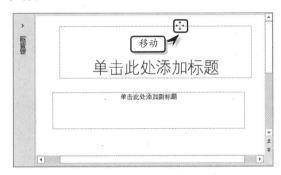

除了通过鼠标移动占位符以外，用户也可以通过键盘来移动占位符。在选中占位符之后，按键盘上的方向键←、↑、↓、→，即可控制占位符向指定的方向移动。

2. 调整占位符的大小

选择占位符，并将光标移至占位符边框的控制点上，例如，当光标变为"双向箭头"形状↖时，拖动鼠标调整占位符大小。

另外，选择占位符，在【格式】选项卡【大小】选项组中的【高度】或【宽度】文本框中，输入相应的数值，即可设置占位符大小。

> **提示**
> 用户可以通过占位符中四个角中的控制点来等比例调整占位符的大小。

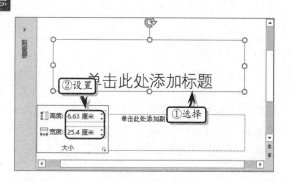

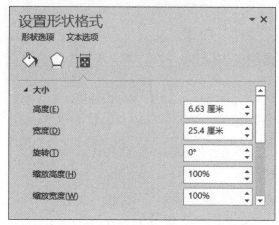

除此之外，单击【大小】选项组中的【对话框启动器】按钮，在弹出的【设置形状格式】窗格中，设置占位符的【高度】和【宽度】值即可调整其大小。

3.2 编辑占位符

在布局幻灯片中，往往需要进行占位符的编辑操作，包括复制、移动或删除幻灯片，以及对齐和旋转幻灯片等基础操作。

3.2.1 复制和移动占位符

复制占位符是创建所选占位符的副本，其源占位符并不会发生改变；而移动占位符是将当前占位符移动到其他位置，其源占位符会发生改变。

1. 复制占位符

选择占位符，执行【开始】|【剪贴板】|【复制】命令，复制占位符。

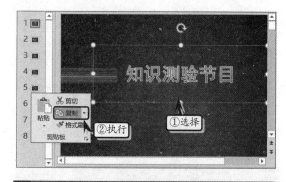

技巧

选择占位符，右击执行【复制】命令，或按Ctrl+C 快捷键，可快速复制占位符。

然后，选择放置占位符的幻灯片，执行【开始】|【剪贴板】|【粘贴】命令，粘贴占位符。

技巧

选择占位符，右击执行【粘贴】命令，或按Ctrl+V 快捷键，可快速粘贴占位符。

2. 移动占位符

选择占位符，执行【开始】|【剪贴板】|【剪切】命令，剪切占位符。

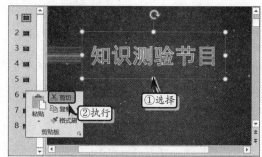

然后，选择放置占位符的幻灯片，执行【开始】
|【剪贴板】|【粘贴】命令，粘贴占位符。

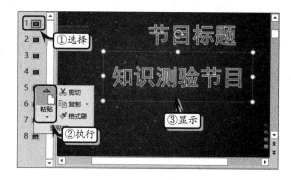

3.2.2　排列占位符

排列占位符是通过对齐占位符和旋转占位符
的方法，使占位符更加符合幻灯片的版面设计，增
加幻灯片版面的整齐性和条理性。

1．对齐占位符

选择幻灯片，执行【格式】|【排列】|【对齐】
命令，在其级联菜单中选择相应的选项即可。

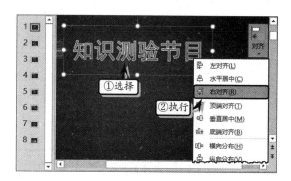

其中，在【对齐】命令中，主要包括下图中的
选项。

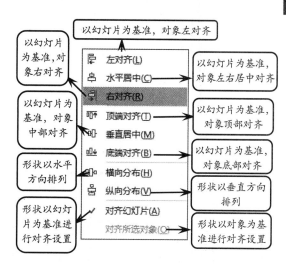

2．旋转占位符

选择占位符，将光标移至占位符的圆形控制点
上，按住鼠标左键，当光标变为↻形状时，旋转鼠
标即可旋转占位符。

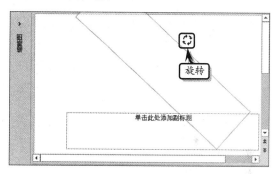

另外，用户可通过执行【格式】|【排列】|【旋
转】命令，在其下拉列表中选择相应的选项的方法，
按指定的角度旋转占位符。

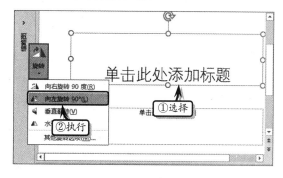

其中，在【旋转】命令中，主要包括下列 4
种旋转角度：

❏　**向右旋转 90°**　选择该选项，可以将占位

符向右方向旋转 90°。

❑ **向左旋转 90°** 选择该选项，可以将占位符向左方向旋转 90°。

❑ **垂直翻转** 选择该选项，可以将占位符进行垂直旋转。

❑ **水平翻转** 选择该选项，可以将占位符进行水平旋转。

技巧

用户可以执行【旋转】|【其他旋转选项】命令，打开【设置形状格式】窗格，在【大小属性】选项卡中，设置旋转角度。

知识链接 3-1 添加占位符

用户在使用 PowerPoint 制作演示文稿时，会发现每张幻灯片中的占位符是根据幻灯片的版式而设定的，不同的幻灯片版式具有不同的且固定的占位符。一般情况下，用户可通过复制与幻灯片母版法两种方法，来添加占位符。

PowerPoint 3.3 美化占位符

占位符属于幻灯片中的一个对象，类似于幻灯片中的形状对象，可以通过为其设置形状样式、填充颜色和形状效果等方法，来增加占位符的美观性。

3.3.1 设置形状样式

PowerPoint 为用户内置了 42 种主题样式和 35 种预设样式，该形状样式的具体颜色会随着演示文稿"主题"的改变而改变。

在幻灯片中选择占位符，执行【绘图工具】|【格式】|【形状样式】|【其他】命令，在其级联菜单中选择一种形状样式即可。

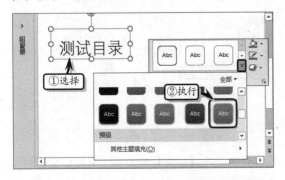

除了内置的 77 种主题样式之外，PowerPoint 还提供了其他主题填充效果，以方便用户使用主题颜色来设置占位符的样式。

选择占位符，执行【绘图工具】|【格式】|【形状样式】|【其他主题填充】命令，在其级联菜单中选择一种形状样式即可。

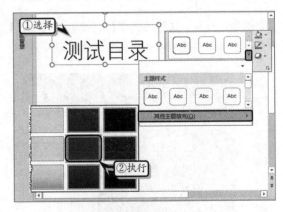

3.3.2 设置填充效果

当内置的形状样式和主题填充样式无法满足设计需求时，可通过自定义填充颜色来美化占位符。例如，设置纯色填充、设置图片填充等设置方法。

1. 设置纯色填充

选择占位符，执行【绘图工具】|【格式】|【形状样式】|【形状填充】|【红色】命令，设置纯色

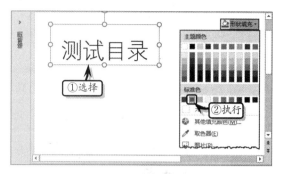

填充效果。

技巧

当用户为占位符设置填充颜色之后，系统会自动在【最近使用的颜色】列表中显示已使用的填充色。

当 PowerPoint 为用户提供的 70 种颜色无法满足用户需求时，则可以执行【格式】|【形状样式】|【形状填充】|【其他填充颜色】命令，在【标准】选项卡中，获取更多的填充颜色。

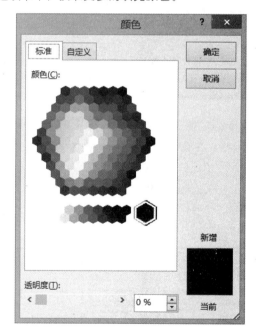

注意

在【颜色】对话框中的【标准】选项卡中，可以通过设置【透明度】值，来调整颜色的透明度。

另外，用户还可以在【颜色】对话框中的【自定义】选项卡中，自定义填充颜色。

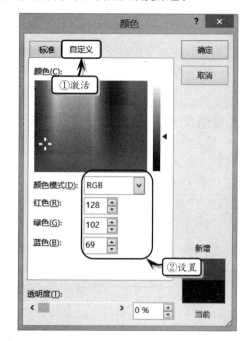

在【颜色模式】下拉列表中，主要包括 RGB 与 HSL 颜色模式：

❑ **RGB 颜色模式**　该模式主要基于红、绿、蓝 3 种基色，3 种基色均由 0~255 共 256 种颜色组成。用户只需单击【红色】、【绿色】和【蓝色】微调按钮，或在微调框中直接输入颜色值，即可设置字体颜色。

❑ **HSL 颜色模式**　该模式主要基于色调、饱和度与亮度 3 种效果来调整颜色，其各数值的取值范围介于 0~255 之间。用户只需在【色调】、【饱和度】与【亮度】微调框中设置数值即可。

2．设置渐变填充

渐变填充是由一种颜色过渡到另外一种颜色的填充效果。选择占位符，执行【绘图工具】|【形状样式】|【形状填充】|【渐变】命令，在其级联菜单中选择一种样式即可。

技巧

为占位符设置填充效果之后，可通过执行【形状样式】|【形状填充】|【无填充颜色】命令，取消填充效果。

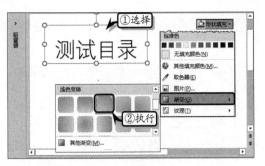

3．设置图片填充

选择占位符，执行【绘图工具】|【格式】|【形状样式】|【形状填充】|【图片】命令，在弹出的【插入图片】对话框中，选择【来自文件】选项。

然后，在弹出的【插入图片】对话框中，选择需要插入的图片文件，单击【插入】按钮即可。

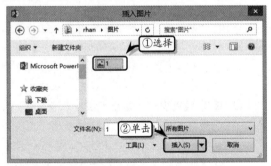

4．设置纹理填充

选择占位符，执行【绘图工具】|【形状样式】|【形状填充】|【纹理】命令，在其级联菜单中选择一种样式即可。

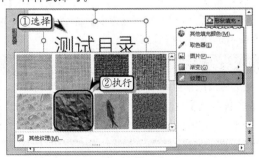

3.3.3　设置轮廓样式

选择占位符，执行【绘图工具】|【形状样式】|【形状轮廓】命令，在其级联菜单中选择一种色块，即可设置占位符的轮廓颜色。

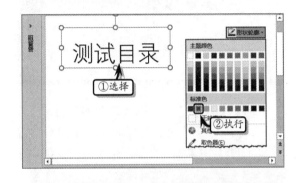

另外，执行【形状样式】|【形状轮廓】|【粗细】命令，在其级联菜单中选择相应的选项，即可设置占位符边框的粗细程度。

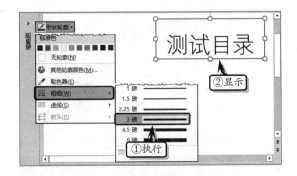

除此之外，执行【形状样式】|【形状轮廓】|【虚线】命令，在其级联菜单中选择相应的选项，即可设置占位符边框的线条类型。

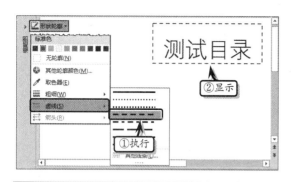

用户还可以执行【形状轮廓】|【粗细】或【虚线】|【其他线条】命令，在弹出的【设置形状格式】窗格中，自定义轮廓样式。

3.3.4　设置形状效果

形状效果的作用是为占位符或其他各种绘制图形设置一些特殊的效果。在 PowerPoint 中，允许用户为占位符设置【阴影】、【映像】、【发光】、【棱台】、【三维旋转】和【转换】等多种特效，并提供了 9 种预设供用户选择。

选择占位符，执行【绘图工具】|【形状样式】|【形状效果】|【阴影】命令，在其级联菜单中选择一种阴影样式。

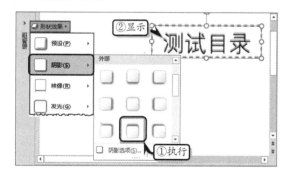

技巧

用户可以执行【形状样式】|【形状效果】|【阴影】|【阴影选项】命令，在展开的【设置形状格式】窗格中，自定义阴影参数。

另外，当为占位符设置填充颜色时，可执行【绘图工具】|【形状样式】|【形状效果】|【棱台】命令，在其级联菜单中选择一种棱台样式，设置占位符的棱台效果。

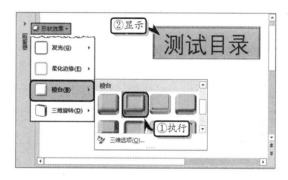

PowerPoint　知识链接 3-2　设置占位符的自动调节功能

占位符的自动调节功能是根据用户所输入的标题或文本的字符数，系统自动调节占位符的大小。用户可通过【PowerPoint 选项】对话框与浮动菜单的方法，来设置占位符的自动调节功能。

PowerPoint　3.4　设置占位符文本

在一个优秀的幻灯片中，必不可少的便是文本。由于文本内容是幻灯片的基础，所以在幻灯片中输入文本、编辑文本、设置文本格式等操作是制作幻灯片的基础操作。

3.4.1　输入文本

在创建的各种幻灯片中，绝大多数幻灯片都会有一个名为"标题"的占位符。例如，在"标题幻灯片"版式的幻灯片中,选择"单击此处添加标题"占位符,直接在占位符中输入标题文本即可。

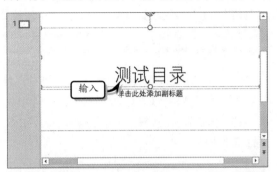

技巧

在占位符中输入文本时,用户也可以直接单击占位符中间位置,将光标置于占位符中,即可直接输入文本。

除了输入占位符文本之后,也可以输入备注文本。在普通视图中,单击备注窗格区域,输入幻灯片备注信息即可。

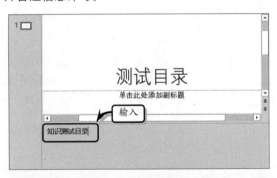

注意

在幻灯片中,除了在占位符中输入文本之外,还可以执行【插入】|【文本】|【文本框】命令,通过插入文本框的方法来输入文本。

3.4.2 编辑文本

为幻灯片输入文本之后,为了增加幻灯片的整齐性和美观性,还需要编辑幻灯片文本。

1. 选择文本

在占位符或【备注窗格】中,用户可将鼠标光标置于文本的起始位置或结束位置,然后按照文本

流动的方向拖动鼠标,将这些文本选中,以备进行各种进阶的编辑操作。

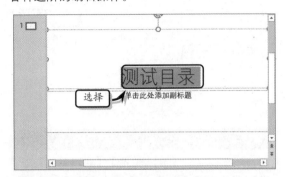

技巧

双击可选择一个词语;在文本的某个段落处连续单击 3 次可选择该段落;也可以使用快捷键 Ctrl+A 选择所选对象的整个文本。

2. 修改文本

输入文本之后,用户还需要根据幻灯片内容修改文本内容。

首先单击需要修改文本的开始位置,拖动鼠标至文本结尾处即可选择文本。然后在选择的文本上直接输入新文本或按 Delete 键再输入文本即可。另外,用户还可以将光标放置于需要修改文本后,按 Back Space 键删除原有文本,输入新文本即可。

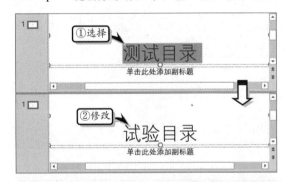

注意

用户也可以直接在占位符或文本框中,将光标放置在需要添加文本的文字后,然后输入文本。

3. 复制、移动或删除文本

在占位符或文本框中,用户还可以对文本进

行复制、剪切、移动和删除等操作，具体方法
如下：

操　作	方　法
复制	选中文本后，执行【开始】|【剪贴板】|【粘贴】命令或按快捷键 Ctrl+C
剪切	执行【开始】|【剪切板】|【剪切】命令或按快捷键 Ctrl+X
移动	将剪切的文本，在选定的区域执行【开始】|【剪贴板】|【粘贴】命令即可

3.4.3　查找和替换文本

通过 PowerPoint 提供的查找和替换功能，可
以快速查找文稿中的特定词语或短句的具体位置，
并快速替换查找内容。

1．查找文本

查找文本是运用查找功能，查找指定的文本。
用户只需执行【开始】|【编辑】|【查找】命令或
按 Ctrl+F 快捷键，在弹出的【查找】对话框中输
入所需查找的内容，单击【查找下一个】按钮即可。

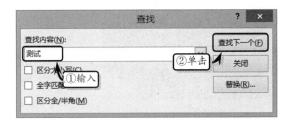

在【查找】对话框中，主要包括查找内容、区
分大小写、全字匹配等选项。其中，每种选项的具
体含义，如下所述：

- ❏ **查找内容**　用于输入所需查找的文本。
- ❏ **区分大小写**　选中该复选框，可以在查找
  文本时区分大小写。
- ❏ **全字匹配**　选中该复选框，表示在查找英
  文时，只查找完全符合条件的英文单词。
- ❏ **区分全/半角**　选中该复选框，表示在查
  找英文字符时，区分全角和半角字符。
- ❏ **查找下一个**　单击该按钮，可以查找下一
  个指定的内容。
- ❏ **替换**　单击该按钮，可以转换到【替换】
  对话框中。

2．替换文本

查找完需要的文本之后，便可以根据已查找的
文本，使用指定的文本对其进行替换。

执行【开始】|【编辑】|【替换】|【替换】命
令，或在【查找】对话框中单击【替换】按钮，即
可弹出【替换】对话框。此时，在【替换为】文本
框中输入替换文字，单击【替换】按钮或【全部替
换】按钮。

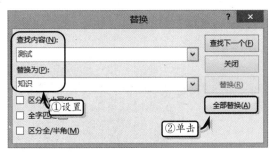

其中，单击【替换】按钮，可对文本进行依次
替换；而单击【全部替换】按钮，则对符合条件的
文本一次性全部替换。

3．替换字体

PowerPoint 还为用户提供了替换字体格式的
功能，执行【开始】|【编辑】|【替换】|【替换字
体】命令或按 Ctrl+H 快捷键，弹出【替换字体】
对话框。然后，分别在【替换】与【替换为】文本
框中输入需要替换的字体与待替换的字体类型，单
击【替换】按钮即可。

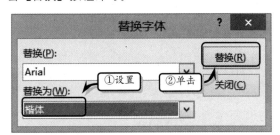

知识链接 3-3　设置显示颜色

PowerPoint 为用户提供了颜色、灰度与黑白
模式 3 种视图颜色。其中，颜色模式表示以全色
模式显示演示文稿；灰度模式表示以灰度模式显
示演示文稿，并自定义将颜色转换为灰度的方式；
而黑白模式表示以黑白模式显示演示文稿，并自
定义将颜色转换为黑白的方式。

3.5 练习：数学之美之一

美是人类创造性实践活动的产物，是人类本质力量的感性显现。通常我们所说的美以自然美、社会美以及在此基础上的艺术美、科学美的形式存在。数学美是自然美的客观反映，是科学美的核心，它没有鲜艳的色彩，没有美妙的声音，没有动感的画面，它却是一种独特的数理美。在本练习中，将运用 PowerPoint 中的基础功能，介绍数学之美的第一部分内容。

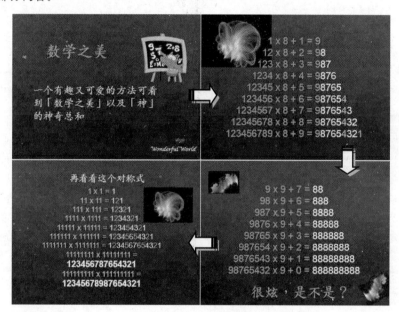

操作步骤 ▶▶▶▶

STEP|01 新建空白文档。启动 PowerPoint 组件，在展开的列表中选择【空白演示文稿】选项，创建空白文档。

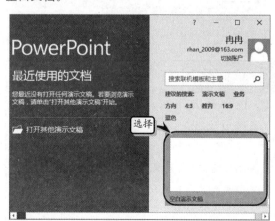

STEP|02 设置幻灯片大小。执行【设计】|【自定义】|【幻灯片大小】|【标准】命令，设置演示文稿的大小样式。

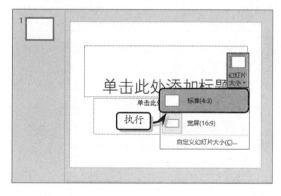

STEP|03 设置主题和背景。执行【设计】|【主题】|【主题】|【石板】命令，设置演示文稿的主题

样式。

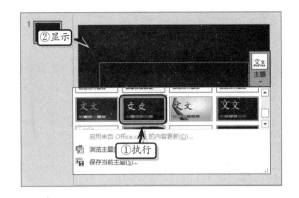

STEP|04 执行【设计】|【变体】|【其他】|【背景样式】|【样式 4】命令，设置背景样式。

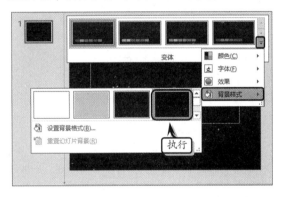

STEP|05 设置标题文本。在"单击此处添加标题"占位符中输入标题文本，并在【开始】选项卡【字体】选项组中，设置文本的字体格式。

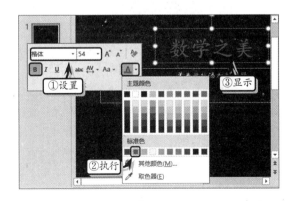

STEP|06 在"单击此处添加副标题"占位符中输入文本，并在【开始】选项卡【字体】选项组中设置文本的字体格式。

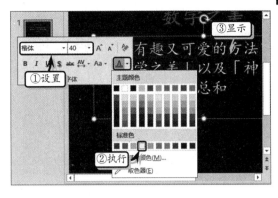

STEP|07 选择副标题占位符，执行【开始】|【段落】|【左对齐】命令，设置文本的对齐方式。使用同样方法，制作其他文本。

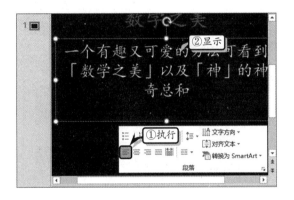

STEP|08 插入图片。执行【插入】|【图像】|【图片】命令，在弹出的【插入图片】对话框中，选择需要插入的图片文件，单击【插入】按钮。

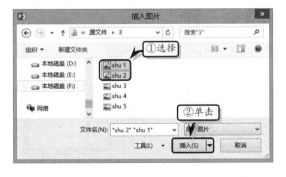

STEP|09 选择插入的图片，拖动图片，调整图片的位置和大小。

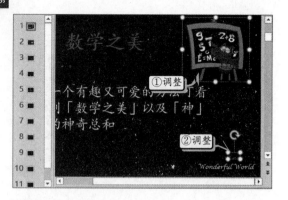

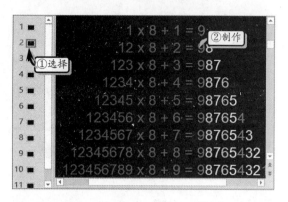

STEP|10 插入新幻灯片。执行【开始】|【幻灯片】|【新建幻灯片】|【标题和内容】命令，插入一个标题和内容版式的幻灯片。

STEP|13 执行【插入】|【图像】|【图片】命令，选择图片文件，单击【插入】按钮，插入图片并调整图片的位置。

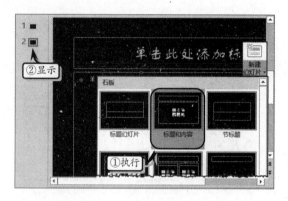

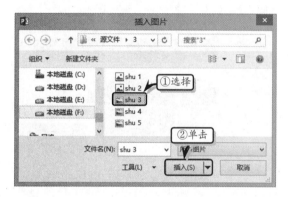

STEP|11 删除幻灯片中的标题占位符，选择第 2 张幻灯片，右击执行【复制幻灯片】命令，复制多张幻灯片。

STEP|14 制作第 3 张幻灯片。选择第 3 张幻灯片，在占位符中输入文本内容，并设置文本的字体格式和对齐方式。

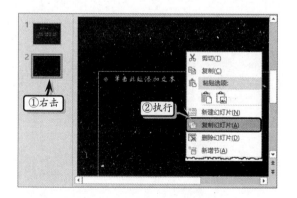

STEP|12 制作第 2 张幻灯片。选择第 2 张幻灯片，在占位符中输入文本内容，并设置文本的字体格式和对齐方式。

STEP|15 执行【插入】|【图像】|【图片】命令，选择图片文件，单击【插入】按钮，插入图片并调整图片的位置。

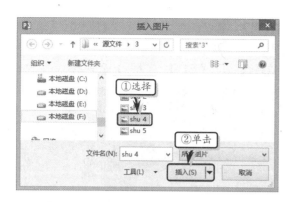

STEP|16 制作第 4 张幻灯片。选择第 4 张幻灯片，在占位符中输入文本内容，并设置文本的字体格式和对齐方式。

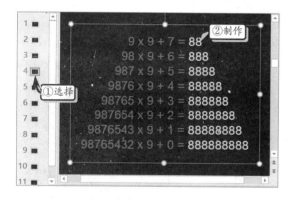

STEP|17 复制占位符，更改占位符中的文本，并设置文本的字体格式。

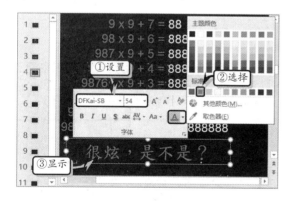

STEP|18 执行【插入】|【图像】|【图片】命令，选择图片文件，单击【插入】按钮，插入图片并调整图片的位置。

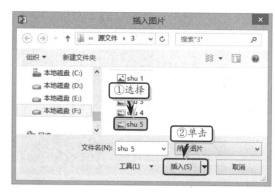

STEP|19 复制插入的图片，选择复制图片，执行【图片工具】|【排列】|【旋转】|【其他旋转选项】命令，自定义旋转角度。

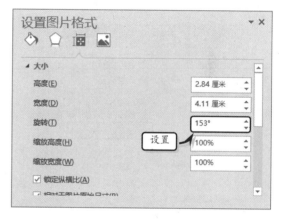

STEP|20 制作第 5 张幻灯片。复制第 4 张幻灯片中的所有内容，删除图片，更改占位符中的文本并设置文本的字体格式。

STEP|21 复制第 2 张幻灯中的图片，并调整图片的位置和大小。

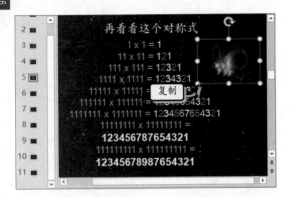

STEP|22 添加动画效果。选择第 1 张幻灯片中的大图片，执行【动画】|【动画】|【动画样式】|【更多进入效果】命令，在弹出的【更改进入效果】对话框中选择【展开】选项，单击【确定】按钮。

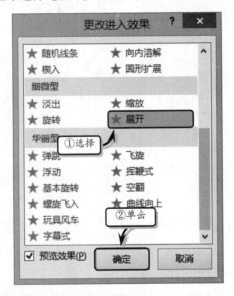

STEP|23 在【计时】选项组中，将【开始】设置为"与上一动画同时"，并将【持续时间】设置为"02.00"。

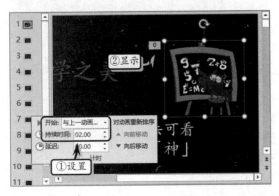

STEP|24 选择标题文本，执行【动画】|【动画】|【动画样式】|【进入】|【浮入】命令，同时执行【效果选项】|【方向】|【下浮】命令。

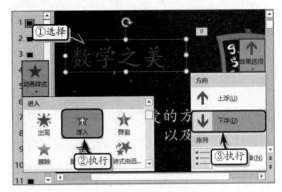

STEP|25 在【计时】选项组中，将【开始】设置为"上一动画之后"，并将【持续时间】设置为"02.00"。

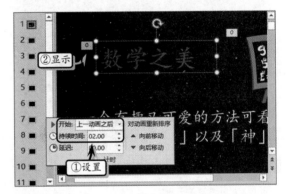

STEP|26 选择正文占位符，执行【动画】|【动画】|【动画样式】|【进入】|【飞入】命令，为占位符添加动画效果。

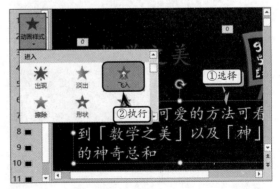

STEP|27 在【计时】选项组中，将【开始】设置为"上一动画之后"，并将【持续时间】设置为"02.00"。

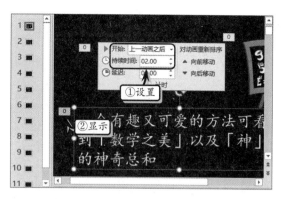

STEP|28 选择右下角的文本占位符，执行【动画】
|【动画】|【动画样式】|【进入】|【飞入】命令，
同时执行【效果选项】|【方向】|【自右侧】命令。

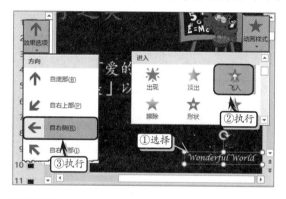

STEP|29 在【计时】选项组中，将【开始】设置
为"与上一动画同时"，并将【持续时间】设置为
"02.00"。

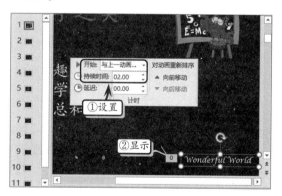

STEP|30 选择第 2 张幻灯片中的所有对象，执行
【动画】|【动画】|【动画样式】|【更多进入效果】
命令，在弹出的【更改进入效果】对话框中选择【展
开】选项，单击【确定】按钮。

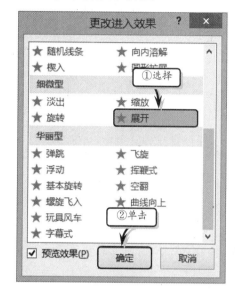

STEP|31 在【计时】选项组中，将【开始】设置
为"与上一动画同时"，并将【持续时间】设置为
"02.00"。使用同样方法，设置其他幻灯片中的动
画效果。

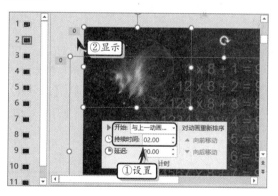

3.6 练习：语文课件之一

作为日常办公中幻灯片的主要制作软件，PowerPoint 已被广泛应

用到各个领域。除了可以运用 PowerPoint 制作广告策划、个人简历之外，还可以帮助教师制作一些课件。在本练习中，将运用 PowerPoint 中的基础功能，制作语文课件的部分内容。

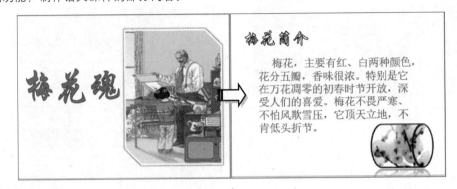

操作步骤 ▶▶▶▶

STEP|01 设置幻灯片大小。新建空白演示文稿，执行【设计】|【自定义】|【幻灯片大小】|【标准】命令，设置演示文稿的大小样式。

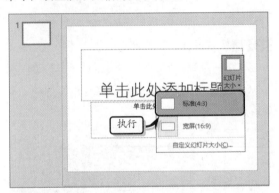

STEP|02 新建幻灯片。执行【开始】|【幻灯片】|【新建幻灯片】|【节标题】命令，新建一个幻灯片。

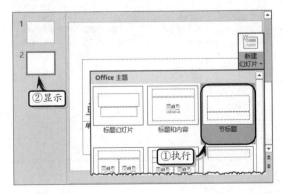

STEP|03 选择第 2 张幻灯片中的"标题"占位符，

按 Delete 键，删除占位符。

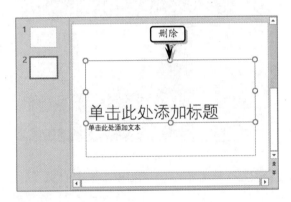

STEP|04 选择第 2 张幻灯片，右击执行【复制幻灯片】命令，复制 9 张幻灯片。

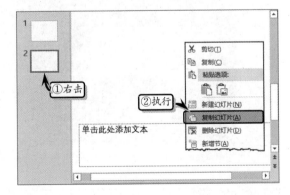

STEP|05 制作标题幻灯片。选择第 1 张幻灯片，删除所有占位符，执行【插入】|【文本】|【艺术字】|【填充-黑色，文本 1，阴影】命令，插入艺术字。

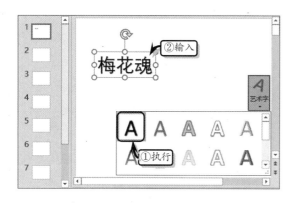

STEP|06 选择艺术字，执行【开始】|【字体】|
【字体】|【华文行楷】命令，同时取消【文字阴影】
命令，禁用文本效果。

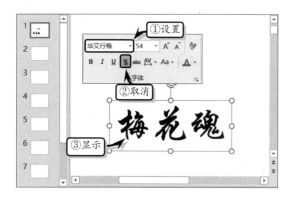

STEP|07 执行【开始】|【字体】|【字体颜色】|
【红色】命令，设置艺术字文本的字体颜色。

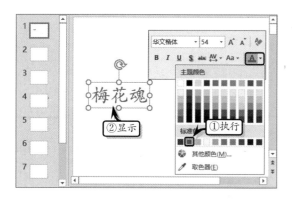

STEP|08 执行【格式】|【艺术字样式】|【文本轮
廓】|【其他轮廓颜色】命令，激活【自定义】选
项卡，设置自定义颜色。

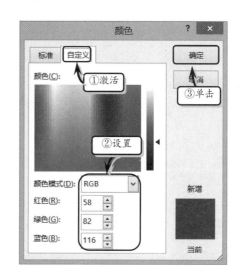

STEP|09 执行【格式】|【艺术字样式】|【文本轮
廓】|【粗细】|【1 磅】命令，设置轮廓粗细。

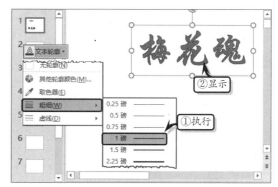

STEP|10 执行【格式】|【艺术字样式】|【文本效
果】|【转换】|【两端远】命令，设置艺术字的文
本效果。

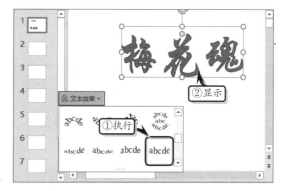

STEP|11 将鼠标移至艺术字右下角的控制点上，
拖动鼠标调整艺术字的大小。

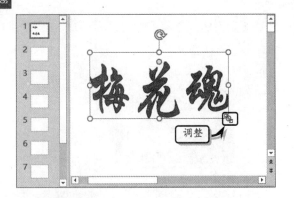

STEP|12 执行【插入】|【图像】|【图片】命令，在弹出的【插入图片】对话框中选择图片文件，单击【插入】按钮，插入图片。

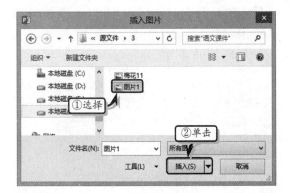

STEP|13 调整图片的大小与位置，执行【格式】|【图片样式】|【快速样式】|【剪裁对角线，白色】命令，设置图片的样式。

STEP|14 制作"梅花简介"幻灯片。选择第 2 张幻灯片，执行【插入】|【文本】|【艺术字】|【填充-黑色，文本 1，阴影】命令，插入艺术字。

STEP|15 执行【开始】|【字体】|【字体】|【华文行楷】命令，取消【文字阴影】命令，设置艺术字的文本效果。

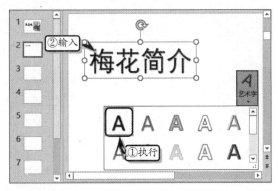

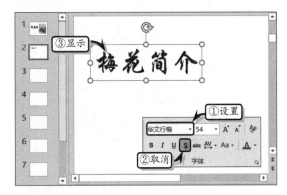

STEP|16 选择艺术字，执行【格式】|【艺术字样式】|【文本填充】|【白色】命令，设置文本的填充颜色。

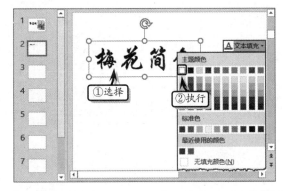

STEP|17 执行【文本轮廓】|【黑色,文字 1】命令，同时执行【文本轮廓】|【粗细】|【1 磅】命令，设置艺术字的轮廓样式。

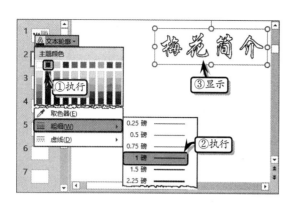

STEP|18 在占位符中输入简介内容，选择占位符，执行【开始】|【字体】|【字号】|36 命令，设置文本的字体大小。

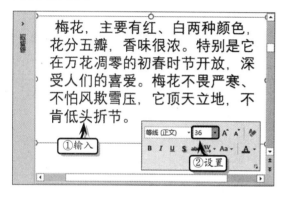

STEP|19 选择所有的文本，执行【开始】|【字体】|【字体颜色】|【其他颜色】命令，在弹出的【颜色】对话框中，选择【标准】选项卡中的一种色块，单击【确定】按钮。

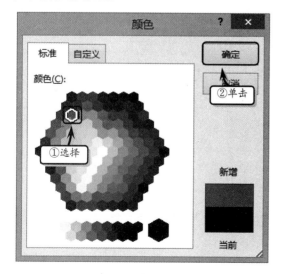

STEP|20 执行【插入】|【图像】|【图片】命令，

在弹出的对话框中选择图片文件，单击【插入】按钮，在幻灯片中插入一张图片。

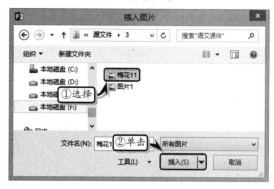

STEP|21 执行【格式】|【图片样式】|【映像棱台，黑色】命令，设置图片样式。

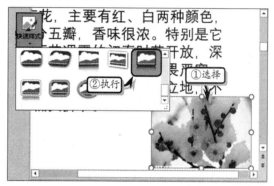

STEP|22 选择图片，执行【格式】|【大小】|【裁剪】|【裁剪为形状】|【流程图：直接访问存储器】命令，裁剪图片的形状。

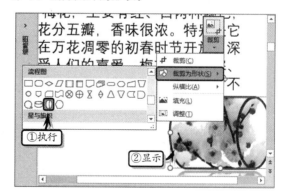

STEP|23 添加动画效果。同时选择第 1 张幻灯片中的艺术字与图片，执行【动画】|【动画】|【动画样式】|【更多进入效果】命令，在弹出的【更改进入效果】对话框选择【浮动】选项，单击【确定】按钮。

STEP|24 在【计时】选项组中，将【开始】设置为"上一动画之后"。

STEP|25 选择第 2 张幻灯片中的艺术字与图片，执行【动画】|【动画】|【动画样式】|【更多进入效果】命令，在弹出的【更改进入效果】对话框中选择【飞旋】选项，单击【确定】按钮。

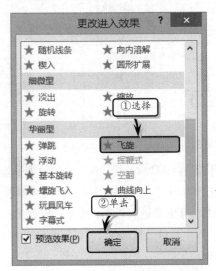

STEP|26 在【计时】选项组中，将【开始】设置为"上一动画之后"。

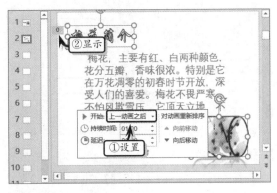

STEP|27 选择占位符，执行【动画】|【动画】|【动画样式】|【更多进入效果】命令，在弹出的【更改进入效果】对话框中选择【展开】选项，单击【确定】按钮。

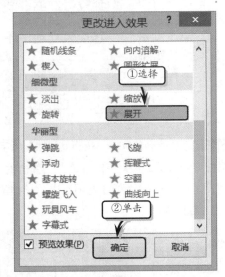

STEP|28 在【计时】选项组中，将【开始】设置为"上一动画之后"。

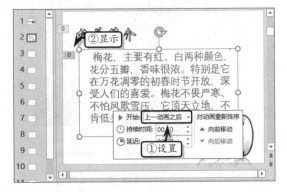

3.7 新手训练营

练习 1：设置占位符的渐变填充效果

⊙downloads\3\新手训练营\渐变填充

提示：本练习中，主要使用 PowerPoint 中的设置占位符形状格式的功能，主要介绍了设置占位符渐变填充颜色的操作方法。

其中，主要制作步骤如下所述。

（1）右击占位符执行【设置形状格式】命令，选中【渐变填充】选项，将【角度】设置为"0°"，将【类型】设置为"路径"。

（2）保留 3 个渐变光圈，选择左侧的渐变光圈，将【颜色】设置为"黄色"。

（3）选择中间的占位符，将【颜色】设置为"橙色"。

（4）选择右侧的渐变光圈，将【颜色】设置为"黄色"。

练习 2：设置占位符的特殊效果

⊙downloads\3\新手训练营\特殊效果

提示：本练习中，主要使用 PowerPoint 中的设置占位符形状格式的功能，主要介绍了设置占位符形状样式和形状效果的操作方法。

其中，主要制作步骤如下所述。

（1）选择占位符，执行【绘图工具】|【格式】|【形状样式】|【其他】|【细微效果-橄榄色，强调颜色2】命令，设置占位符的样式。

（2）执行【形状样式】|【形状效果】|【映像】|【半映像，4pt 偏移量】命令。同时，执行【形状效果】|【棱台】|【艺术装饰】命令。

（3）执行【形状样式】|【形状效果】|【三维转换】|【离轴 1 右】命令，设置三维转换效果。

练习 3：美化占位符的边框

⊙downloads\3\新手训练营\美化边框

提示：本练习中，主要使用 PowerPoint 中的设置占位符形状格式的功能，主要介绍了设置渐变边框的操作方法。

其中，主要制作步骤如下所述。

（1）右击占位符，执行【设置形状格式】命令。展开【线条】选项组，选中【渐变线】选项，将【角度】设置为"0°"，将【类型】设置为"射线"。

（2）将左侧和右侧渐变光圈的【颜色】设置为"红色"，将中间渐变光圈的【颜色】设置为"橙色"。

（3）将【宽度】设置为"11 磅"，并将【复合类型】设置为"三线"。

练习 4：将占位符转为图片

⊙downloads\3\新手训练营\图片占位符

提示：本练习中，主要使用 PowerPoint 中设置形状格式，以及复制与选择性粘贴等功能。

其中，主要制作步骤如下所述。

（1）选择占位符，执行【绘图工具】|【格式】|【形状样式】|【形状填充】|【纹理】|【水滴】命令，

设置纹理填充效果。

　　（2）选择占位符，执行【开始】|【剪贴板】|【复制】命令。同时执行【开始】|【剪贴板】|【粘贴】|【选择性粘贴】命令。

　　（3）在弹出的【选择性粘贴】对话框中，选择【图片（JPEG）】选项，单击【确定】按钮即可。

第 **4** 章

设置文本格式

　　文本内容是幻灯片的基础，一段简洁而富有感染力的文本是制作优秀演示文档的前提。在 PowerPoint 中，不仅可以通过在占位符或文本框中输入文本的方法，来简明扼要地概括幻灯片的主要内容；还可以通过设置文本与段落的字体格式，以及为文本添加项目符号与编号等操作，来达到丰富幻灯片内容的目的。本章将介绍文本的字体、段落、艺术字等属性的设置，以及自定义文本格式的技巧。

4.1 设置字体格式

字体格式是指字体的字形、字体或字号等字体样式，以及上标、下标和删除线等一些特殊的字体特效。

4.1.1 设置常用格式

字体的常用格式包括字体、字号和字体颜色等一些经常使用的字体格式，其设置方法如下所述。

1. 设置字体和字号

字体和字号是字体的基本格式。选择占位符或文本，执行【开始】|【字体】|【字体】命令，在其级联菜单中选择一种字体样式即可。

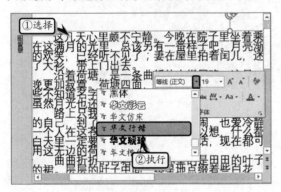

执行【开始】|【字体】|【字号】命令，在其级联菜单中选择一种字号即可。

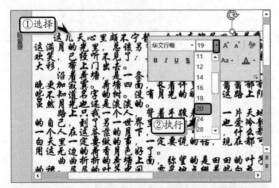

> **技巧**
>
> 用户可以通过执行【开始】选项卡【字体】选项组中的【增大字号】A 和【减小字号】A 命令，来调整文本的字体大小。

另外，单击【开始】选项卡【字体】选项组中的【对话框启动器】按钮，可在弹出的【字体】对话框中的【字体】选项卡中，设置西文字体、中文字体和字号。

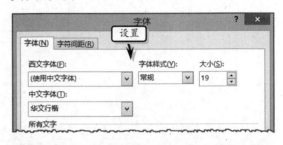

> **注意**
>
> 用户也可以选择文本，在自动显示的PowerPoint 中的快捷工具栏中，设置文本的字体和字号格式。

2. 设置字体颜色

选择占位符或文本，执行【开始】|【字体】|【字体颜色】命令，在其列表中选择一种色块，即可设置文本的字体颜色。

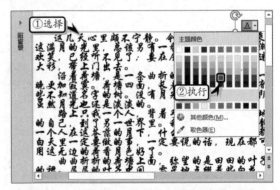

> **注意**
>
> 选择文本，执行【开始】|【字体】|【字体颜色】|【其他颜色】命令，可自定义文本的字体颜色。另外，执行【字体】|【字体颜色】|【取色器】命令，则可以获取其他颜色的字体颜色。

4.1.2　设置字体效果

在 PowerPoint 中既可以通过选项组中的命令来设置固定的字体，又可以通过【字体】对话框来设置更多的字体效果。

1. 选项组命令法

选择占位符或文本，执行【开始】|【字体】|【加粗】命令，即可设置字体样式。

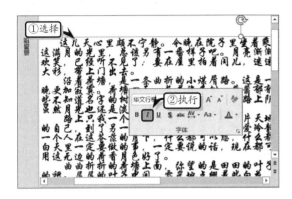

PowerPoint 允许用户为字体设置 5 种样式，包括粗体、斜体、下划线、阴影以及删除线等。其提供了如下 5 个按钮。

按钮	作　用	按钮	作　用
B	加粗	S	文字阴影
I	倾斜	abc	删除线
U	下划线		

技巧

用户可以通过按 Ctrl+B 快捷键、Ctrl+I 快捷键和 Ctrl+U 快捷键，快速设置文本的加粗、倾斜和下划线样式。

2. 对话框法

单击【字体】选项组中的【对话框启动器】按钮，可在弹出的【字体】对话框中的【字体】选项卡中，设置删除、上标、下标、下划线等文本效果。

在【字体】对话框中的【字体】选项卡中，主要包括下表中的一些选项。

格　式		作　用
西文字体		设置文本内非中文字符的字体
中文字体		设置文本内中文字符的字体
字体样式	常规	默认值，定义字体不发生样式改变
	倾斜	设置字体倾斜
	加粗	设置字体加粗
	加粗倾斜	设置字体同时加粗和倾斜
大小		设置字体的字号
字体颜色		设置字体的前景颜色
下划线类型		单击右侧按钮可选择下划线的类型
下划线颜色		在选择下划线类型后，可在此设置下划线的颜色
效果	删除线	为字体添加删除线
	双删除线	为字体添加两条删除线
	上标	将字体缩小为原尺寸的 25%，并设置其在原字体上方
	下标	将字体缩小为原尺寸的 25%，并设置其在原字体下方
	偏移量	设置字体上标或下标的位置
	小型大写字母	将所有字母转换为大写，并缩小尺寸为原尺寸的 25%
	全部大写	将所有字母转换为大写
	等高字符	设置所有字母的高度相同

4.1.3　更改大小写

选择占位符或文本，执行【开始】|【字体】|【更改大小写】命令，在其列表中选择一种选项，即可更改文本的大小写。

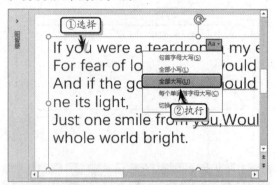

> **注意**
>
> 单击【字体】选项组中的【对话框启动器】按钮，可在弹出的【字体】对话框中，设置文本的【小型大写字母】和【全部大写】文本效果。

在【更改大小写】命令的级联菜单中，主要包括下列 5 种选项。

命 令	作 用
句首字母大写	将每个语句第一个字母转换为大写
全部小写	将所有字母转换为小写
全部大写	将所有字母转换为大写
每个单词首字母大写	将每个单词第一个字母转换为大写
切换大小写	将所有大写字母转换为小写，同时将所有小写字母转换为大写

4.1.4　设置字符间距

选择占位符或文本，执行【开始】|【字体】|【字符间距】命令，在其级联菜单中选择一种选项即可。

另外，执行【字体】|【字符间距】|【其他间距】命令，在弹出的【字体】对话框中的【字符间距】选项卡中，设置间距参数即可。

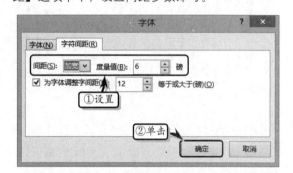

> **注意**
>
> 为文本设置字体格式之后，可通过执行【开始】|【字体】|【清除所有格式】命令，清除已设置的字体格式。

> **PowerPoint　知识链接4-1**　快速输入上下标
>
> 用户在使用 PowerPoint 制作包含科技内容或数学内容的幻灯片时，往往需要输入上标或上标。在 PowerPoint 中，用户不仅可以使用命令输入上下标，还可以使用格式刷或快捷键快速地输入上下标。

4.2　设置段落格式

文本通常由字、词、句和段落组成，段落是文本的一种较大的单位，可以由一个或多个语句构成。在 PowerPoint 中，用户不仅可以设置字体的格式，还可以设置字体的段落格式，从而使文本内容更加美观。

4.2.1 设置对齐方式

对齐方式是指段落内容偏移的方向。在 PowerPoint 中，允许用户设置水平和垂直两种对齐方式。

1. 设置水平对齐

选择占位符或文本，执行【开始】|【段落】|【左对齐】命令，即可设置文本的左对齐格式。

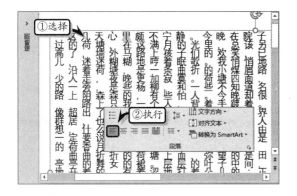

在【段落】选项组中，PowerPoint 为用户提供了下列 5 种对齐方式。

按钮	作 用	按钮	作 用
	左对齐		居中对齐
	右对齐		两端对齐
	分散对齐		

其中，【分散对齐】按钮的作用是将当前行的所有字符打散，平均分配到行的长度中。

> **技巧**
>
> 选择文本之后，可通过按 Ctrl+L 快捷键、Ctrl+E 快捷键、Ctrl+R 快捷键设置文本的左对齐、居中对齐和右对齐方式。

另外，单击【段落】选项组中的【对话框启动器】按钮，可在弹出的【段落】对话框中的【缩进和间距】选项卡中，设置文本的对齐方式。

2. 设置垂直对齐

选择占位符或文本，执行【开始】|【段落】|【对齐文本】|【中部对齐】命令，设置文本以占位符或文本框为基础的垂直中部对齐方式。

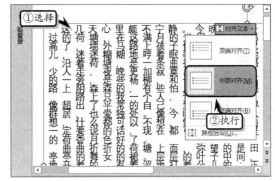

另外，执行【对齐文本】|【其他选项】命令，在展开的【设置形状格式】窗格中的【文本选项】选项卡中，也可设置文本的垂直对齐方式。

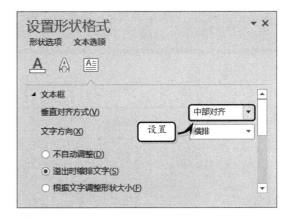

4.2.2 设置缩进和间距

缩进是指首行第 1 个文字相对于其他行文字所减缩的字符数，而间距则是指文本行之间的距离。

1. 设置缩进

将光标定位在文本中，执行【开始】|【段落】|【提高列表级别】命令，设置文本之前的缩进距离，也就是左侧文本的缩进距离。

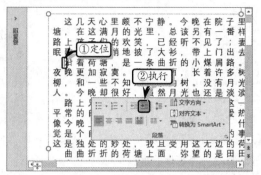

同样方法，用户也可以通过执行【段落】|【降低列表级别】命令，来减少文本之前的缩进距离。

另外，单击【段落】选项组中的【对话框启动器】按钮，可在弹出的【段落】对话框中的【缩进和间距】选项卡中，设置文本的缩进距离。

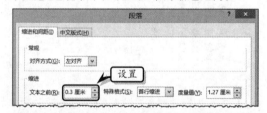

> **注意**
>
> 在【缩进和间距】选项卡中，还可以设置文本的特殊格式，例如首行缩进、悬挂缩进等格式。

2. 设置行间距

选择占位符或文本，执行【开始】|【段落】|【行距】命令，在其级联菜单中选择一种行距选项即可。

另外，执行【开始】|【段落】|【行距】|【行距选项】命令，在弹出的【段落】对话框中的【缩进和间距】选项卡中，设置行距和段前、段后间距值即可。

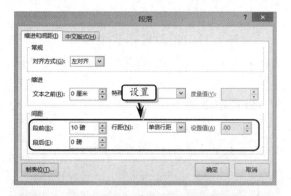

> **技巧**
>
> 在【段落】对话框中的【缩进和间距】选项卡中，单击【制表位】按钮，可在弹出的【制表位】对话框中，设置幻灯片的制表位。

在【缩进和间距】选项卡中，主要包括下列各种选项。

属 性		作 用
对齐方式		设置段落文本的水平对齐方式
文本之前		设置段落文本与左侧边框的距离
特殊格式	首行缩进	设置段落第一行的缩进距离
	悬挂缩进	设置项目列表的缩进距离
度量值		在设置特殊格式后，即可设置其缩进的距离值
段前		设置段落与上一段落之间的距离
段后		设置段落与下一段落之间的距离
行距		设置段落中行间的距离倍数
设置值		设置段落行间的距离数值

4.2.3 设置版式

版式是指文本的版面效果，主要用设置文字的整体整齐性，其设置内容包括文字方向、分栏和中文版式等。

1. 设置文字方向

选择占位符或文本，执行【开始】|【段落】|【文字方向】命令，在其级联菜单中选择一种选项即可。

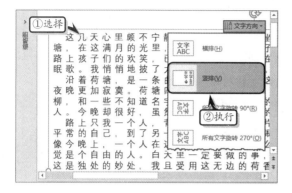

在【文字方向】命令的级联菜单中，主要包括下列 5 种选项。

命　令	作　用
横排	该命令为默认值，定义文本内容以默认的流动方向显示
竖排	定义文本以从上到下的方向流动，且字体按照原角度显示
所有文字旋转 90°	定义文本以从上到下的方向流动，同时所有字符旋转 90°
所有文字旋转 270°	定义文本以从下到上的方向流动，同时所有字符旋转 270°
堆积	定义文本以从上到下和自右至左的方向流动，且字体按照原角度显示（仿中国古代的汉字书写方式）

注意

执行【文字方向】|【其他选项】命令，也可在弹出的【设置形状格式】窗格中的【文本选项】选项卡中，设置文本的显示方向。

2. 设置分栏

分栏的作用是将文本段落按照两列或更多列的方式排列。选择占位符或文本，执行【开始】|【段落】|【分栏】命令，在其级联菜单中选择一种选项即可。

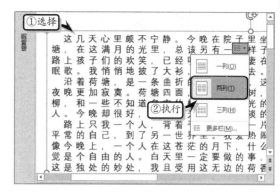

另外，执行【段落】|【分栏】|【更多栏】命令，在弹出的【分栏】对话框中，设置分栏数量和间距值。

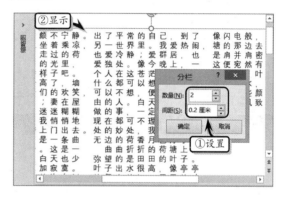

3. 设置中文版式

在【开始】选项卡【段落】选项组中，单击【对话框启动器】按钮，在弹出的【段落】对话框中，激活【中文版式】选项卡，设置常规和首尾字符样式。

在【中文版式】选项卡中，包括下表中的选项。

属 性		作 用
按中文习惯控制首尾字符		禁止在行首出现标点字符，将这些标点字符移到上一行行末
允许西文在单词中间换行		将行内无法显示完全的英文单词拆开为两行显示
允许标点溢出边界		将行末无法显示的标点显示在行边界外
文本对齐方式	自动	默认值，定义段落以普通方式垂直对齐
	顶部	定义段落向边框顶部对齐
	居中	定义段落在容器中部对齐
	基线对齐	定义段落以容器的基线为准对齐
	底部	定义段落在容器的底部对齐
首尾字符		单击【选项】按钮，定义首尾可显示的字符类型

注意

根据汉语语法的习惯，只有引号""""、书名号《》、各种小括号()、中括号[]和大括号{}等符号的前半部分可以在行首和段首显示，而其他的各种标点符号必须书写到上一行的末尾。

PowerPoint 知识链接4-2 段落缩进技巧

当用户在幻灯片中处理长篇文本内容时，为达到美观与区分段落的目的，还需要设置文本的段落缩进样式。其中，段落的缩进包括段落的首行缩进和悬挂缩进两种缩进方式。

4.2.4 示例：小石潭记

文本是幻灯片的灵魂，它决定了整个幻灯片的内涵，是继幻灯片主题和风格之后的又一重要内容。在本示例中，将通过制作"小石潭记"文本内容，来详细介绍幻灯片文本的制作方法和操作技巧。

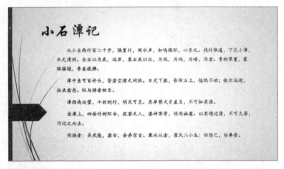

STEP|01 新建空白演示文稿，执行【设计】|【主题】|【丝状】命令，设置幻灯片的主题效果。

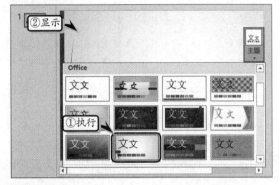

STEP|02 在"单击此处添加标题"占位符中，输入"小石潭记"文本，并调整占位符的大小和位置。

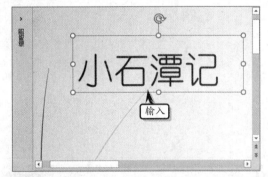

STEP|03 执行【开始】|【字体】|【字体】|【华文行楷】命令，设置标题占位符的字体格式。

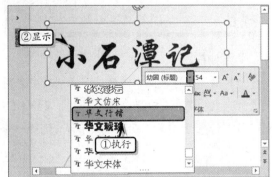

STEP|04 在"单击此处添加副标题"占位符中，输入小石潭记正文，并调整占位符的大小和位置。

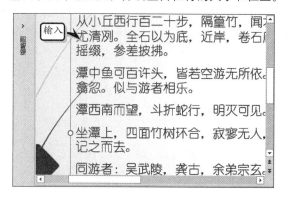

STEP|05 执行【开始】|【段落】|【行距】|1.5 命令，设置正文占位符的行距。

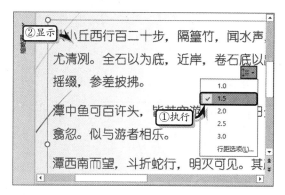

STEP|06 执行【开始】|【字体】|【字体颜色】|【黑色，文字 1】命令，更改字体颜色。

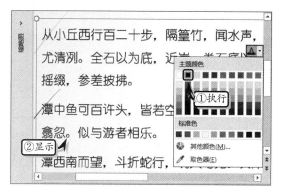

STEP|07 单击【段落】选项组中的【对话框启动器】按钮，在弹出的【段落】对话框中，将【特殊格式】设置为"首行缩进"。

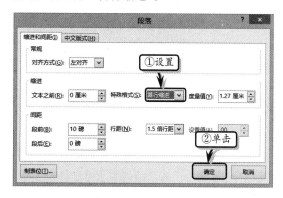

STEP|08 选择正文占位符，执行【开始】|【字体】|【字体】|【华文楷体】命令，设置正文的字体样式。

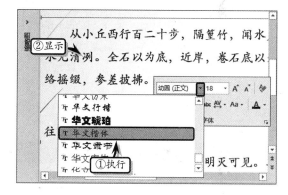

4.3 设置项目符号和编号

项目符号和编号又称为列表，是一种特殊格式　的文本，其可以将多条并列的内容以竖排的形式展示。PowerPoint 为用户提供了默认的项目符号和编号，除此之外用户还可以自定义项目符号和编号。

4.3.1 设置项目符号

PowerPoint 内置了 7 种项目符号，以供用户选择使用。而当内置的项目符号无法满足设计需求时，则可以通过自定义项目符号的方法来满足需求。

1. 使用内置项目符号

选择文本或占位符，执行【开始】|【段落】|【项目符号】命令，在其级联菜单中选择一种符号样式。

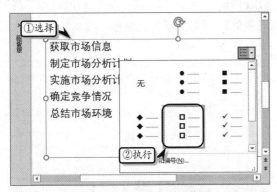

> **技巧**
>
> 选择包含项目符号的文本，执行【段落】|【提高列表级别】和【降低列表级别】命令，可调整列表的级别。

2. 自定义项目符号

自定义项目符号包括自定义符号大小和颜色、自定义图片符号和自定义特殊符号等内容。执行【开始】|【段落】|【项目符号】|【项目符号和编号】命令，弹出【项目符号和编号】对话框，激活【项目符号】选项卡，即可自定义项目符号。

1）自定义大小和颜色

在【项目符号】选项卡中，选择列表中的一种样式，单击【大小】微调按钮，即可设置符号的大小。同样，单击【颜色】下拉按钮，在其列表中选择一种色块，即可设置符号颜色。

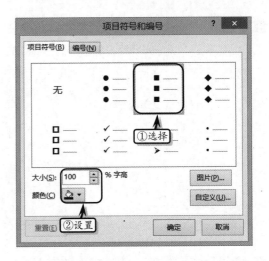

2）自定义图片符号

除此之外，在【项目符号】选项卡中，单击【图片】按钮，在弹出的【插入图片】对话框中，选择【来自文件】选项。

然后，在弹出的【插入文件】对话框中，选择需要插入的图片文件，单击【插入】按钮。

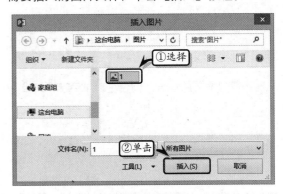

3）自定义特殊符号

在【项目符号】选项卡中，单击【自定义】按钮，在弹出的【符号】对话框中，选择一种符号，并单击【确定】按钮。

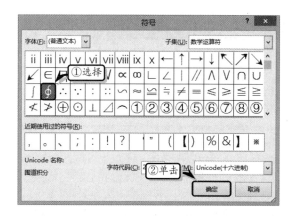

4.3.2 设置项目编号

在 PowerPoint 中，项目编号与项目符号一样，
系统也内置了 7 种项目编号，而当内置的项目编号
无法满足设计需求时，也可通过自定义项目编号的
方法来满足需求。

1. 使用内置项目编号

选择文本或占位符，执行【开始】|【段落】|
【项目编号】命令，在其级联菜单中选择一种符号
样式。

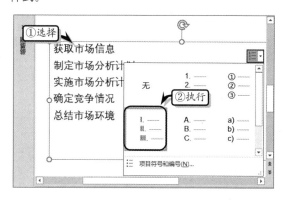

2. 自定义项目编号

执行【开始】|【段落】|【项目编号】|【项目
符号和编号】命令，弹出【项目符号和编号】对话
框，激活【编号】选项卡。在其列表中选择一种编
号样式，自定义该编号的大小、颜色和起始编号
即可。

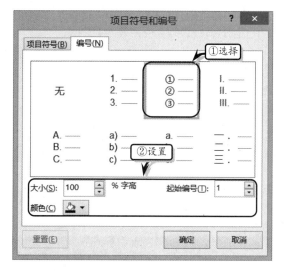

知识链接 4-3 | 设置标题级别

设置标题级别是将幻灯片标题升级到上一级
别或降低到下一级别。例如，可将幻灯片中的文
本提升到标题级别，或将幻灯片中的标题文本降
低到普通文本级别。

PowerPoint

4.4 设置艺术字样式

艺术字样式是 PowerPoint 为用户提供的一种 具有艺术字效果的文本样式，应用该样式可以快速

设置文本的阴影、发光、棱台等效果。除此之外，用户还可以自定义文本的填充、轮廓和效果。

4.4.1 应用艺术字样式

PowerPoint 内置了 20 种艺术样式以供用户选择使用，选择占位符或文本，执行【绘图工具】|【格式】|【艺术字样式】|【填充-橙色，着色 2，轮廓-着色 2】命令，即可应用艺术字样式。

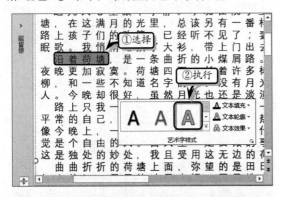

> **注意**
>
> 在【艺术字样式】选项组中，单击【下移】按钮 或【其他】按钮 ，可选择其他艺术字样式。

4.4.2 自定义艺术字样式

当内置的艺术样式无法满足版面设计时，则可以通过设置文本填充效果、设置轮廓效果和文本效果等方法，来自定义艺术字样式。

1. 设置文本填充效果

选择文本或选择应用艺术字样式的文本，执行【绘图工具】|【格式】|【艺术字样式】|【文本填充】命令，在其级联菜单中选择一种填充颜色即可。

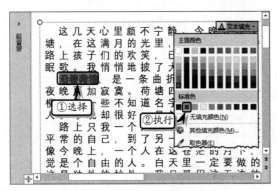

> **注意**
>
> 用户还可以执行【绘图工具】|【格式】|【艺术字样式】|【文本填充】|【图片】、【渐变】和【纹理】命令，设置文本填充的图片效果、渐变和纹理效果。

2. 设置文本轮廓效果

选择文本或选择应用艺术字样式的文本，执行【绘图工具】|【格式】|【艺术字样式】|【文本轮廓】命令，在其级联菜单中选择一种填充颜色即可。

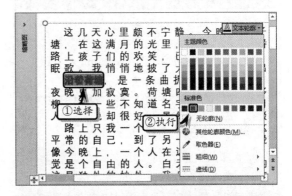

> **注意**
>
> 用户还可以执行【绘图工具】|【格式】|【艺术字样式】|【文本轮廓】|【粗细】和【虚线】命令，设置轮廓颜色的宽度和线条样式。

3. 设置文本效果

选择占位符或文本，执行【绘图工具】|【格式】|【艺术字样式】|【文本效果】|【阴影】|【右下斜偏移】命令，设置文本的阴影效果。

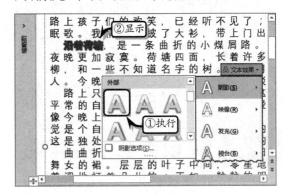

4.4.3 示例：两小儿辩日

艺术字是 PowerPoint 内置的文字样式库，可以将艺术字添加到文档中以制作出装饰性效果。在本示例中，将通过制作"两小儿辩日"文本内容，来详细介绍幻灯片艺术字的制作方法和操作技巧。

STEP|01 执行【文件】|【新建】命令，在展开的【新建】列表中选择【演示文稿】选项。

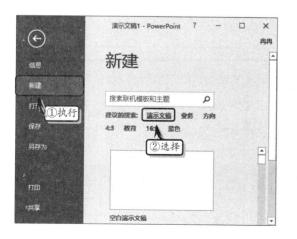

STEP|02 在展开的【演示文稿】列表中，选择【风景中带有引文的图片】选项。

STEP|03 在弹出的预览窗口中，单击【创建】按钮，创建模板文档。

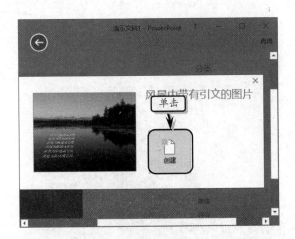

STEP|04 删除占位符中的文本，输入"两小儿辩日"的正文，并在【字体】选项组将【字号】设置为"18"。

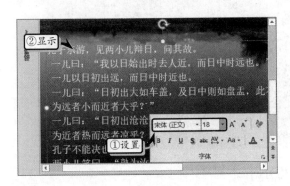

STEP|05 执行【插入】|【文本】|【艺术字】|【填充-白色，轮廓-着色 2，清晰阴影-着色 2】命令，插入艺术字并输入艺术字文本。

STEP|06 执行【格式】|【艺术字样式】|【文本效果】|【发光】|【红色，8pt 发光，个性色 2】命令，设置艺术字的发光效果。

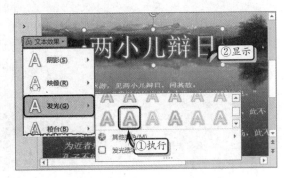

4.5 练习：数学之美之二

数学之美中的美在于其严谨性，在本练习中将继续让用户解释数学之美第二部分的制作方法。在第二部分中，主要介绍了数学之美的观点，通过本部分幻灯片的制作，不仅可以帮助用户了解数学之美的美丽点，还可以掌握 PowerPoint 中插入图片、设置文本格式，以及添加动画效果等基础操作方法和技巧。

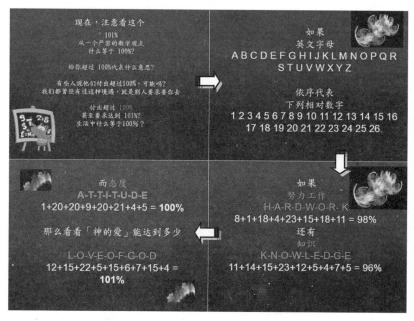

操作步骤 ≫≫≫

STEP|01 制作观点幻灯片。打开名为"数学之美之一"的演示文稿，选择第 6 张幻灯片，在占位符中输入文本，设置文本的字体格式。

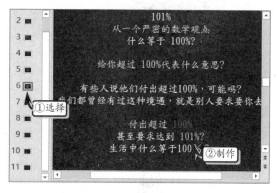

STEP|02 复制占位符，调整占位符的大小和位置，更改文本并设置文本的字体格式。

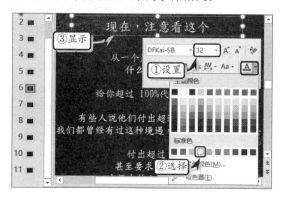

STEP|03 执行【插入】|【图像】|【图片】命令，在弹出的【插入图片】对话框中，选择图片文件，单击【插入】按钮，插入图片并调整其大小和位置。

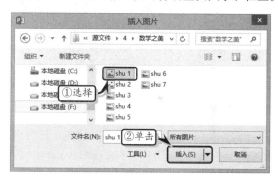

STEP|04 制作观点过渡幻灯片。选择第 7 张幻灯片，在占位符中输入文本内容，并设置文本的字体格式。

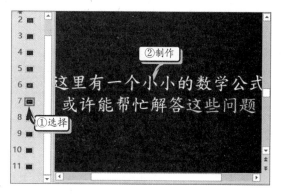

STEP|05 执行【插入】|【图像】|【图片】命令，选择图片文件，单击【插入】按钮，插入并复制图片。

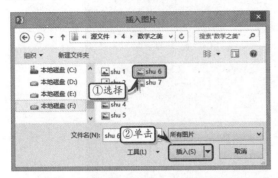

STEP|06 制作数字与字母对应幻灯片。选择第 8 张幻灯片，在占位符中输入字母与数字对应文本，并设置文本的字体格式。

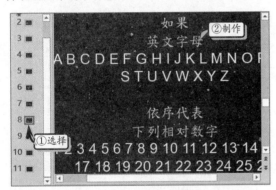

STEP|07 执行【插入】|【图像】|【图片】命令，选择图片文件，单击【插入】按钮，插入图片并调整其位置。

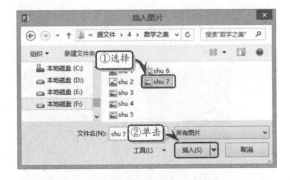

STEP|08 制作解答幻灯片。复制第 8 张幻灯片中的所有内容到第 9 张幻灯片中，更改占位符中的文本，并设置文本的字体格式。使用同样方法，制作

其他幻灯片。

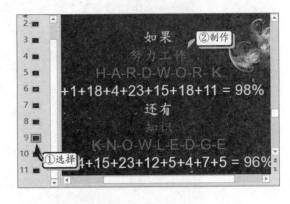

STEP|09 添加动画效果。选择第 6 张幻灯片，从上到下依次选择所有对象，执行【动画】|【动画】|【动画样式】|【进入】|【飞入】命令。

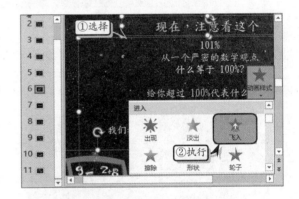

STEP|10 选择最上方的文本占位符，执行【动画】|【动画】|【效果选项】|【方向】|【自顶部】命令，并将【开始】设置为"上一动画之后"。

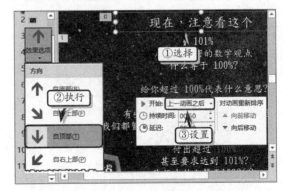

STEP|11 选择中间的文本占位符，执行【动画】|【动画】|【效果选项】|【方向】|【自左侧】命令，

并将【开始】设置为"上一动画之后"。

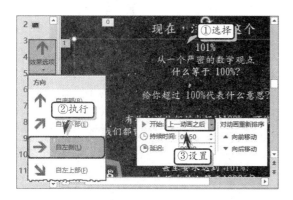

STEP|12 选择图片，在【计时】选项组中，将【开始】设置为"与上一动画同时"。

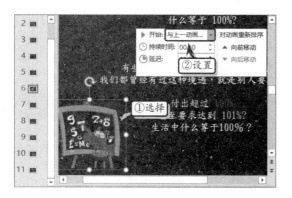

STEP|13 选择第 7 张幻灯片中的占位符，执行【动画】|【动画】|【动画样式】|【进入】|【劈裂】命令，为占位符添加动画效果。

STEP|14 在【计时】选项组中将【开始】设置为"上一动画之后"，并将【持续时间】设置为"01.00"。

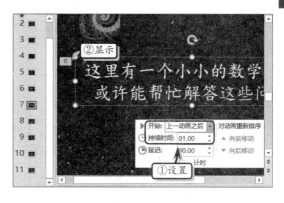

STEP|15 同时选择第 8 张幻灯片的图片和占位符，执行【动画】|【动画】|【动画样式】|【更多进入效果】命令，在弹出的【更改进入效果】对话框中选择【展开】选项，并单击【确定】按钮。

STEP|16 选择占位符，执行【动画】|【动画】|【效果选项】|【按列】|【按段落】命令。

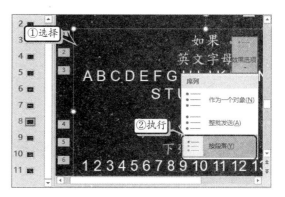

STEP|17 执行【动画】|【高级动画】|【动画窗格】命令，在【动画窗格】任务窗格中选择第 1 个动画效果，将【开始】设置为"与上一动画同时"，将【持续时间】设置为"02.00"。

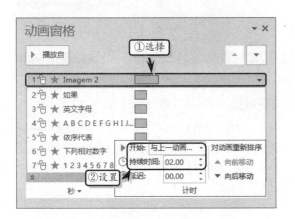

STEP|18 选择第 2 个动画效果，将【开始】设置为"与上一动画同时"。

STEP|19 选择第 3 个动画效果，将【开始】设置为"上一动画之后"。

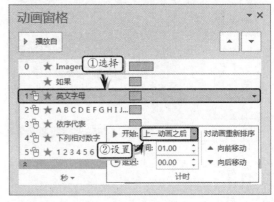

STEP|20 选择第 4 个动画效果，将【开始】设置为"与上一动画同时"。使用同样方法，分别添加其他幻灯片中的动画效果。

4.6 练习：语文课件之二

在前面的练习中，已经介绍了"语文课件"演示文稿的标题幻灯片与"梅花简介"幻灯片的制作。在本练习中，将运用 PowerPoint 中的基础知识，继续介绍"语文课件"演示文稿中的"学习目标"与"生字学习"幻灯片制作方法。

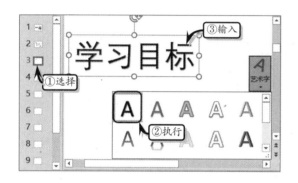

操作步骤 >>>>

STEP|01 制作"学习目标"幻灯片。打开"语文课件之一"演示文稿，选择第 3 张幻灯片，执行【插入】|【文本】|【艺术字】|【填充-黑色，文本 1，阴影】命令，插入艺术字并输入艺术字文本。

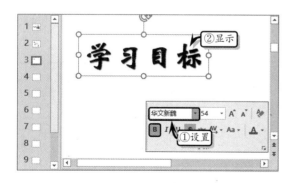

STEP|02 选择艺术字，在【开始】选项卡【字体】选项组中设置文本的字体格式。

STEP|03 选择艺术字，执行【格式】|【艺术字样式】|【文本填充】|【其他填充颜色】命令，在【标准】选项卡中，选择一种色块。

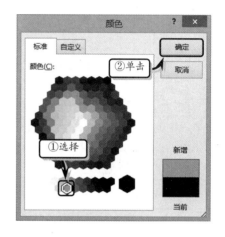

STEP|04 执行【格式】|【艺术字样式】|【文本轮廓】|【黑色，文字 1】命令，设置艺术字的轮廓颜色。

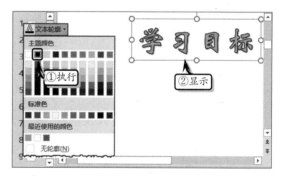

STEP|05 执行【格式】|【艺术字样式】|【文本效果】|【转换】|【腰鼓】命令，并拖动鼠标调整转换效果。

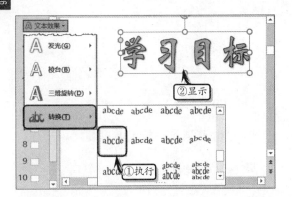

STEP|06 在占位符中输入学习目标的具体内容，设置文本的字体格式，并执行【开始】|【字体】|【字体颜色】|【其他颜色】命令。

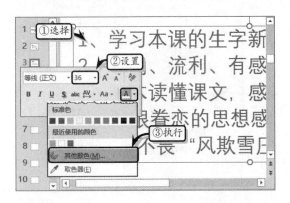

STEP|07 在弹出的【颜色】对话框中，激活【自定义】选项卡，自定义文本的 RGB 颜色。

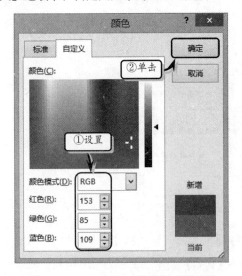

STEP|08 执行【插入】|【图像】|【图片】命令，在弹出的【插入图片】对话框中选择图片文件，并

单击【插入】按钮。

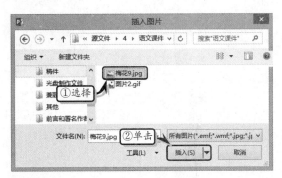

STEP|09 调整图片的大小与位置，执行【格式】|【图片样式】|【快速样式】|【映像棱台，黑色】命令，设置图片的样式。

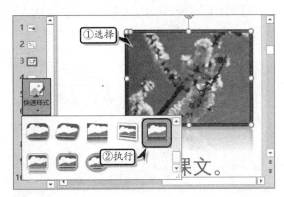

STEP|10 制作"生字学习"幻灯片。选择艺术字，执行【开始】|【剪贴板】|【复制】命令，复制艺术字。

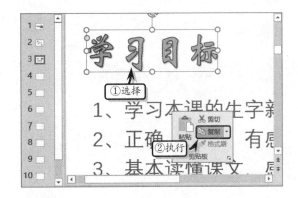

STEP|11 选择第 4 张幻灯片，执行【开始】|【剪贴板】|【粘贴】命令，粘贴艺术字并修改艺术字的文本。

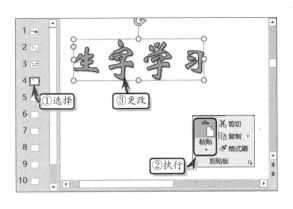

STEP|12 在占位符中输入生字，并在【字体】与
【段落】选项组中设置文本的字体与对齐格式。

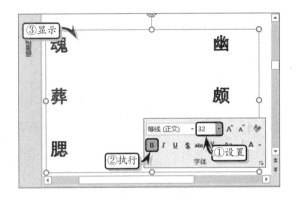

STEP|13 复制占位符，删除占位符中的文本，调
整其大小。然后，在占位符中输入汉语拼音，并执
行【开始】|【字体】|【加粗】命令。

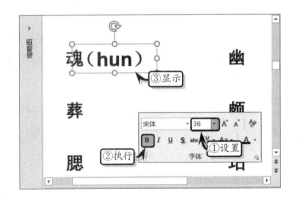

STEP|14 选择汉语拼音中间的 u 字母，执行【插
入】|【符号】|【符号】命令，选择带声调的符号，
单击【插入】按钮。

STEP|15 选择汉语拼音占位符，执行【开始】|【字
体】|【字体颜色】|【其他颜色】命令，选择一种
色块。

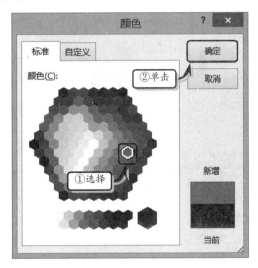

STEP|16 使用同样的方法，分别制作其他生字、
拼音，以及生词。

STEP|17 执行【插入】|【图像】|【图片】命令，
在弹出的【插入图片】对话框中选择图片文件，并

单击【插入】按钮。

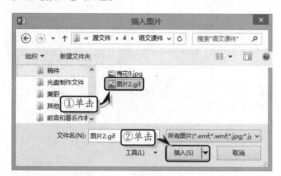

STEP|18 调整图片的大小与位置，执行【格式】|
【图片样式】|【快速样式】|【矩形投影】命令，设
置图片的样式。

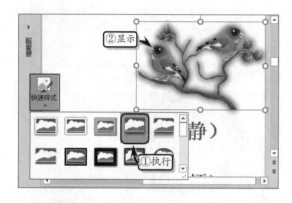

STEP|19 添加动画效果。选择第 3 张幻灯片中的
艺术字，执行【动画】|【动画】|【动画样式】|【擦
除】命令，同时执行【效果选项】|【方向】|【自
左侧】命令。

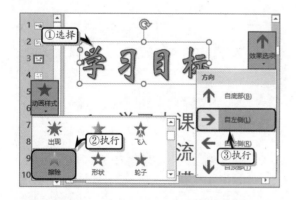

STEP|20 在【计时】选项组中，将【开始】设置
为"上一动画之后"。

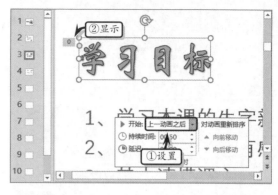

STEP|21 选择图片，执行【动画】|【动画】|【动
画样式】|【进入】|【淡出】命令，并将【开始】
设置为"上一动画之后"。

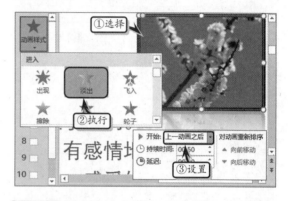

STEP|22 选择文本占位符，执行【动画】|【动画】
|【动画样式】|【更多进入效果】命令，在弹出的
【更改进入效果】对话框中选择【挥鞭式】选项。

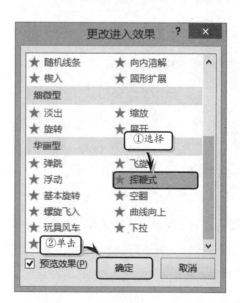

STEP|23 选择第 4 张幻灯片中的艺术字,执行【动画】|【动画】|【动画样式】|【进入】|【淡出】命令,并将【开始】设置为"上一动画之后"。

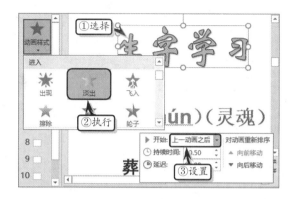

STEP|24 选择图片,执行【动画】|【动画】|【动画样式】|【进入】|【淡出】命令,并将【开始】设置为"上一动画之后"。

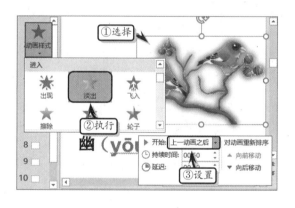

STEP|25 选择生字占位符,执行【动画】|【动画】【动画样式】|【进入】|【淡出】命令,并将【开始】设置为"上一动画之后"。

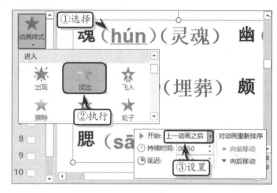

STEP|26 选择"魂"生字后面的拼音占位符,执行【动画】|【动画】|【动画样式】|【更多进入效果】命令,在弹出的【更改进入效果】对话框中选择【浮动】选项。使用同样方法,添加其他动画效果。

4.7 新手训练营

练习 1: 设置分栏格式

downloads\4\新手训练营\分栏格式

提示:本练习中,主要使用 PowerPoint 中的设置字体格式、设置对齐格式、设置行距及设置分栏等常用功能。

其中,主要制作步骤如下所述。

(1)在占位符中输入文本段,并在【开始】选项卡【字体】选项组中,设置文本的字体格式。

(2)执行【段落】|【左对齐】命令,并执行【文本对齐】|【中部对齐】命令。

（3）执行【开始】|【段落】|【行距】|1.5 命令，设置文本的行距。

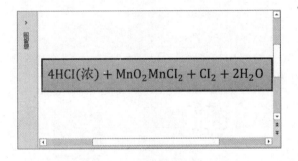

（4）执行【开始】|【段落】|【分栏】|【更多栏】命令，将【数量】设置为"2"，将【间距】设置为"1厘米"，单击【确定】按钮即可。

练习2：制作化学方程式

downloads\4\新手训练营\化学方程式

提示：本练习中，主要使用 PowerPoint 中特殊符号功能，包括插入公式和编辑公式的常用功能。

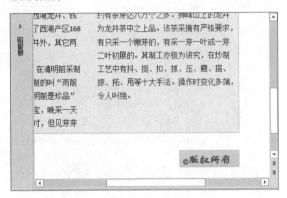

$$4HCl(浓) + MnO_2 \, MnCl_2 + Cl_2 + 2H_2O$$

其中，主要制作步骤如下所述。

（1）将光标定位在占位符中，执行【插入】|【符号】|【公式】|【插入新公式】命令，在弹出的公式文本框中，输入方程式中的基础公式。

（2）将光标定位在字母 n 后面，执行【公式工具】|【设计】|【结构】|【上下标】|【下标】命令。

（3）将光标移至第 1 个方框处，输入字母 O，然后将光标移至第 2 个方框处，输入下标。使用同样方法，输入其他包含下标的方程式。

（4）将光标定位在 MnO2 后面，执行【设计】|【结构】|【运算符】|【Delta 等于】命令。

（5）将光标定位在最后一个加号前面，执行【设计】|【符号】|【上箭头】命令。

练习3：制作版权所有符号

downloads\4\新手训练营\版权所有符号

提示：本练习中，主要使用 PowerPoint 中的绘制文本框、设置字体格式、插入符号、设置符号格式等常用功能。

其中，主要制作步骤如下所述。

（1）打开"分栏格式"演示文稿，执行【插入】|【文本】|【文本框】|【横排文本框】命令，插入文本框。

（2）在文本框中输入文本，并在【开始】选项卡【字体】选项组中，设置文本的字体格式。

（3）执行【插入】|【符号】|【符号】命令，在弹出的【符号】对话框中，将【字体】设置为"Arial"选项，选择相应的符号。

（4）选择符号，单击【字体】选项组中的【对话框启动器】按钮，启用【下标】复选框，并将【偏移量】设置为"-18%"。

练习4：制作艺术字标题

downloads\4\新手训练营\艺术字标题

提示：本练习中，主要使用 PowerPoint 中的插入艺术字、设置艺术字样式、设置艺术字效果、设置艺术字填充颜色和轮廓颜色等常用功能。

其中，主要制作步骤如下所述。

（1）执行【插入】|【文本】|【艺术字】|【填充-橙色，着色 2，轮廓-着色 2】命令，输入艺术字文本，并设置其字体格式。

（2）执行【插入】|【文本】|【艺术字】|【填充-白色，轮廓-着色 1，发光-着色 1】命令，输入艺术字文本并设置文本的字体格式。

（3）选择艺术字，执行【绘图工具】|【格式】|【艺术字样式】|【文本填充】|【白色，背景 1】命令。同时执行【艺术字样式】|【文本轮廓】|【其他轮廓颜色】命令，自定义轮廓颜色。

（4）右击艺术字执行【设置形状格式】命令，在【形状选项】中的【效果】选项卡中，设置阴影效果参数。

第 5 章

设置版式及主题

在设计演示文稿时，可通过设计幻灯片的版式和主题等操作，来保持演示文稿中所有的幻灯片风格外观一致，以增加演示文稿的可视性、实用性与美观性。PowerPoint 提供了丰富的主题颜色和幻灯片版式，方便用户对幻灯片进行设计，使其具有更精彩的视觉效果。本章将主要介绍幻灯片母版，以及幻灯片的主题和背景等知识，帮助用户了解设计幻灯片的技巧。

5.1　设置幻灯片布局

幻灯片的布局格式也称为幻灯片版式,通过幻灯片版式的应用,使幻灯片的制作更加整齐、简洁。

5.1.1　应用幻灯片版式

创建演示文稿之后,用户会发现所有新创建的幻灯片的版式,都被默认为"标题幻灯片"版式。为了丰富幻灯片内容,体现幻灯片的实用性,需要设置幻灯片的版式。PowerPoint 主要为用户提供了"标题和内容""比较""内容与标题""图片与标题"等 11 种版式。

版 式 名 称	包 含 内 容
标题幻灯片	标题占位符和副标题占位符
标题和内容	标题占位符和正文占位符
节标题	文本占位符和标题占位符
两栏内容	标题占位符和 2 个正文占位符
比较	标题占位符、2 个文本占位符和 2 个正文占位符
仅标题	仅标题占位符
空白	空白幻灯片
内容与标题	标题占位符、文本占位符和正文占位符
图片与标题	图片占位符、标题占位符和文本占位符
标题和竖排文字	标题占位符和竖排文本占位符
垂直排列标题与文本	竖排标题占位符和竖排文本占位符

下面以"两栏内容"版式为例,介绍幻灯片版式的应用方法。应用幻灯片版式的方法主要有 3 种。

1. 通过【新建幻灯片】命令创建

选择需要在其下方新建幻灯片的幻灯片,然后执行【开始】|【幻灯片】|【新建幻灯片】|【两栏内容】命令,即可创建新版式的幻灯片。

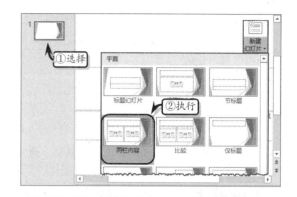

> **注意**
>
> 通过【新建幻灯片】命令应用版式时,PowerPoint 会在原有幻灯片的下方插入新幻灯片。

2. 通过【版式】命令创建

选择需要应用版式的幻灯片,执行【开始】|【幻灯片】|【版式】|【两栏内容】命令,即可将现有幻灯片的版式应用于"两栏内容"的版式。

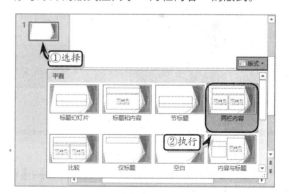

> **注意**
>
> 通过【版式】命令应用版式,可以直接在所选的幻灯片中更改其版式。

3. 通过鼠标右击创建

在【幻灯片】窗格中,选择幻灯片,右击执行【版式】|【两栏内容】命令,即可将现有幻灯片的版式应用于"两栏内容"的版式。

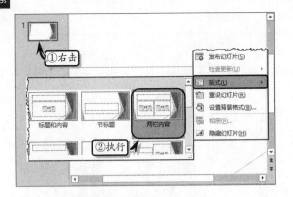

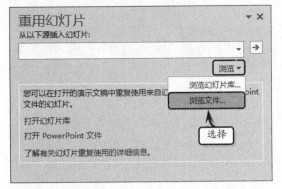

5.1.2 插入幻灯片版式

在 PowerPoint 中，用户可以通过复制、重用和从大纲插入的方法插入特殊的幻灯片版式。

1. 复制幻灯片

选择需要复制的幻灯片，执行【开始】|【幻灯片】|【新建幻灯片】|【复制选定幻灯片】命令，在所选幻灯片下方插入一张相同的幻灯片。

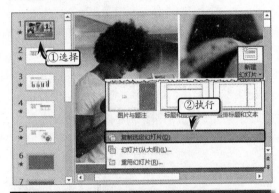

注意

选择幻灯片，右击执行【隐藏幻灯片】命令，即可隐藏所选幻灯片。

2. 重用幻灯片

执行【开始】|【幻灯片】|【新建幻灯片】|【重用幻灯片】命令，弹出【重用幻灯片】任务窗格，单击【浏览】按钮，在其列表中选择【浏览文件】选项。

注意

在【重用幻灯片】任务窗格中，单击【浏览】按钮，选择【浏览幻灯片库】选项，在弹出的【选择幻灯片库】对话框中选择演示文稿文件即可。

在弹出的【浏览】对话框中选择一个幻灯片演示文件，单击【打开】按钮。

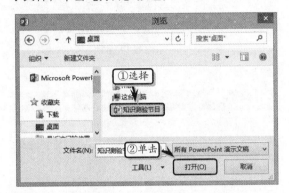

此时，系统会自动在【重用幻灯片】任务窗格中显示所打开演示文稿中的幻灯片，在其列表中选择一种幻灯片，即可将所选幻灯片插入到当前演示文稿中。

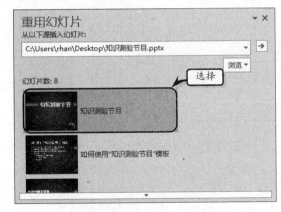

3. 从大纲中插入幻灯片

执行【开始】|【新建幻灯片】|【幻灯片（从大纲）】命令，在弹出的【插入大纲】对话框中，选择大纲文件，并单击【插入】按钮。

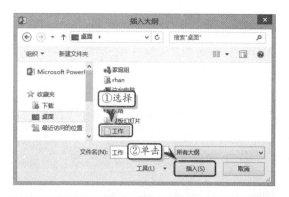

注意

插入的大纲文件可以是 Word 文档、文本文件或 RTF 格式文件。如果是只包含纯文本的文本文件，则会根据源文件中的段落创建大纲。

5.2 设置幻灯片版式

　　PowerPoint 提供了丰富的幻灯片版式，除了常用的幻灯片版式之外，还提供了幻灯片母版、讲义母版等版式，方便用户对幻灯片进行设计，使其具有更精彩的视觉效果。

5.2.1 设置幻灯片母版

　　幻灯片母版是存储关于模板信息的设计模板的一个元素，这些模板信息包括字形、占位符大小和位置、背景设计和主题颜色。一份演示文稿通常是用许多张幻灯片来描述一个主题，用户可以通过设置幻灯片的格式、背景和页眉页脚来修改幻灯片母版。

1. 插入幻灯片母版

　　执行【视图】|【母版视图】|【幻灯片母版】命令，将视图切换到"幻灯片母版"视图中。同时，执行【幻灯片母版】|【编辑母版】|【插入幻灯片母版】命令，即可在母版视图中插入新的幻灯片母版。

技巧

在【幻灯片选项卡】窗格中，选择任意一个幻灯片，右击执行【插入幻灯片母版】命令，即可插入一个新的幻灯片母版。

　　对于新插入的幻灯片母版，系统会根据母版个数自动以数字进行命名。例如，插入第一个幻灯片母版后，系统自动命名为 2；继续插入第二个幻灯片母版后，系统会自动命名为 3，以此类推。

2. 插入幻灯片版式

　　在幻灯片母版中，系统为用户准备了 14 个幻

灯片版式,该版式与普通幻灯片中的版式一样。当母版中的版式无法满足工作需求时,选择幻灯片的位置,执行【幻灯片母版】|【编辑母版】|【插入版式】命令,便可以在选择的幻灯片下面插入一个标题幻灯片。

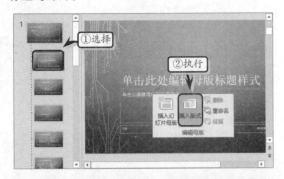

注意

如果用户选择第一张幻灯片,执行【插入版式】命令后,系统将自动在整个母版的末尾处插入一个新版式。

3．插入占位符

PowerPoint 为用户提供了内容、文本、图表、图片、表格、媒体、剪贴画、SmartArt 等占位符,用户可根据具体需求在幻灯片中插入新的占位符。

选择除第一张幻灯片之外的任意一张幻灯片,执行【幻灯片母版】|【母版版式】|【插入占位符】命令,在其级联菜单中选择一种占位符的类型,并拖动鼠标放置占位符。

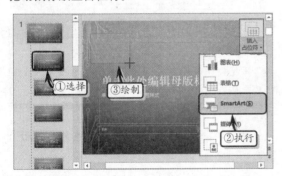

4．设置页脚和标题

在幻灯片母版中,系统默认的版式显示了标题与页脚,用户可通过启用或禁用【母版版式】选项卡中的【标题】或【页脚】复选框,来隐藏标题与

页脚。例如,禁用【页脚】复选框,将会隐藏幻灯片中页脚显示。同样,启用【页脚】复选框便可以显示幻灯片中的页脚。

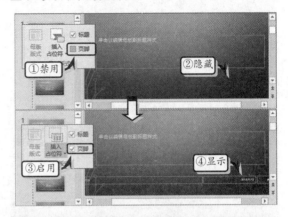

注意

在设置页眉和标题时,幻灯片母版中的第一张幻灯片将不会被更改。

5.2.2　设置讲义母版

讲义母版通常用于教学备课工作中,其可以显示多个幻灯片的内容,便于用户对幻灯片进行打印和快速浏览。

1．设置讲义方向

首先,执行【视图】|【母版视图】|【讲义母版】命令,切换到"讲义母版"视图中。然后,执行【讲义母版】|【页面设置】|【讲义方向】命令,在其级联菜单中选择一种显示方向即可。

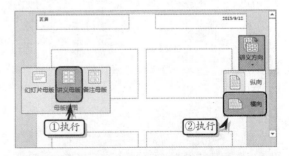

注意

执行【讲义母版】|【页面设置】|【幻灯片大小】命令,即可设置幻灯片的标准和宽屏样式。

2．设置每页幻灯片的数量

执行【讲义母版】|【页面设置】|【每页幻灯片数量】命令，在其级联菜单中选择一种选项，即可更改每页讲义母版所显示的幻灯片的数量。

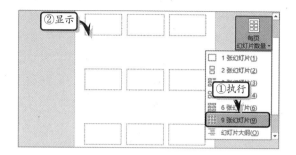

3．编辑母版版式

讲义母版和幻灯片母版一样，也可以采用自定义占位符的方法，实现编辑母版版式的目的。在讲义母版视图中，用户只需启用或禁用【讲义母版】选项卡【占位符】选项组中相应的复选框，隐藏或显示占位符。

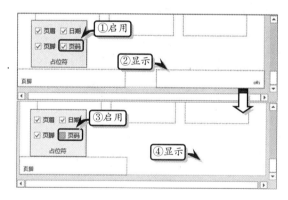

5.2.3　设置备注母版

备注母版也常用于教学备课中，其作用是演示文稿中各幻灯片的备注和参考信息，由幻灯片图像和页眉、页脚、日期、正文等占位符组成。

1．设置备注页方向

首先，执行【视图】|【母版视图】|【备注母版】命令，切换到"备注母版"视图中。然后，执行【备注母版】|【页面设置】|【备注页方向】命令，在其级联菜单中选择一种显示方向即可。

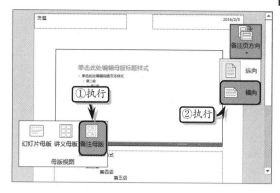

2．编辑母版版式

在备注母版视图中，用户只需启用或禁用【备注母版】选项卡【占位符】选项组中相应的复选框，即可通过隐藏或显示占位符的方法，来实现编辑母版版式的目的。

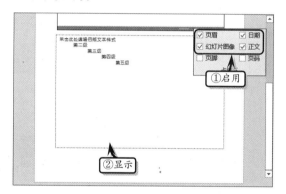

另外，右击备注母版，执行【备注母版版式】命令，可在弹出的【备注母版版式】对话框中，通过设置母版占位符的方法，来编辑讲义母版。

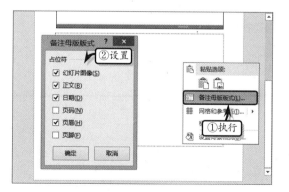

注意

执行【备注母版】|【页面设置】|【幻灯片大小】命令，即可设置幻灯片的标准和宽屏样式。

在使用 PowerPoint 制作演示文稿时，为节约制作时间，用户往往需要根据其设计风格，直接使用系统自带的模板来制作精彩的幻灯片。但是，由于模板中包含独特的设计格式，用户在使用模板时，还需要根据实际使用情况，编辑模板中的占位符、图片等对象的格式。

5.2.4　示例：设置幻灯片母版

在使用 PowerPoint 制作优美幻灯片时，经常会遇到同一个演示文稿中多次使用相同版式的情况。如果使用系统内置的版式，既单一枯燥又无法形象地展示幻灯片内容。此时，用户可以使用 PowerPoint 内置的"幻灯片母版"功能，统一制作相同风格而具有不同细节的版式，以供用户根据幻灯片内容和章节来选择使用。在本练习中，将通过制作包含章节内容的幻灯片母版，来详细介绍设置幻灯片母版的操作方法和技巧。

STEP|01 新建幻灯片母版。新建空白演示文稿，执行【视图】|【母版视图】|【幻灯片母版】命令，切换视图。

灯片母版，并删除该母版中部分幻灯片中的所有内容。

STEP|02 插入幻灯片母版。执行【幻灯片母版】|【编辑母版】|【插入幻灯片母版】命令，插入幻

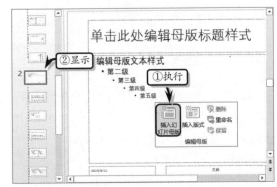

STEP|03 制作第 1 张幻灯片。选择新母版中的第 1 张幻灯片，执行【插入】|【插图】|【形状】|【矩形】命令，绘制一个矩形形状。

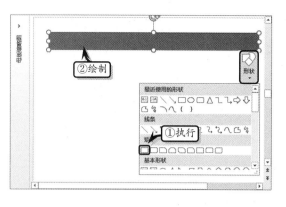

STEP|04 选择矩形形状，执行【绘图工具】|【格式】|【大小】命令，设置形状的高度和宽度值。

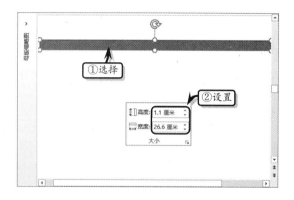

STEP|05 执行【绘图工具】|【形状样式】|【形状填充】|【黑色，文字 1】命令，同时执行【形状轮廓】|【白色，背景 1】命令，设置形状样式。

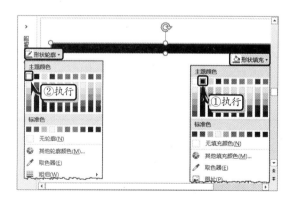

STEP|06 使用同样方法，分别制作其他矩形形状，调整形状的大小并排列形状。

STEP|07 执行【插入】|【文本】|【文本框】|【横排文本框】命令，在中间矩形形状上方绘制文本框，输入"01"文本，并设置文本的字体格式。

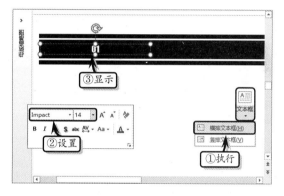

STEP|08 在"01"文本后面空格并继续输入剩余文本，同时设置文本的字体格式。然后，复制文本框，修改文本框内容并排列文本框。

STEP|09 执行【插入】|【插图】|【形状】|【矩形】命令，在幻灯片右上角绘制一个矩形形状，并调整形状的大小和位置。

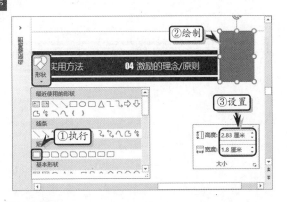

STEP|10 选择该矩形形状，执行【绘图工具】|【形状样式】|【形状轮廓】|【无轮廓】命令，取消形状的轮廓样式。

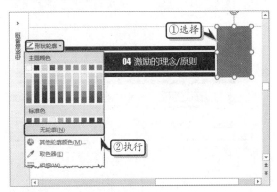

STEP|11 执行【绘图工具】|【形状样式】|【形状填充】|【其他填充颜色】命令，激活【自定义】选项卡，自定义填充颜色。

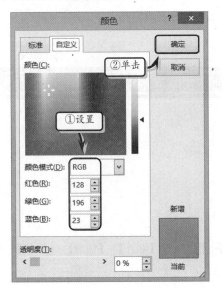

STEP|12 在形状中插入一个文本框，将光标定位

在文本框中，执行【插入】|【文本】|【幻灯片编号】命令，插入幻灯片编号。

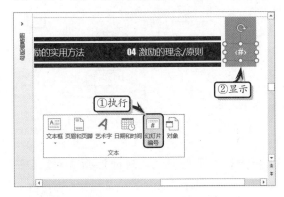

STEP|13 制作其他幻灯片。选择新母版中的第2张幻灯片，复制第1张幻灯片中右上角的矩形形状，调整形状的大小和位置。

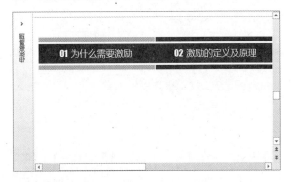

STEP|14 选择复制的形状，执行【绘图工具】|【形状样式】|【形状填充】|【其他填充颜色】命令，自定义填充颜色。使用同样方法，制作其他幻灯片母版。

STEP|15 使用幻灯片母版。执行【关闭母版视图】命令，切换到普通视图中。选择第 1 张幻灯片，执行【开始】|【幻灯片】|【版式】|【自定义设计方案】|【标题幻灯片】命令。

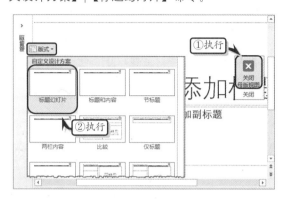

STEP|16 执行【插入】|【插图】|【形状】|【矩形】命令，分别绘制 3 个矩形形状，并设置形状的填充颜色和轮廓颜色。

STEP|17 执行【插入】|【文本】|【文本框】|【横排文本框】命令，绘制多个文本框，分别输入文本并设置文本的字体格式。

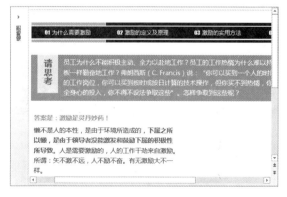

STEP|18 执行【插入】|【图像】|【图片】命令，

在弹出的【插入图片】对话框中，选择图片文件，单击【插入】按钮。

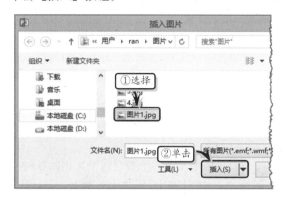

STEP|19 调整图片的大小和位置，执行【图片工具】|【格式】|【图片样式】|【图片边框】|【白色，背景 1】命令，同时执行【粗细】|【1.5 磅】命令。

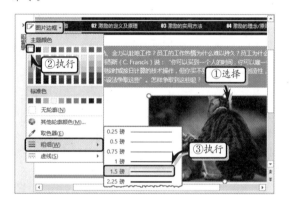

STEP|20 执行【图片工具】|【格式】|【图片样式】|【图片效果】|【阴影】|【阴影选项】命令，在弹出的窗格中自定义阴影参数。

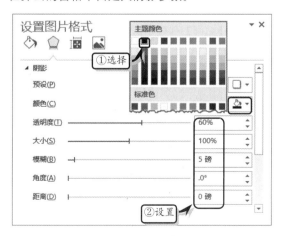

5.3 设置主题和背景

在设计演示文稿时,可通过设计幻灯片的主题和背景,来保持演示文稿中所有的幻灯片风格外观一致,以增加演示文稿的可视性、实用性与美观性。

5.3.1 设置幻灯片主题

幻灯片主题是应用于整个演示文稿的各种样式的集合,包括颜色、字体和效果三大类。PowerPoint 预置了多种主题供用户选择,除此之外还可以通过自定义主题样式,来弥补自带主题样式的不足。

1. 应用主题

用户只需执行【设计】|【主题】|【环保】命令,即可将"环保"主题应用到整个演示文稿中。

在演示文稿中更改主题样式时,默认情况下会同时更改所有幻灯片的主题。对于具有一定针对性的幻灯片,用户也可以单独应用某种主题。选择幻灯片,在【主题】列表中选择一种主题,右击执行【应用于选定幻灯片】命令即可。

> **注意**
>
> 选择主题,右击执行【添加到快速访问工具栏】命令,即可将该主题以命令的形式添加到【快速访问工具栏】中。

2. 应用变体效果

PowerPoint 2016 为用户提供了"变体"样式,该样式会随着主题的更改而自动更换。在【设计】选项卡【变体】选项组中,系统会自动提供 4 种不同背景颜色的变体效果,用户只需选择一种样式进行应用。

3. 自定义主题效果

PowerPoint 2016 为用户提供了 15 种主题效果,用户可根据幻灯片的内容,执行【设计】|【变体】|【其他】|【效果】命令,在其级联菜单中选择一种主题效果。

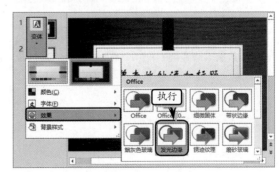

4．自定义主题颜色

PowerPoint 2016 为用户准备了 23 种主题颜色，用户可根据幻灯片的内容，执行【设计】|【变体】|【其他】|【颜色】命令，在其级联菜单中选择一种主题颜色。

5．自定义主题字体

PowerPoint 2016 为用户准备了 25 种主题字体，用户可根据幻灯片的内容，执行【设计】|【变体】|【其他】|【字体】命令，在其级联菜单中选择一种主题字体。

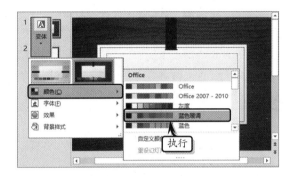

除了上述 23 种主题颜色之外，用户还可以创建自定义主题颜色。执行【设计】|【变体】|【其他】|【颜色】|【自定义颜色】命令，自定义主题颜色。

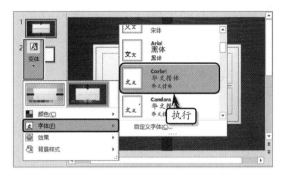

除了上述 25 种主题颜色之外，用户还可以创建自定义主题颜色。执行【设计】|【变体】|【其他】|【字体】|【自定义字体】命令，自定义主题颜色。

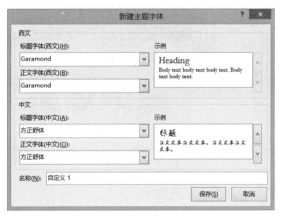

该对话框中主要包括下列几项选项：

❏ **西文**　主要是设置幻灯片中的英文、字母等字体的显示类别。在【西文】选项组中单击【标题字体（西文）】或【正文字体

（西文）】下三角按钮，在下拉列表中选择
需要设置的字体类型。同时，用户可根据
【西文】选项组右侧的【示例】列表框来
查看设置效果。

❏ **中文** 在【中文】选项组中单击【标题字
体（中文）】或【正文字体（中文）】下三
角按钮，在下拉列表中选择需要设置的字
体类型。同时，用户可根据【中文】选项
组右侧的【示例】列表框来查看设置效果。

❏ **名称与保存** 设置完字体之后，在【名称】
文本框中输入自定义主题字体的名称，并
单击【保存】按钮保存自定义主题字体。

5.3.2 设置幻灯片背景

在 PowerPoint 中，除了可以为幻灯片设置主
题效果之外，还可以根据幻灯片的整体风格，设置
幻灯片的背景样式。

1．应用默认背景样式

PowerPoint 为用户提供了 12 种默认的背景样
式，执行【设计】|【变体】|【其他】|【背景样式】
命令，在其级联菜单中选择一种样式即可。

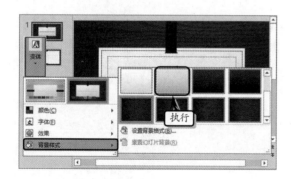

2．设置纯色填充效果

除了使用内置的背景样式设置幻灯片的背景
格式之外，还可以自定义其纯色填充效果。执行【设
计】|【自定义】|【设置背景格式】命令，打开【设
置背景格式】任务窗格。选中【纯色填充】选项，
单击【颜色】按钮，在其级联菜单中选择一种色块。

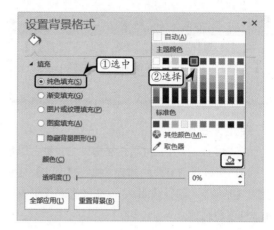

选择色块之后，单击【全部应用】按钮即可将
纯色填充效果应用到所有幻灯片中。另外，用户还
可以通过设置透明度值的方法，来增加背景颜色的
透明效果。

注意

当【颜色】级联菜单中的色块无法满足用户
需求时，可以执行【其他颜色】命令，在弹
出的【颜色】对话框中自定义填充颜色。

3．设置渐变填充效果

渐变填充效果是一种颜色向另外一种颜色过
渡的效果，渐变填充效果往往包含两种以上的颜
色，通常为多种颜色并存。

在【设置背景格式】任务窗格中，选中【渐变
填充】选项，单击【预设渐变】按钮，在其级联菜
单中选择一种预设渐变效果，应用内置的渐变
效果。

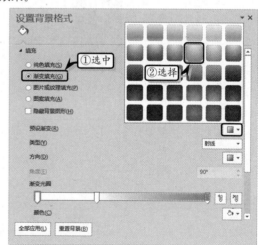

4. 设置图片或纹理填充效果

图片或纹理背景是一种更加复杂的背景样式，其可以将 PowerPoint 内置的纹理图案、外部图像、剪贴板图像以及 Office 预置的剪贴画设置为幻灯片的背景。

在【设置背景格式】任务窗格中，选中【图片或纹理填充】选项，单击【文件】按钮，在弹出的【插入图片】对话框中选择图片文件即可。

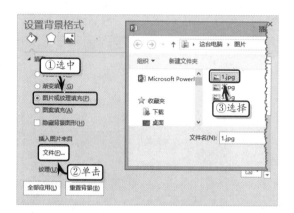

注意

用户也可以通过单击【剪贴画】和【联机】按钮，插入剪贴画或网络中的图片。

另外，单击【纹理】按钮，在展开的级联菜单中选择一种纹理效果，即可设置纹理背景格式。

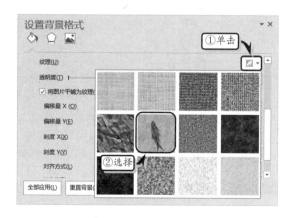

技巧

设置图片或纹理填充之后，可通过拖动【透明度】滑块或在微调框中输入数值，来设置图片或纹理的透明效果。

5. 设置图案填充效果

图案背景也是比较常见的一种幻灯片背景，在【设置背景格式】任务窗格中，选中【图案填充】选项。然后，在图案列表中选择一种图案样式，并设置图案的前景和背景颜色。

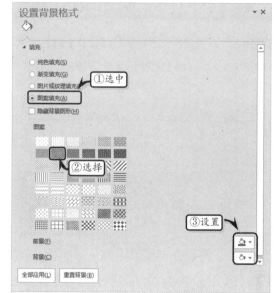

知识链接 5-3　幻灯片的搭配规律

色彩搭配既是一项技术性工作，同时它也是一项艺术性很强的工作，因此，用户在设计幻灯片时除了考虑演示文稿本身的特点外，还要遵循一定的艺术规律，从而设计出色彩鲜明、性格独特的幻灯片效果。

5.3.3　示例：动态背景

在制作演示文稿时，通常会根据文稿内容来设计幻灯片的背景，以增加演示文稿的可视性、实用性与美观性。在本示例中，将通过制作一个动态背景演示文稿，详细介绍设计动态背景、幻灯片母版和主题应用的操作方法和实用技巧。

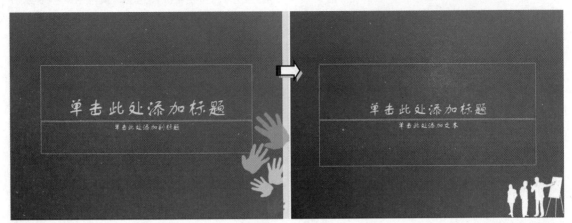

STEP|01 新建空白文档，执行【设计】|【自定义】|【幻灯片大小】|【标准】命令，设置幻灯片的大小。

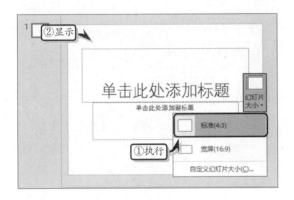

STEP|02 执行【设计】|【主题】|【石板】命令，设置幻灯片的主题效果。

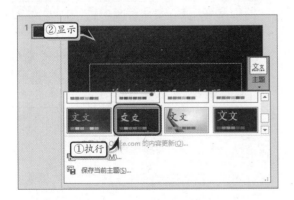

STEP|03 执行【视图】|【母版视图】|【幻灯片母版】命令，切换到母版视图中。

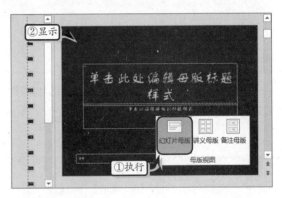

STEP|04 选择第 1 张幻灯片，执行【插入】|【图像】|【图片】命令，选择图片文件，单击【插入】按钮。

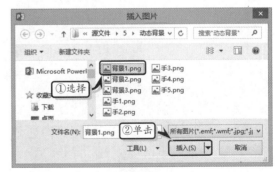

STEP|05 选择插入后的图片，右击执行【置于底层】|【置于底层】命令，将图片放置于最底层。

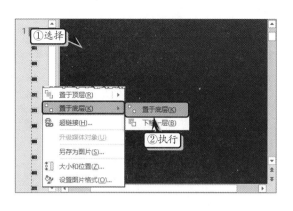

STEP|06 执行【插入】|【图像】|【图片】命令，选择图片文件，单击【插入】按钮，插入背景图片。

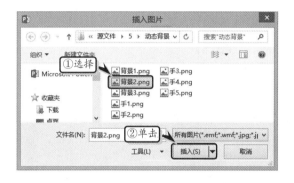

STEP|07 选择插入后的图片，右击执行【置于底层】|【置于底层】命令，同时执行【置于顶层】|【上移一层】命令，将图片放置于所有文本的下方。

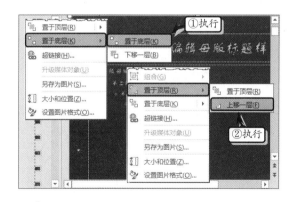

STEP|08 执行【插入】|【图像】|【图片】命令，选择图片文件，单击【插入】按钮，插入人形图片并调整图片位置。

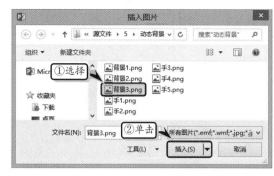

STEP|09 选择主标题占位符，执行【动画】|【动画】|【动画样式】|【缩放】命令，并将【开始】设置为"上一动画之后"。

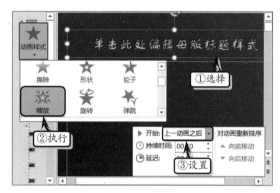

STEP|10 选择副标题占位符，执行【动画】|【动画】|【动画样式】|【淡出】命令，并将【开始】设置为"上一动画之后"。

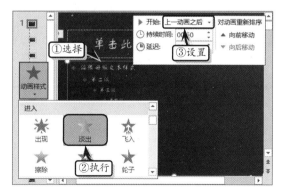

STEP|11 选择第 2 张幻灯片，在【幻灯片母版】选项卡【背景】选项组中，启用【隐藏背景图形】命令，隐藏背景图形。

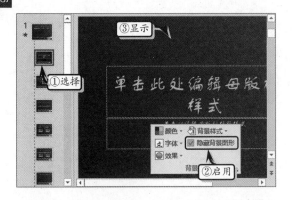

STEP|12 执行【插入】|【图像】|【图片】命令，选择图片文件，单击【插入】按钮，插入背景图片并调整图片的显示层次。

STEP|15 在【计时】选项组中，将【开始】设置为"与上一动画同时"。

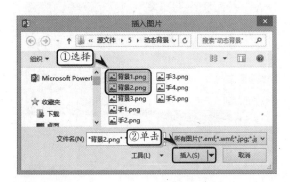

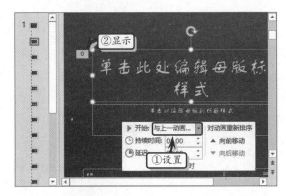

STEP|13 执行【插入】|【图像】|【图片】命令，选择图片文件，单击【插入】按钮，插入手形图片，并调整图片的显示位置。

STEP|16 选择副标题占位符，执行【动画】|【动画】|【动画样式】|【进入】|【浮入】命令，并将【开始】设置为"与上一动画同时"。

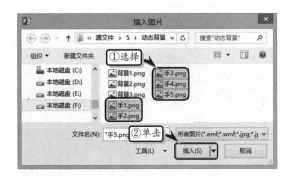

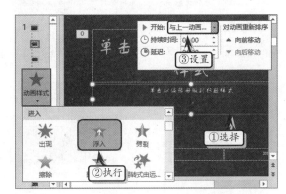

STEP|14 选择主标题占位符，执行【动画】|【动画】|【动画样式】|【进入】|【浮入】命令，同时执行【效果选项】|【方向】|【下浮】命令。

STEP|17 选择最下侧的手形图片，执行【动画】|【动画】|【动画样式】|【缩放】命令，将【开始】设置为"与上一动画同时"，并将【延迟】设置为

"0.00"。

设置为"与上一动画同时",并将【延迟】设置为"0.10"。使用同样方法,设置其他图形的动画效果。

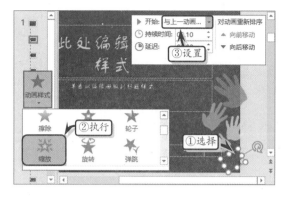

STEP|18 选择下侧第 2 个手形图片,执行【动画】【动画】|【动画样式】|【缩放】命令,将【开始】

5.4 练习:PPT 培训教程之一

随着计算机的普及,PowerPoint 已成为众多办公人员、演讲人员以及销售人员进行产品传播、会议报告和培训演示等电子信息传播与展示的必要软件。虽然 PowerPoint 已被普遍使用,但众多用户仍然无法理解 PowerPoint 制作的精华。下面,在介绍 PowerPoint 基础操作内容的同时,详细介绍 PPT 制作过程中的注意事项和重点成功要素。

操作步骤 ►►►►

STEP|01 设置幻灯片大小。新建空白演示文稿，执行【设计】|【自定义】|【幻灯片大小】|【标准】命令，设置幻灯片的大小。

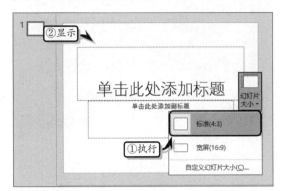

STEP|02 执行【视图】|【母版视图】|【幻灯片母版】命令，切换到幻灯片母版视图中。

STEP|03 设置背景颜色。选择第 1 张幻灯片，执行【幻灯片母版】|【背景】|【背景样式】|【设置背景格式】命令，选中【纯色填充】选项，单击【颜色】下拉按钮，选择【其他颜色】选项。

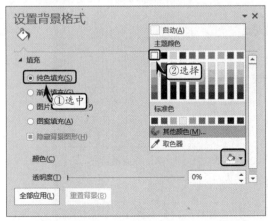

STEP|04 在弹出的【颜色】对话框中，激活【自定义】选项卡，自定义背景颜色。

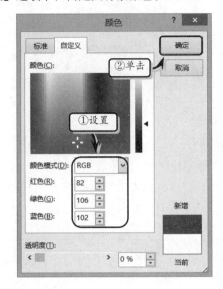

STEP|05 插入幻灯片母版。执行【幻灯片母版】|【编辑母版】|【插入幻灯片母版】命令，插入一个幻灯片母版。

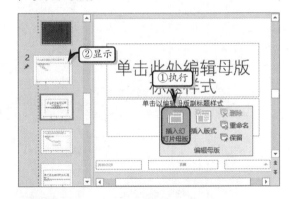

STEP|06 选择插入母版的第 1 张幻灯片，删除幻灯片中的除标题占位符之外的所有占位符。

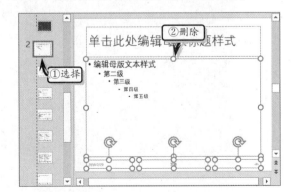

STEP|07 插入矩形形状。执行【插入】|【插图】|【形状】|【矩形】命令，在幻灯片中插入一个矩形形状。

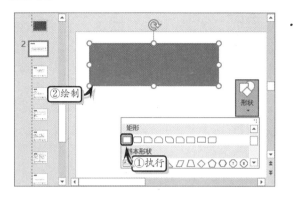

STEP|08 执行【绘图工具】|【格式】|【大小】命令，设置形状的高度和宽度。

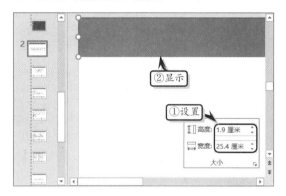

STEP|09 执行【绘图工具】|【格式】|【形状样式】|【形状填充】|【其他填充颜色】命令，自定义填充颜色。

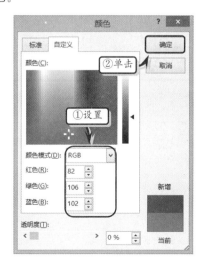

STEP|10 执行【绘图工具】|【格式】|【形状样式】|【形状轮廓】|【无轮廓】命令。使用同样方法，制作另外一个矩形形状。

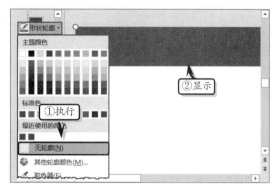

STEP|11 插入直线形状。执行【插入】|【插图】|【形状】|【直线】命令，在幻灯片中插入一个直线形状并设置其大小。

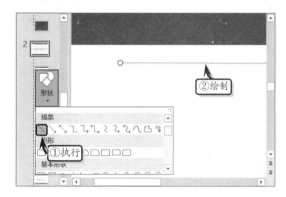

STEP|12 执行【绘图工具】|【格式】|【形状样式】|【形状轮廓】|【其他轮廓颜色】命令，自定义轮廓颜色。

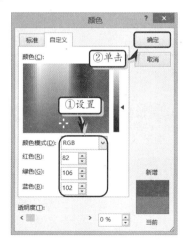

STEP|13 执行【形状轮廓】|【粗细】|【0.75 磅】命令，设置直线的粗细度。

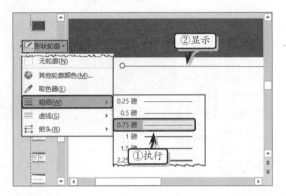

STEP|14 设置文本标题。在标题占位符中输入文本内容，并在【开始】选项卡【字体】选项组中设置文本的字体格式。

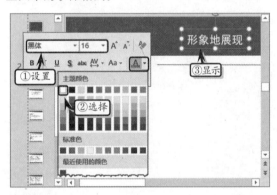

STEP|15 复制标题占位符，并更改文本的内容、字体格式及位置。

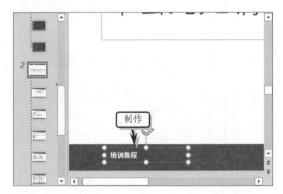

STEP|16 绘制分割线。执行【插入】|【插图】|【形状】|【直线】命令，在标题文本框前面绘制一条垂直线。

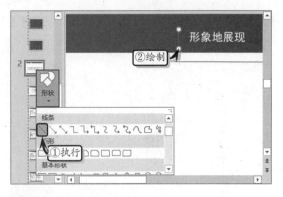

STEP|17 将鼠标移至线条的上端控制点处，拖动鼠标调整直线的长度。

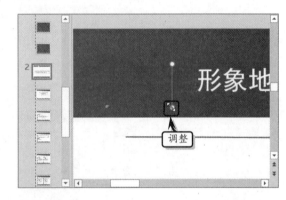

STEP|18 选择分割直线，执行【绘图工具】|【格式】|【形状样式】|【形状轮廓】|【白色，背景 1】命令，设置轮廓颜色。

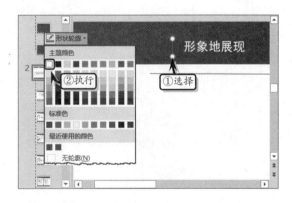

STEP|19 执行【形状轮廓】|【粗细】|【0.75 磅】命令，设置直线的粗细度。使用同样方法，制作另外一条分割线。

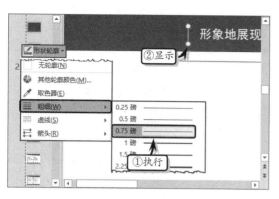

STEP|20 插入图片。执行【插入】|【图像】|【图片】命令，选择图片文件，单击【插入】按钮，插入图片并调整图片的位置。

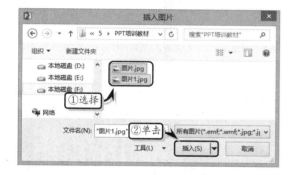

STEP|21 选择左上角的图片，执行【图片工具】|【图片样式】|【快速样式】|【柔化边缘椭圆】命令，设置图片的样式。

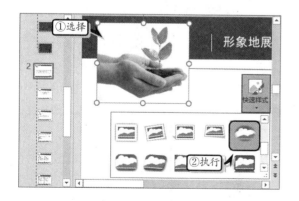

STEP|22 制作标题页幻灯片。执行【幻灯片母版】|【关闭】|【关闭母版视图】命令，切换到普通视图中。

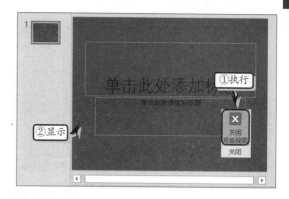

STEP|23 选择第 1 张幻灯片，执行【开始】|【幻灯片】|【版式】|【Office 主题】|【空白】命令，更改幻灯片的版式。

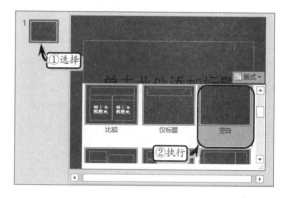

STEP|24 执行【插入】|【插图】|【矩形】命令，在幻灯片中绘制一个矩形形状。

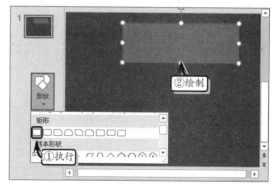

STEP|25 执行【绘图工具】|【格式】|【大小】命令，设置形状的高度和宽度。

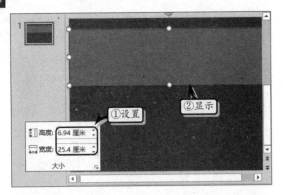

STEP|26 右击形状，执行【设置形状格式】命令，选中【渐变填充】选项，选中一个渐变光圈，单击【删除渐变光圈】按钮，删除一个渐变光圈。

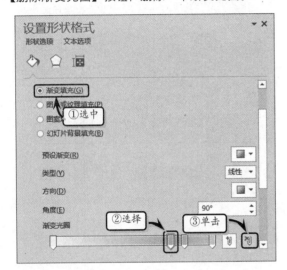

STEP|27 选中左侧的渐变光圈，单击【颜色】下拉按钮，选中【其他颜色】选项，自定义颜色。

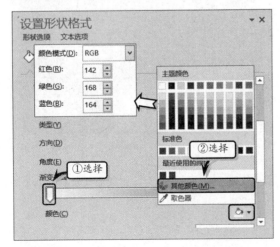

STEP|28 选中中间的渐变光圈，将【位置】设置

为"50%"，单击【颜色】下拉按钮，选择【白色，背景 1】色块。使用同样方法，设置右侧渐变光圈的颜色。

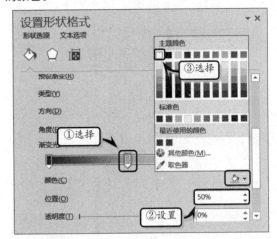

STEP|29 展开【线条】选项组，将【宽度】设置为"0.75 磅"，单击【颜色】下拉按钮，选择【其他颜色】选项，自定义边框颜色。

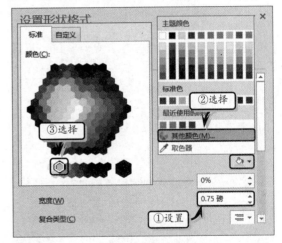

STEP|30 执行【插入】|【图像】|【图片】命令，选择图片文件，单击【插入】按钮，插入图片并调整大小和位置。

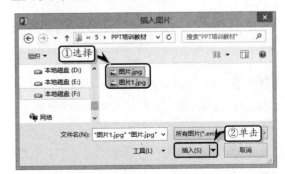

STEP|31 选择大图片，执行【图片工具】|【图片样式】|【快速样式】|【柔化边缘椭圆】命令，设置图片的样式。

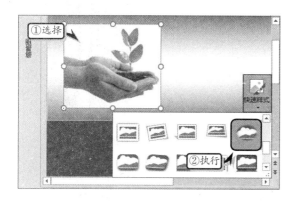

STEP|32 选择小图片，执行【图片工具】|【图片样式】|【快速样式】|【棱台透视】命令，设置图片的样式。

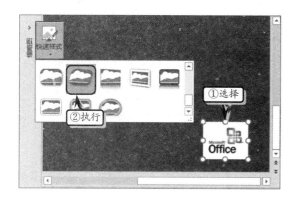

STEP|33 执行【插入】|【文本】|【艺术字】|【填充-白色，轮廓-主题色 5，阴影】命令，插入艺术字并输入艺术字的文本内容。

STEP|34 执行【绘图工具】|【格式】|【艺术字样式】|【文本效果】|【转换】|【倒三角形】命令，设置艺术字的文本效果。

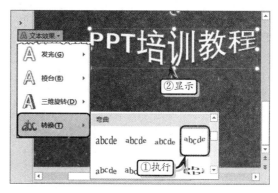

STEP|35 选择左上角的图片，执行【动画】|【动画】|【动画样式】|【进入】|【翻转式由远及近】命令，并将【开始】设置为"上一动画之后"。

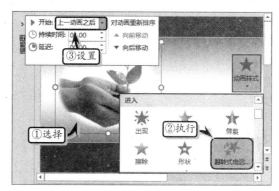

STEP|36 选择艺术字，执行【动画】|【动画】|【动画样式】|【进入】|【浮入】命令，并将【开始】设置为"上一动画之后"。使用同样方法，设置其他动画效果。

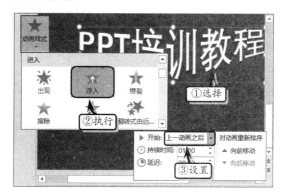

5.5 练习：语文课件之三

词语理解是语文课件中必不可少的内容，是学生学习生词的主要来源。另外，课文题解是语文课件中的核心内容，也是学生学习这篇文章时应重点理解的内容之一。在本练习中，将主要介绍"梅花魂"语文课件中的"词语理解"与"课文题解"幻灯片。

操作步骤 ▶▶▶▶

STEP|01 制作"词语理解"幻灯片。选择第 4 张幻灯片中的艺术字，执行【开始】|【剪贴板】|【复制】命令，复制艺术字。

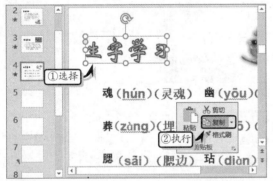

STEP|02 选择第 5 张幻灯片，执行【开始】|【剪贴板】|【粘贴】命令，复制、修改并调整艺术字标题。

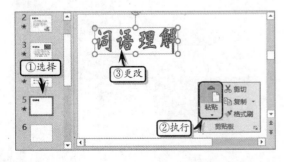

STEP|03 在内容占位符中输入词语，并在【开始】选项卡的【字体】选项组中设置文本的字体格式。

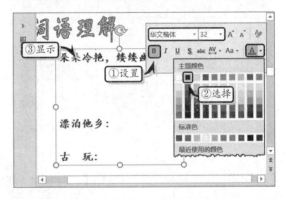

STEP|04 复制内容占位符，将占位符中的文本更改为生词解释内容，并设置字体和对齐格式。

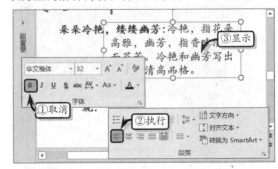

STEP|05 选择复制的占位符，执行【开始】|【字

体】|【字体颜色】|【其他颜色】命令，选择一种色块。使用同样方法，分别制作其他生词的解释文本。

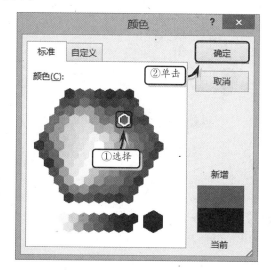

STEP|06 执行【插入】|【图像】|【图片】命令，在弹出的【插入图片】对话框中，选择图片文件，并单击【插入】按钮。

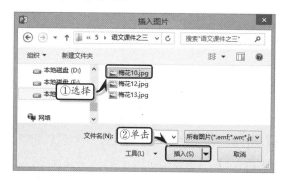

STEP|07 调整图片的大小与位置，执行【格式】|【图片样式】|【快速样式】|【弱化边缘椭圆】命令，设置图片的样式。

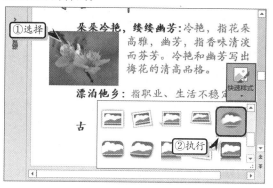

STEP|08 选择第 6 张幻灯片，在占位符中输入生词，并在【开始】选项卡的【字体】选项组中设置文本的字体格式。

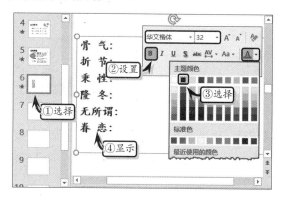

STEP|09 复制占位符，调整占位符的大小与位置，更改占位符中的文本，并设置文本的字体格式。

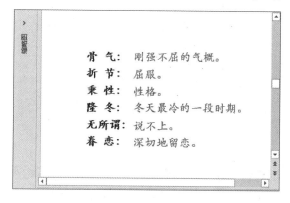

STEP|10 执行【插入】|【图像】|【图片】命令，在弹出的【插入图片】对话框中，选择图片文件，并单击【插入】按钮。

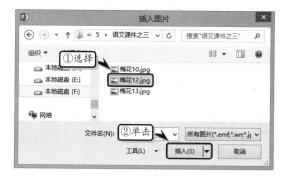

STEP|11 调整图片的大小与位置，执行【格式】|【大小】|【裁剪】|【裁剪为形状】|【圆柱形】命令，将图片裁剪为圆柱形。

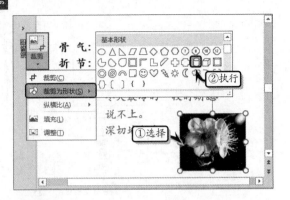

STEP|12 制作"语文题解"幻灯片。将第 5 张幻灯片中的艺术字复制到第 7 张幻灯片中，并修改标题文本。

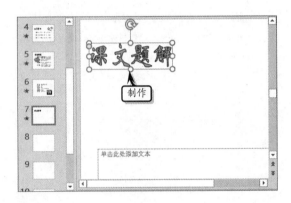

STEP|13 在占位符中输入内容文本，选择所有的文本，在【开始】选项卡的【字体】选项组中设置文本的字体格式。

STEP|14 选择第 1 段文本，执行【开始】|【字体】|【字体颜色】|【其他颜色】命令，选择一种色块。使用同样方法，设置第 2 段文本的字体颜色。

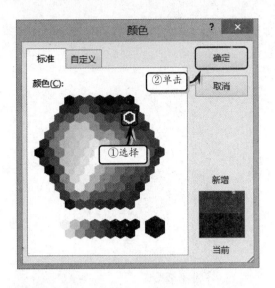

STEP|15 执行【插入】|【图像】|【图片】命令，在弹出的【插入图片】对话框中，选择图片文件，并单击【插入】按钮。

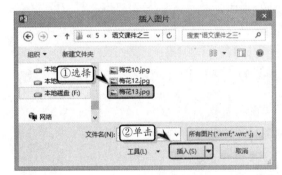

STEP|16 调整图片的大小与位置，执行【格式】|【图片样式】|【快速样式】|【棱台矩形】命令，设置图片的样式。

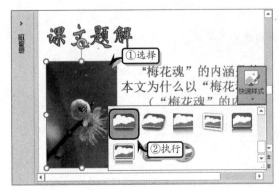

STEP|17 设置动画效果。选择第 5 张幻灯片中的

艺术字,执行【动画】|【动画】|【动画样式】|【进入】|【劈裂】命令,并将【开始】设置为"上一动画之后"。

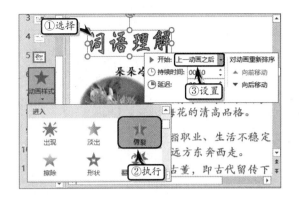

STEP|18 选择图片,执行【动画】|【动画】|【动画样式】|【淡出】命令,并将【开始】设置为"上一动画之后"。

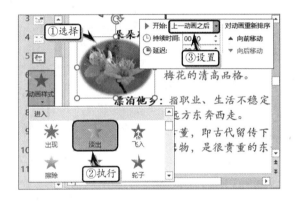

STEP|19 选择生词占位符,执行【动画】|【动画】|【动画样式】|【进入】|【淡出】命令,并将【开始】设置为"上一动画之后"。

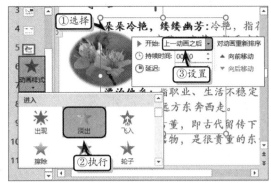

STEP|20 选择第1段的生词解释占位符,执行【动画】|【动画】|【动画样式】|【更多进入效果】命令,在弹出的【更改进入效果】对话框中选择【飞旋】选项,并单击【确定】按钮。使用同样方法,添加其他动画效果。

5.6 新手训练营

练习1:薪酬设计方案封面
downloads\5\新手训练营\薪酬设计方案

提示:本练习中,主要使用 PowerPoint 中的设置背景格式、插入艺术字和设置艺术字格式等常用功能。

其中,主要制作步骤如下所述。

(1)执行【设计】|【自定义】|【设置背景格式】命令,在弹出的【设置背景格式】任务窗格中,选中【渐变填充】选项,将【类型】设置为"标题的阴影"。

(2)选择左侧的渐变光圈,单击【颜色】下拉按钮,选择【其他颜色】选项,自定义渐变颜色。

(3)选择中间的渐变光圈,将【位置】设置为

"60%"，将【亮度】设置为"30%"，并自定义渐变光圈的颜色。

（4）选择右侧的渐变光圈，将【亮度】设置为"−20%"，并自定义渐变光圈的颜色。

（5）在幻灯片中插入艺术字，设置艺术字的字体格式，并为艺术字添加自定义项目符号。

练习 2：自定义背景色

downloads\5\新手训练营\自定义背景色

提示：本练习中，主要使用 PowerPoint 中的自定义幻灯片大小、设置背景格式等常用功能。

其中，主要制作步骤如下所述。

（1）新建空白演示文稿，执行【设计】|【自定义】|【幻灯片大小】|【标准】命令。

（2）执行【设计】|【自定义】|【设置背景格式】命令。

（3）选中【渐变填充】选项，将【类型】设置为"矩形"，将【方向】设置为"中心辐射"。

（4）选择左侧的渐变光圈，将【透明度】设置为"20%"，并自定义渐变颜色。

（5）分别自定义中间和右侧渐变光圈的颜色即可。

练习 3：自定义幻灯片母版

downloads\5\新手训练营\自定义幻灯片母版

提示：本练习中，主要使用 PowerPoint 中的切换视图、设置背景格式、绘制形状、设置形状样式等常用功能。

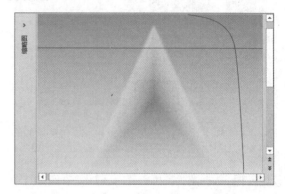

其中，主要制作步骤如下所述。

（1）执行【视图】|【母版视图】|【幻灯片母版】命令，切换到母版视图中。

（2）执行【幻灯片母版】|【背景】|【背景样式】|【设置背景格式】命令。

（3）选中【渐变填充】选项，将【类型】设置为"标题的阴影"，保留两个渐变光圈，并设置渐变光圈的透明度、亮度和颜色，单击【全部应用】按钮。

（4）在幻灯片中绘制一条直线和曲线，并在【形状样式】选项组中设置其轮廓样式。

（5）绘制一个等腰三角形，设置其渐变填充颜色，并在【形状样式】选项组中设置形状的柔化边缘效果。

练习 4：制作水果类型模板

downloads\5\新手训练营\水果类型模板

提示：本练习中，主要使用 PowerPoint 中的自定义幻灯片大小、切换视图、插入图片、隐藏背景图形等常用功能。

其中，主要制作步骤如下所述。

（1）新建空白演示文稿，执行【设计】|【自定义】|【幻灯片大小】|【自定义幻灯片大小】命令，自定义幻灯片的大小。

（2）执行【视图】|【母版视图】|【幻灯片母版】命令，选择第 1 张幻灯片，执行【插入】|【图像】|【图片】命令，插入背景图片。

（3）选择第 2 张幻灯片，执行【插入】|【图像】|【图片】命令，插入背景图片。

（4）执行【幻灯片母版】|【背景】|【隐藏背景图形】命令，隐藏第 1 张幻灯片中所设置的图片。

第6章

使用图像

在使用 PowerPoint 设计和制作演示文稿时，不仅可以通过文本来丰富幻灯片的内容，还可以通过插入图片来增强幻灯片的展现力和感染力，从而可以形象地展示幻灯片的主题和中心思想。在本章中，在介绍各种实际应用方法的基础上，循序渐进地介绍应用图像的基础知识。

6.1 插入图片

PowerPoint 允许用户直接从本地磁盘或网络中选择图片，将其插入到工作簿中。

6.1.1 插入本地图片

执行【插入】|【图像】|【图片】命令，弹出【插入图片】对话框。在该对话框中，选择需要插入的图片文件，并单击【插入】按钮。

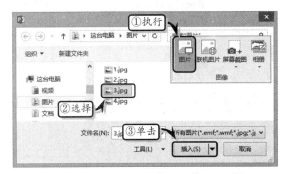

注意

单击【插入图片】对话框中的【插入】下拉按钮，选择【链接到文件】选项，当图片文件丢失或移动位置时，重新打开图片将无法正常显示。

另外，新建一张具有"标题和内容"版式的幻灯片，在内容占位符中，单击占位符中的【图片】图标。

然后在弹出的【插入图片】对话框中，选择所需图片，单击【插入】按钮即可。

6.1.2 插入联机图片

PowerPoint 2016 中对"联机图片"功能有了新的改变，目前只能添加"必应图像搜索"和 OneDrive-个人中的图片。

1. 插入联机搜索图片

执行【插入】|【图像】|【联机图片】命令，在弹出的【插入图片】对话框中的【必应图像搜索】搜索框中输入搜索内容，单击【搜索】按钮，搜索网络图片。

然后，在搜索到的剪贴画列表中，选择需要插入的图片，单击【插入】按钮，将图片插入到幻灯片中。

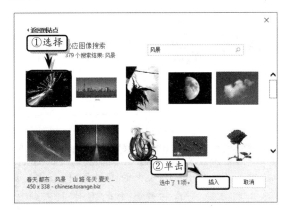

2. 插入 OneDrive-个人中的图片

执行【插入】|【插图】|【联机图片】命令，在弹出的【插入图片】对话框中，选择【OneDrive-个人】选项对应的【浏览】选项。

然后，在弹出的【OneDrive-个人】对话框中，选择【图片】文件夹。

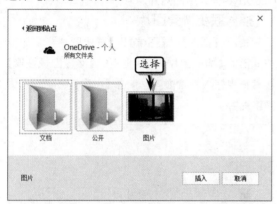

在【图片】文件夹中，选择具体图片，单击【插入】按钮，即可将 OneDrive-个人中的图片插入到工作表中。

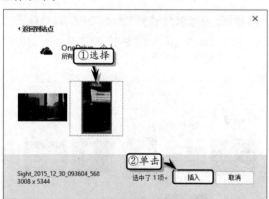

提示

在插入 OneDrive-个人中的图片之前，还需要先将本地或其他设备中的图片上传到 OneDrive-个人中心。

6.1.3 插入屏幕截图

屏幕截图是 PowerPoint 新增的一种对象，可

以截取当前系统打开的窗口，将其转换为图像，插入到演示文稿中。

执行【插入】|【图像】|【屏幕截图】|【屏幕剪辑】命令，此时系统会自动显示当前计算机中打开的其他窗口，拖动鼠标裁剪图片范围，即可将裁剪的图片范围添加到幻灯片中。

注意

屏幕截图中的可用视窗只能截取当前处于最大化窗口方式的窗口，而不能截取最小化的窗口。

另外，执行【插入】|【图像】|【屏幕截图】命令，在其级联菜单中选择截图图片，将图片插入到幻灯片中。

注意

执行【插入】|【图像】|【屏幕截图】|【屏幕剪辑】命令，此时系统会自动显示当前计算机中打开的其他窗口，拖动鼠标裁剪图片范围即可。

6.2 编辑图片

为幻灯片插入图片后，为了使图文更易于融合到工作表内容中，也为了使图片更加美观，还需要对图片进行一系列的编辑操作。

6.2.1 操作图片

操作图片包括调整图片大小位置、效果和颜色等基础编辑操作，从而使图片更加适合幻灯片的整体布局。

1. 调整图片大小

为幻灯片插入图片之后，用户会发现其插入的图片大小是根据图片自身大小所显示的。此时，为了使图片大小合适，需要调整图片的大小。

选择图片，在【格式】选项卡【大小】选项组中，单击【高度】与【宽度】微调框，设置图片的大小值。

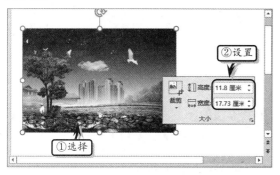

另外，单击【大小】选项组中的【对话框启动器】按钮，在弹出的【设置图片格式】任务窗格中的【大小】选项组中，调整其【高度】和【宽度】值，也可以调整图片的大小。

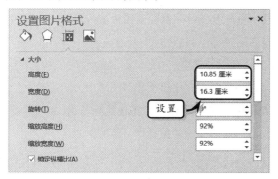

技巧

在【设置图片格式】对话框中，调整【缩放高度】和【缩放宽度】中的百分比值，也可调整图片大小。

2. 调整图片位置

选择图片，将鼠标放置于图片中，当光标变成四向箭头时，拖动图片至合适位置，松开鼠标即可。

另外，单击【大小】选项组中的【对话框启动器】按钮。在【位置】选项组，设置其【水平】与【垂直】值，调整图片的显示位置。

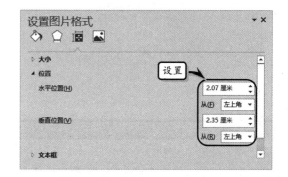

注意

用户可通过设置【水平位置】和【垂直位置】中的【从】选项，来设置图片的相对位置。

3. 调整图片效果

PowerPoint为用户提供了30种图片更正效果，

选择图片执行【图片工具】|【格式】|【调整】|【更正】命令，在其级联菜单中选择一种更正效果。

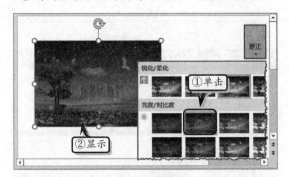

用户可通过执行【格式】|【调整】|【重设图片】命令，撤销图片的设置效果，恢复至最初状态。

另外，执行【图片工具】|【格式】|【调整】|【更正】|【图片更正选项】命令。在【设置图片格式】任务窗格中的【图片更正】选项组中，根据具体情况自定义图片更正参数。

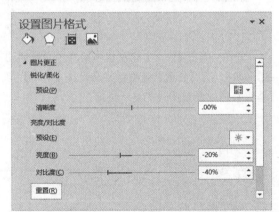

在【图片更正】选项组中，单击【重置】按钮，可撤销所设置的更正参数，恢复初始值。

4．调整图片颜色

选择图片，执行【格式】|【调整】|【颜色】命令，在其级联菜单中的【色调】栏中选择相应的选项，设置图片的颜色样式。

另外，执行【颜色】|【图片颜色选项】命令，在弹出的【设置图片格式】任务窗格中的【图片颜色】选项组中，设置图片颜色的饱和度、色调与重新着色等选项。

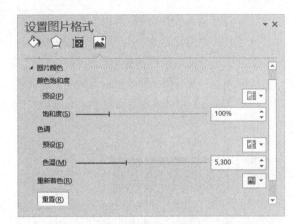

用户可通过执行【颜色】|【设置透明色】命令，来设置图片的透明效果。

6.2.2　排列图片

当工作表中包含多张图片时，为了图层图片的层次性和整齐性，需要对图片进行调整显示层次、对齐图片等排列操作。

1．旋转图片

选择图片，将鼠标移至图片上方的旋转点处，当鼠标变成 ◌ 形状时，按住鼠标左键，当鼠标变成 ↻ 形状时，旋转鼠标即可旋转图片。

另外，选择图片，执行【图片工具】|【格式】|【排列】|【旋转】命令，在其级联菜单中选择一种选项，即可将图片向右或向左旋转 90°，以及垂直和水平翻转图片。

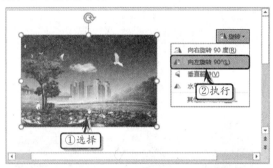

注意

执行【图片工具】|【排列】|【旋转】|【其他旋转选项】命令，可在弹出的【设置图片格式】任务窗格中，自定义图片的旋转角度。

2. 对齐图片

选择图片，执行【图片工具】|【格式】|【排列】|【对齐】命令，在其级联菜单中选择一种对齐方式。

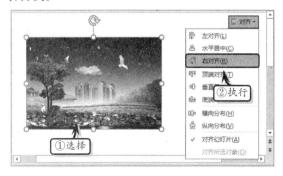

3. 设置显示层次

当幻灯片中存在多个对象时，为了突出显示图片对象的完整性，还需要设置图片的显示层次。

选择图片，执行【图片工具】|【格式】|【排列】|【上移一层】|【置于顶层】命令，将图片放置于所有对象的最上层。

同样，用户也可以选择图片，执行【图片工具】|【格式】|【排列】|【下移一层】|【置于底层】命令，将图片放置于所有对象的最下层。或者，执行【下移一层】|【下移一层】命令，按层次放置图片。

技巧

选择图片，右击执行【置于顶层】|【置于顶层】命令，也可将图片放置于所有对象的最上面。

6.2.3 裁剪图片

为了达到美化图片的实用性和美观性，还需要对图片进行裁剪，或将图片裁剪成各种形状。

1. 裁剪大小

选择图片，执行【图片工具】|【格式】|【大小】|【裁剪】|【裁剪】命令，此时在图片的四周将出现裁剪控制点，在裁剪处拖动鼠标选择裁剪区域。

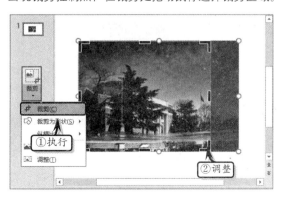

选定裁剪区域之后，单击其他地方，即可裁剪图片。

2. 裁剪为形状

PowerPoint 为用户提供了将图片裁剪成各种形状的功能，通过该功能可以增加图片的美观性。

选择图片，执行【图片工具】|【格式】|【大小】|【裁剪】|【裁剪为形状】命令，在其级联菜单中选择形状类型即可。

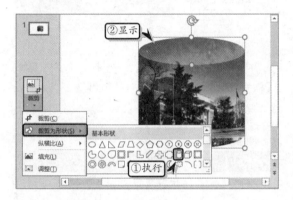

3. 纵横比裁剪

除了自定义裁剪图片之外，PowerPoint 还提供了纵横比裁剪模式，使用该模式可以将图片以 2:3、3:4、3:5 和 4:5 进行纵向裁剪，或将图片以 3:2、4:3、5:3 和 5:4 等进行横向裁剪。

选择图片，执行【图片工具】|【格式】|【大小】|【裁剪】|【纵横比】命令，在其级联菜单中选择一种裁剪方式即可。

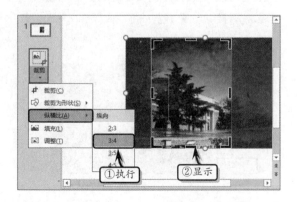

知识链接 6-1	文本转换为图片

在 PowerPoint 中，用户可以使用"选择性粘贴"功能，将文本转换为图片。

6.2.4 示例：图片平移效果

图片是美化幻灯片的基础，不仅可以运用静止图片来丰富幻灯片的内容，还可以运用动态图片来展示幻灯片的主题和中心思想。在本示例中，将通过制作一个具有平移效果的图片，来详细介绍运用图片展示幻灯片的操作方法和实用技巧。

STEP|01 新建空白演示文稿，执行【设计】|【自定义】|【幻灯片大小】|【标准】命令，设置幻灯片的大小。

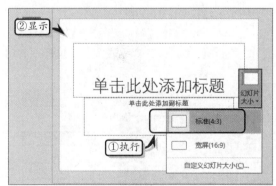

STEP|02 执行【设计】|【自定义】|【设置背景格式】命令，选中【渐变填充】选项，保留两个渐变光圈。

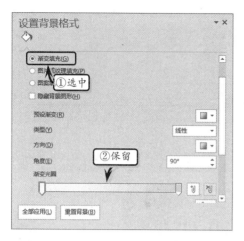

STEP|03 选择左侧的渐变光圈，单击【颜色】下拉按钮，选择【黑色，文字 1】选项。

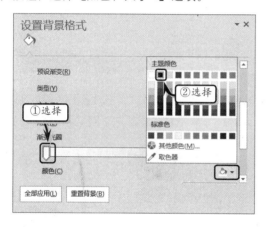

STEP|04 选择右侧的渐变光圈，将【亮度】设置为"50%"，单击【颜色】下拉按钮，选择【黑色，文字 1，淡色 50%】选项。

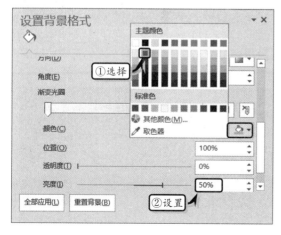

STEP|05 执行【插入】|【图像】|【图片】命令，

选择图片文件，单击【插入】按钮，插入背景图片并将其放置于最底层。

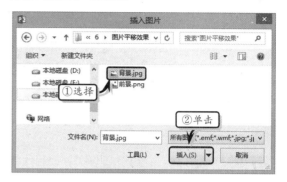

STEP|06 在【格式】选项卡【大小】选项组中，设置图片的大小；同时右击执行【置于底层】|【置于底层】命令，调整其显示位置。

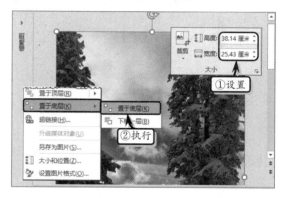

STEP|07 选择图片，执行【动画】|【动画】|【动画样式】|【进入】|【淡出】命令，并设置【开始】和【持续时间】选项。

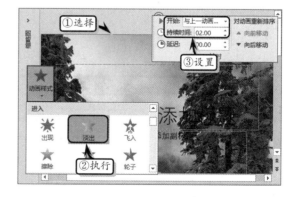

STEP|08 执行【动画】|【高级动画】|【添加动画】|【动作路径】|【直线】命令，并设置【开始】和【持续时间】选项。

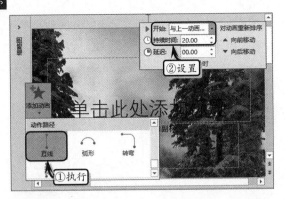

STEP|09 将鼠标移至"直线"动画效果路径线端点处，拖动鼠标调整路径线的方向和长度。

STEP|10 执行【插入】|【图像】|【图片】命令，选择图片文件，单击【插入】按钮，插入前景图片并将其放置于占位符下方。

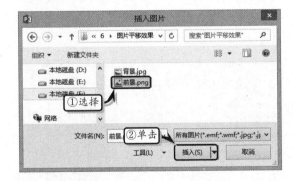

STEP|11 在占位符中输入文本，并设置文本的字体格式。同时，复制一个占位符并更改文本内容。

STEP|12 选择需要第一次出现的占位符，执行【动画】|【动画】|【动画样式】|【进入】|【淡出】命令，并设置【开始】、【持续时间】与【延迟】选项。

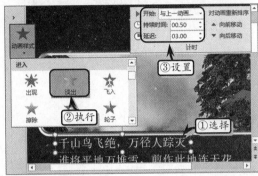

STEP|13 执行【动画】|【高级动画】|【添加动画】|【退出】|【淡出】命令，并设置【开始】、【持续时间】和【延迟】选项。

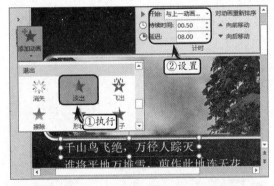

STEP|14 同样方法为其他两个占位符添加动画效果，然后根据出现顺序将占位符叠放在一起。

STEP|15 选择前景图片,执行【动画】|【动画】|【动画样式】|【强调】|【放大/缩小】命令,并将【开始】设置为"上一动画之后"。

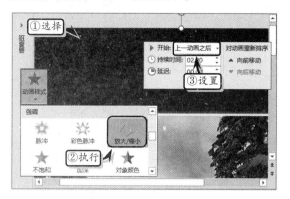

STEP|16 执行【动画】|【高级动画】|【添加动画】|【退出】|【淡出】命令,并设置【开始】和【持续时间】选项。

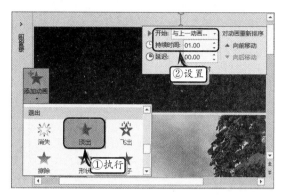

6.3 美化图片

在幻灯片中插入图片后,为了增加图片的美观性与实用性,还需要设置图片的格式。设置图片格式主要是对图片样式、图片形状、图片边框及图片效果的设置。

6.3.1 应用快速样式

快速样式是 PowerPoint 预置的各种图像样式的集合。PowerPoint 提供了 28 种预设的图像样式,可更改图像的边框以及其他内置的效果。

选择图片,执行【图片工具】|【格式】|【图片样式】|【快速样式】命令,在其级联菜单中选择一种快速样式,进行应用。

6.3.2 自定义样式

除了使用系统内置的快速样式来美化图片

之外,还可以通过自定义样式,达到美化图片的目的。

1. 自定义边框样式

右击图片执行【设置图片格式】命令,打开【设置图片格式】任务窗格。激活【线条填充】选项卡,在【填充】选项组中,设置填充效果。

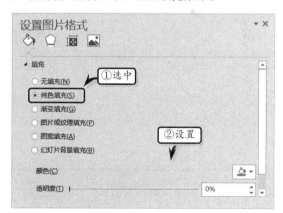

另外,在【线条】选项组中,可以设置线条的颜色、透明度、复合类型和端点类型等线条效果。

2. 自定义图片效果

PowerPoint 为用户提供了预设、阴影、映像、发光、柔化边缘、棱台和三维旋转 7 种效果,帮助用户对图片进行特效美化。

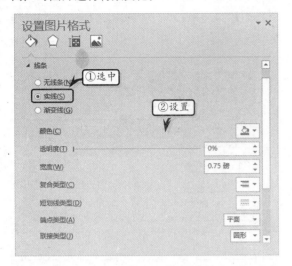

选择图片，执行【图片工具】|【格式】|【图片样式】|【图片效果】|【映像】命令，在其级联菜单中选择一种映像效果。

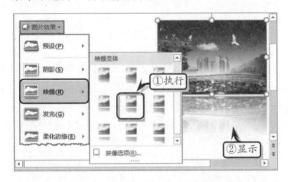

另外，执行【图片效果】|【映像】|【映像选项】命令，可在弹出的【设置图片格式】任务窗格中，自定义透明度、大小、模糊和距离等映像参数。

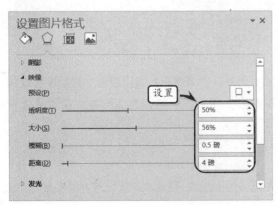

3. 设置图片版式

设置图片版式是将图片转换为 SmartArt 图形，可以轻松地排列、添加标题并排列图片的大小。

选择图片，执行【图片工具】|【格式】|【图片样式】|【图片版式】命令，在其级联菜单中选择一种版式即可。

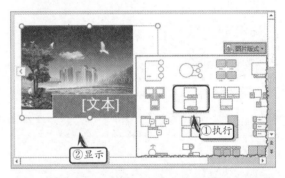

知识链接 6-2 替换现有图片

当用户在幻灯片中插入图片，并设置图片的样式与格式之后，突然发现所插入的图片并非预设计中的图片时，为保证更改后的图片样式与当前图片的样式一致，还需要使用 PowerPoint 提供的替换现有图片的功能，在保证图片样式的前提下，更改现有图片。

6.3.3 示例：三维翻书效果

在 PowerPoint 中插入图片之后，可通过其内置的多种快速样式来美化图片。除此之外，还可以通过一些自定义图片样式,达到增加图片的实用性及特殊性的制作目的。在本示例中,将通过制作一个三维翻书效果。来详细介绍自定义图片样式的操作方法。

STEP|01 新建空白演示文稿,执行【设计】|【自定义】|【幻灯片大小】|【标准】命令,设置幻灯片的大小。

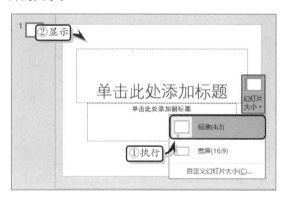

STEP|02 删除所有占位符,执行【设计】|【自定义】|【设置背景格式】命令,选中【渐变填充】选项。

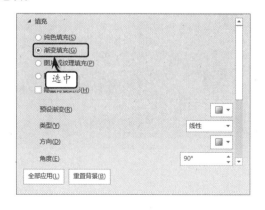

STEP|03 选择最左侧的渐变光圈,将【亮度】设置为"-15%",将【颜色】设置为"白色,背景 1,深色 15%"。

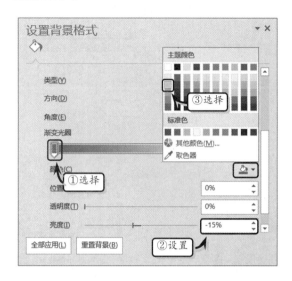

STEP|04 选择第 2 个渐变光圈,将【位置】设置为"56%",将【亮度】设置为"-5%,",将【颜色】设置为"白色,背景 1,深色 5%"。

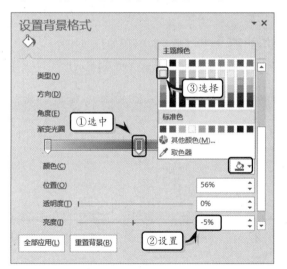

STEP|05 选择第 3 个渐变光圈,将【位置】设置为"57%",单击【颜色】下拉按钮,选择【其他颜色】选项,自定义颜色。

STEP|06 选择最后一个渐变光圈,单击【颜色】下拉按钮,选择【其他颜色】选项,自定义颜色。

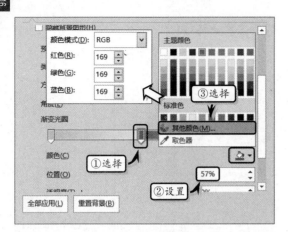

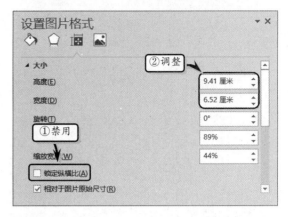

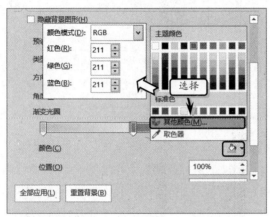

STEP|09 展开【三维旋转】选项组，将【预设】设置为"前透视"，并分别设置各个旋转参数。使用同样方法，设置其他图片的三维旋转格式。

STEP|10 按照先后顺序调整图片的位置和显示层次。

STEP|07 执行【插入】|【图像】|【图片】命令，选择多个图片文件，单击【插入】按钮。

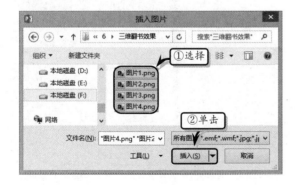

STEP|08 选择一个图片，在【格式】选项卡【大小】选项组中，单击【对话框启动器】按钮。禁用【锁定纵横比】复选框，并调整图片大小。使用同样方法，调整其他图片大小。

6.4 使用相册

相册也是 PowerPoint 中的一种图像对象。使用相册功能,用户可将批量的图片导入到多个演示文稿的幻灯片中,制作包含这些图片的相册。

6.4.1 新建相册

执行【插入】|【图像】|【相册】|【新建相册】命令,在弹出的【相册】对话框中,单击【文件/磁盘】按钮。

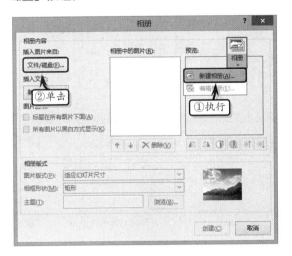

在弹出的【插入新图片】对话框中,选择喜欢的照片或图片,并单击【插入】按钮,将图片插入到相册中。

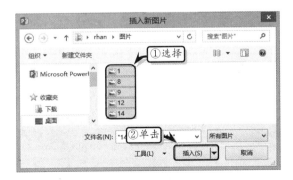

用户可以重复单击【文件/磁盘】按钮,插入多张照片。另外,用户还可以单击【相册】对话框

中的【新建文本框】按钮,创建文本框,用于输入对照片或图片的文字说明性文字。

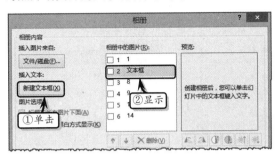

添加照片或图片完毕后,单击【相册】对话框中的【创建】按钮即可,建相册完毕后,在文本框中输入文字,对照片或图片做文字说明。

注意

单击【创建】按钮后,系统自动新建一个演示文稿,并且该相册以本计算机命名,而所插入的照片位于第 1 张幻灯片之后。

6.4.2 编辑相册

选择需要编辑的相册演示文稿,执行【相册】|【编辑相册】命令,在弹出的【编辑相册】对话框中,对相册中的图片进行编辑。

用户也可以在包含相册的幻灯片选项卡中,右击幻灯片执行【相册】命令,弹出【编辑相册】对话框。

1. 调整图片顺序

在【编辑相册】对话框中的【相册中的图片】列表框中，启用需要调整顺序图片前面的复选框，单击下方的【向上】按钮↑或【向下】按钮↓，调整图片在幻灯片中的顺序。

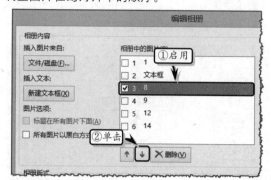

2. 添加/删除图片

单击【文件/磁盘】按钮，可在相册中添加图片。在【相册中的图片】列表框中，启用需要删除图片前面的复选框，单击下方的【删除】按钮，即可删除该图片。

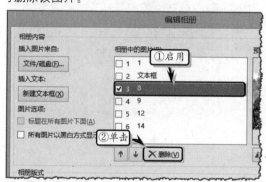

3. 设置图片样式

在【相册中的图片】列表框中，启用需要删除图片前面的复选框，单击【预览】列表下方的【顺时针旋转】按钮，即可旋转图片。另外，用户还可以设置图片的亮度和对比度。

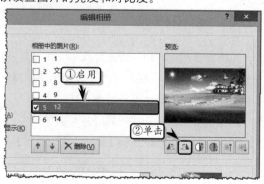

6.4.3 设置相册版式

用户可以根据相片或图片的大小，在【相册版式】选项组中，设置图片版式，即每张幻灯片显示图片数量，并单击【更新】按钮。

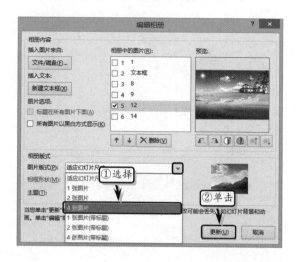

另外，在【编辑相册】对话框中的【相册版式】选项中，还可以设置相框形状及主题。如在【相框形状】下拉列表框中，选择"简单框架，黑色"样式。

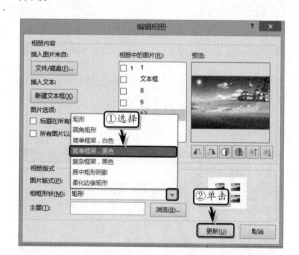

> **注意**
>
> 用户可以单击【主题】选项对应的【浏览】按钮，在弹出的对话框中选择主题文件，即可将主题应用到相册中。

知识链接 6-3 删除图片背景

　　PowerPoint 为用户提供了自动删除图片背景的功能，通过该功能不仅可以自动删除不需要的图片背景，还可以使用标记表示图片中需要保留或删除的区域，实现自定义删除图片背景区域。

6.5　练习：图片简介

　　在实际工作中，可以通过在幻灯片中使用大量图片的方法，来制作图文并茂的幻灯片，以增加幻灯片的美观性和整洁性。另外，还可以运用 PowerPoint 中的动画功能，来增加幻灯片的动态性。在本练习中，将通过制作一份旅游简介类型的演示文稿，来详细介绍制作图片简介的操作方法和实用技巧。

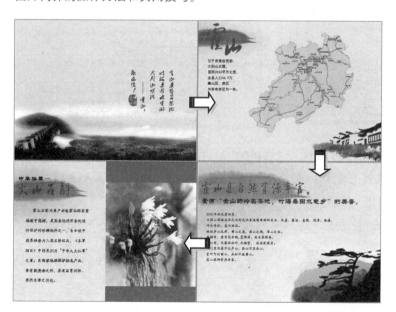

操作步骤 >>>>

STEP|01 设置幻灯片大小。新建空白演示文稿，执行【设计】|【自定义】|【幻灯片大小】|【标准】命令，自定义幻灯片的大小。

STEP|02 应用主题。执行【设计】|【主题】|【主题】|【浏览主题】命令，选择主题文件，单击【插入】按钮，应用主题。

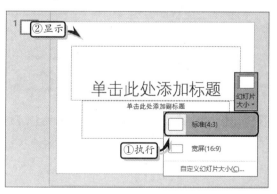

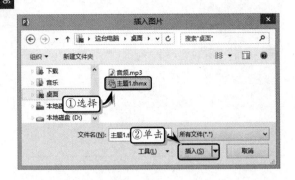

STEP|03 制作标题幻灯片。选择第 1 张幻灯片，删除幻灯片中所有内容。同时，执行【插入】|【图像】|【图片】命令，选择图片文件，单击【插入】按钮。

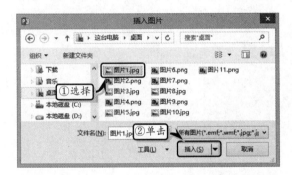

STEP|04 调整图片的大小和位置，同时执行【插入】|【图像】|【图片】命令，选择图片文件，单击【插入】按钮，插入第 2 张图片，并调整其位置。

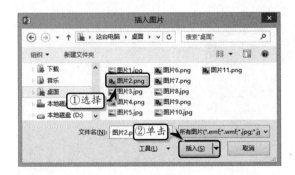

STEP|05 制作第 2 张幻灯片。执行【开始】|【幻灯片】|【新建幻灯片】|【空白】命令，新建 3 张空白幻灯片。

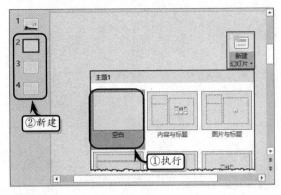

STEP|06 选择第 2 张幻灯片，执行【插入】|【图像】|【图片】命令，选择图片文件，单击【插入】按钮，插入第 1 张图片。

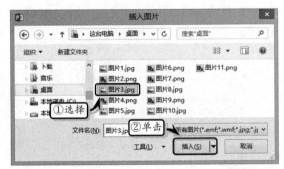

STEP|07 使用同样方法，按照图片的排列层次，依次插入其他图片，并调整图片的位置。

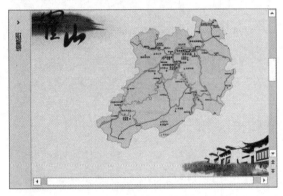

STEP|08 执行【插入】|【文本】|【文本框】|【横排文本框】命令，输入说明性文本并设置文本的字体和段落格式。

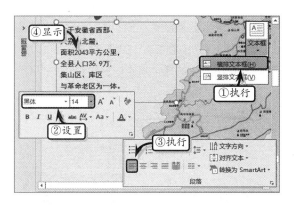

STEP|09　执行【开始】|【编辑】|【选择】|【选择窗格】命令，打开【选择】窗格，选择【选择窗格】中的"图片 4"对象。

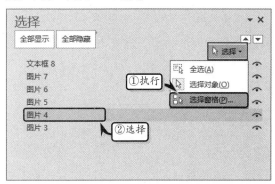

STEP|10　执行【动画】|【动画】|【动画样式】|【更多进入动画】命令，在弹出的【更改进入效果】对话框中选择【基本缩放】选项。使用同样方法，为"图片 5"添加动画效果。

STEP|11　制作第 3 张幻灯片。选择第 3 张幻灯片，执行【插入】|【图像】|【图片】命令，选择图片文件，单击【插入】按钮，插入图片。

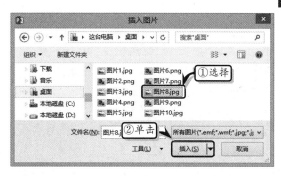

STEP|12　执行【插入】|【文本】|【文本框】|【横排文本框】命令，输入说明性文本并设置文本的字体和段落格式。

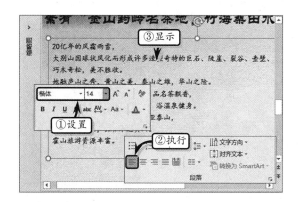

STEP|13　制作第 4 张幻灯片。选择第 4 张幻灯片，执行【插入】|【插图】|【形状】|【矩形】命令，绘制一个矩形形状，并调整其大小和位置。

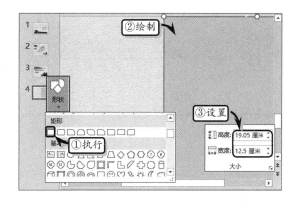

STEP|14　选择矩形形状，执行【绘图工具】|【格式】|【形状填充】|【灰色-50%，背景 2】命令，同时执行【形状轮廓】|【无轮廓】命令，设置形状样式。

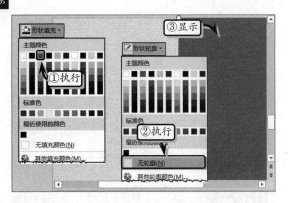

STEP|15 执行【插入】|【图像】|【图片】命令，选择图片文件，单击【插入】按钮，插入多张图片，并排列图片。

STEP|16 执行【插入】|【文本】|【文本框】|【横排文本框】命令，输入说明性文本并设置文本的字体格式。

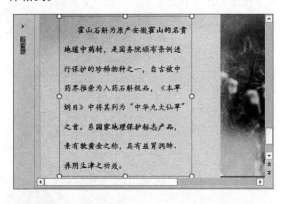

STEP|17 添加切换效果。执行【切换】|【切换到此幻灯片】|【切换效果】|【框】命令，同时单击【计时】选项组中的【全部应用】按钮，应用到所有幻灯片中。

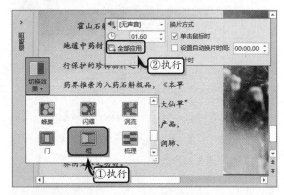

STEP|18 选择第 1 张幻灯片，执行【切换】|【切换到此幻灯片】|【切换效果】|【蜂巢】命令，更改第 1 张幻灯片的切换效果。

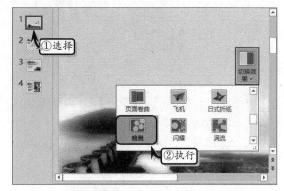

6.6 练习：动态故事会

在本练习中，将运用 PowerPoint 中的插入图片、设置图表格式、插入形状、设置形状格式，以及添加动画等功能，通过制作一个寓言

故事的动态故事会演示文稿,通过使用借喻手法使富有教训意义的主
题或深刻的道理在简单的故事中体现出来。

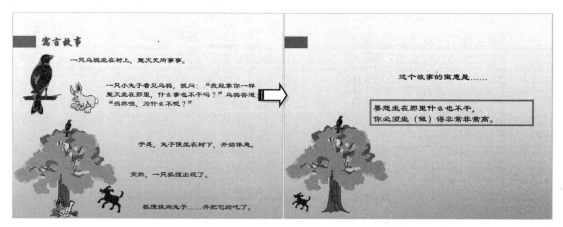

操作步骤 〉〉〉〉

STEP|01 设置幻灯片大小。新建空白演示文稿,
执行【设计】|【自定义】|【幻灯片大小】|【标准】
命令,设置幻灯片大小。

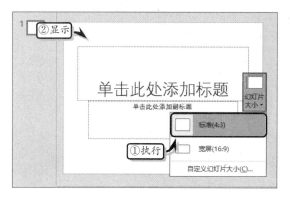

STEP|02 设置背景格式。执行【设计】|【自定义】
|【设置背景格式】命令,选中【渐变填充】选项,
并设置【类型】和【角度】选项。

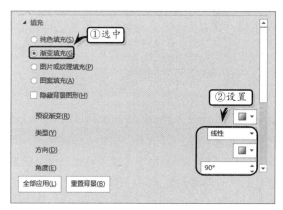

STEP|03 选中右侧的渐变光圈,单击【颜色】下
拉按钮,选择【其他颜色】选项,自定义渐变颜色。

STEP|04 制作第 1 张幻灯片。执行【插入】|【插
图】|【形状】|【矩形】命令,在幻灯片中绘制一
个矩形形状。

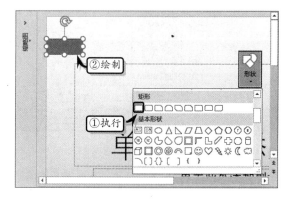

STEP|05 选择形状，执行【格式】|【形状样式】|【形状填充】|【其他填充颜色】命令，自定义填充色。使用同样方法，设置形状轮廓颜色。

STEP|06 在主标题占位符中输入标题文本，并在【字体】选项组中设置文本的字体格式。

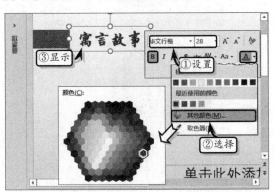

STEP|07 执行【插入】|【图像】|【图片】命令，选择图片文件，单击【插入】按钮，插入图片。

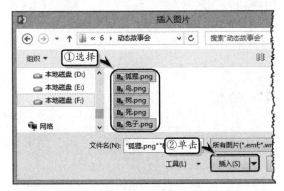

STEP|08 复制相应的图片并调整图片的显示位置，在副标题占位符中输入文本，并设置文本的字

体格式。

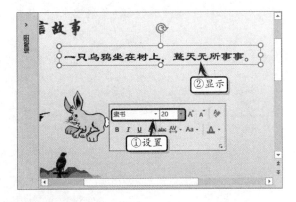

STEP|09 复制副标题占位符，修改文本内容，并排列占位符的显示位置。

STEP|10 同时选择第 1 个图片和第 1 个占位符，执行【格式】|【排列】|【组合】|【组合】命令。使用同样方法，分别组合其他图片和占位符。

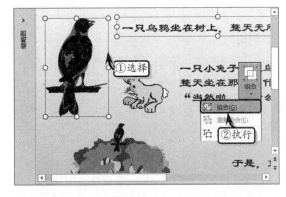

STEP|11 选择主标题占位符，执行【动画】|【动画】|【动画样式】|【飞入】命令，同时执行【效果选项】|【自右侧】命令。使用同样方法，设置其他对象的动画效果。

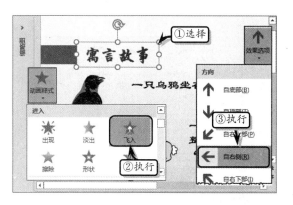

STEP|12 制作第 2 张幻灯片。复制第 1 张幻灯片，删除多余的内容，调整图片和占位符的位置。更改占位符中的文本，并设置其字体格式。

STEP|13 选择第 2 个占位符，单击【格式】选项卡【形状样式】选项组中的【对话框启动器】按钮，

设置占位符的边框样式。

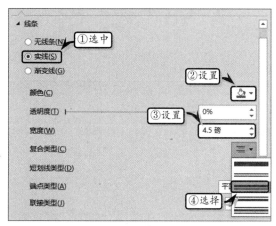

STEP|14 选择第 2 个占位符，执行【动画】|【动画】|【动画样式】|【飞入】命令，同时执行【效果选项】|【按段落】命令。

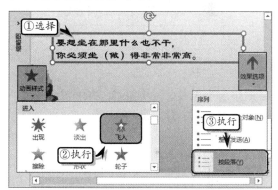

6.7 新手训练营

练习 1：裁剪图片

🔵downloads\6\新手训练营\裁剪图片

提示：本练习中，主要使用 PowerPoint 中的插入图片、裁剪图片、设置图片效果等常用功能。

其中，主要制作步骤如下所述。

（1）执行【插入】|【图像】|【图片】命令，选择图片文件，单击【插入】按钮，插入图片。

（2）选择图片，执行【图片工具】|【格式】|【大小】|【裁剪】|【裁剪】命令，裁剪图片。

（3）执行【大小】|【裁剪】|【裁剪为形状】|【圆

柱形】命令，将图片裁剪为圆柱形样式。

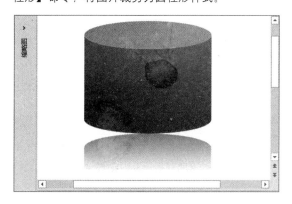

（4）执行【图片工具】|【格式】|【图片样式】|【图片效果】|【映像】|【紧密映像，接触】命令，设置图片样式。

练习2：立体相框
downloads\6\新手训练营\立体相框

提示：本练习中，主要使用 PowerPoint 中的插入图片、设置图片样式、设置图片效果等常用功能。

其中，主要制作步骤如下所述。

（1）执行【插入】|【图像】|【图片】命令，选择图片文件，单击【插入】按钮，插入图片并调整图片的大小。

（2）执行【图片工具】|【格式】|【图片样式】|【双框架，黑色】命令，同时执行【图片效果】|【棱台】|【艺术装饰】命令。

（3）右击图片执行【设置图片格式】命令，激活【填充线条】选项卡，展开【线条】选项组，将【颜色】设置为"黄色"，将【宽度】设置为"24.5"。

（4）激活【效果】选项卡，设置图片的三维格式。

练习3：创建相册
downloads\6\新手训练营\相册

提示：本练习中，主要使用新建相册、添加图片、设置相册版式、设置主题样式等常用功能。

其中，主要制作步骤如下所述。

（1）执行【插入】|【图像】|【相册】|【新建相册】命令，在弹出的【相册】对话框中，单击【文件/磁盘】命令，添加相册图片。

（2）将【图片版式】设置为"4张图片"，将【相框形状】设置为"复制框架，黑色"。

（3）执行【设计】|【主题】|【丝状】命令，设置相册的主题样式。

练习4：制作知识的分类幻灯片
downloads\6\新手训练营\知识的分类

提示：本练习中，主要使用 PowerPoint 中的切换视图、插入图片、排列图片、绘制形状、设置形状样式、添加动画效果等常用功能。

其中，主要制作步骤如下所述。

（1）执行【视图】|【母版视图】|【幻灯片母版】命令，设置幻灯片母版的图片背景格式，并关闭母版视图。

（2）在视图中插入图片，排列图片的位置。

（3）在文本占位符中输入文本内容，复制占位符并更改文本内容，以及设置文本的字体格式。

（4）在幻灯片中插入直线形状和肘形连接符形状，排列形状并设置形状的轮廓样式。

第 **7** 章

使 用 形 状

　　PowerPoint 为用户提供了形状绘制工具，允许用户为演示文稿添加箭头、方框、圆角矩形等各种矢量形状，并设置这些形状的样式。通过使用形状绘制工具，不仅美化了演示文稿，也使演示文稿更加生动、形象，更富有说服力。在本章中，将结合 PowerPoint 的形状绘制和编辑功能，介绍矢量形状的制作以及为形状添加文本框、设置文本框格式等技术。

形状是 PowerPoint 中的一种特有功能，可为 PowerPoint 工作表添加各种线、框、图形等元素，丰富 PowerPoint 工作表的内容。在 PowerPoint 中，用户也可以方便地为工作表插入这些图形。

7.1.1 绘制形状

PowerPoint 中内置的形状包括矩形、线条、基本形状、箭头总汇、流程图、星与旗帜、标注、公式形状和动作按钮 9 种形状类型，用户可通过下列方法来绘制各种类型的形状。

1．绘制直线形状

线条是最基本的图形元素，执行【插入】|【插图】|【形状】|【直线】命令，拖动鼠标即可在幻灯片绘制一条直线。

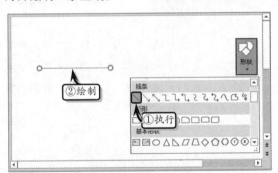

技巧

在绘制直线时，按住鼠标左键的同时，再按住 Shift 键，然后拖动鼠标左键，至合适位置释放鼠标左键，完成水平或垂直直线的绘制。

2．绘制任意多边形

执行【插入】|【插图】|【形状】|【任意多边形】命令，在幻灯片中单击鼠标绘制起点，然后依次单击鼠标根据鼠标的落点，将其连接构成任意多边形。

另外，如用户按住鼠标拖动绘制，则【任意多

边形】工具将采集鼠标运动的轨迹，构成一条曲线。

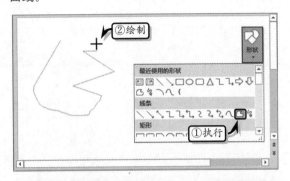

注意

用户也可以执行【开始】|【绘图】|【其他】命令，在其级联菜单中选择形状类型，拖动鼠标即可绘制形状。

3．绘制曲线

绘制曲线的方法与绘制任意多边形的方法大体相同，执行【插入】|【插图】|【形状】|【曲线】命令，拖动鼠标在幻灯片中绘制一条线段，然后单击鼠标确定曲线的拐点，最后继续绘制即可。

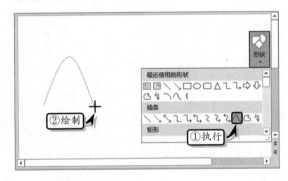

4．绘制其他形状

除了线条之外，PowerPoint 还提供了大量的基本形状、矩形、箭头总汇、公式形状、流程图等各类形状预设，允许用户绘制更复杂的图形，将其添加到演示文稿中。

执行【插入】|【插图】|【形状】|【心形】

命令，在幻灯片中拖动鼠标即可绘制一个心形形状。

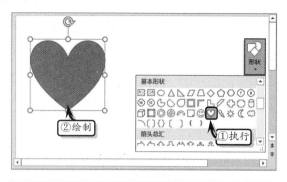

注意

在绘制绝大多数基于几何图形的形状时，用户都可以按住 Shift 键之后再进行绘制，绘制圆形、正方形或等比例缩放显示的形状。

7.1.2　编辑形状

在幻灯片中绘制形状之后，还需要根据幻灯片的布局设计，对形状进行调整大小、合并形状、编辑形状顶点编辑操作。

1. 调整形状大小

选择形状，在形状四周将出现 8 个控制点。此时，将光标移至控制点上，拖动鼠标即可调整形状的大小。

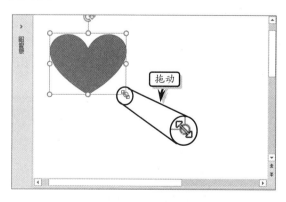

技巧

按下 Shift 键或 Alt 键的同时，拖动图形对角控制点，即可对图形进行比例缩放。

另外，在【格式】选项卡【大小】选项组中，直接输入形状的高度与宽度值，即可精确调整形状的大小。

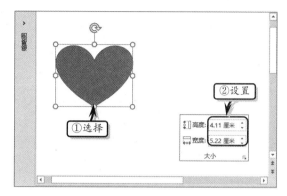

单击【格式】选项卡【大小】选项组中的【对话框启动器】按钮，在弹出的【设置形状格式】任务窗格中的【大小】选项组中，输入形状的高度与宽度值。

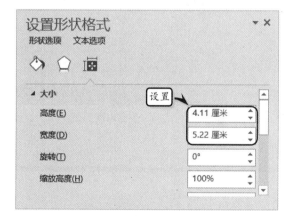

技巧

选择形状，右击执行【设置形状格式】命令，即可弹出【设置形状格式】任务窗格。

2. 合并形状

合并形状是将所选形状合并成一个或多个新的几何形状。同时选择需要合并的多个形状，执行【绘图工具】|【插入形状】|【合并形状】|【联合】命令，将所选的多个形状联合成一个几何形状。

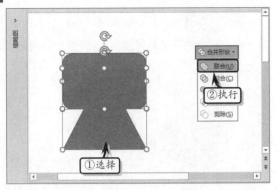

另外，选择多个形状，执行【绘图工具】|【插入形状】|【合并形状】|【组合】命令，即可将所选形状组合成一个几何形状，而组合后形状中重叠的部分将被自动消除。

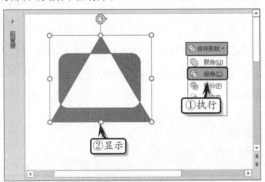

> **注意**
>
> 在 PowerPoint 中，用户还可以将多个形状进行拆分、相交或剪除操作，从而使形状达到符合要求的几何形状。

3．编辑形状顶点

选择形状，执行【绘图工具】|【插入形状】|【编辑形状】|【编辑顶点】命令。然后，拖动鼠标调整形状顶点的位置即可。

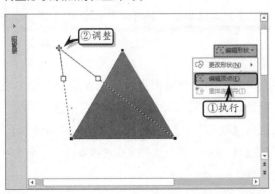

> **技巧**
>
> 选择形状，右击执行【编辑顶点】命令，即可编辑形状的顶点。

4．重排连接符

在 PowerPoint 中，除了可以更改形状与编辑形状顶点之外，还可以重排连接形状的连接符。首先，在幻灯片中绘制两个形状。然后，执行【插入】|【插图】|【形状】|【箭头】命令，移动鼠标至第 1 个形状上方，当形状四周出现圆形的连接点时，单击其中一个连接点，开始绘制形状。

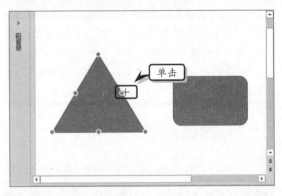

> **技巧**
>
> 选择形状，执行【绘图工具】|【格式】|【插入形状】|【形状】命令，在其级联菜单中选择形状样式，即可在幻灯片中插入相应的形状。

当拖动鼠标绘制形状至第 2 个形状上方时，在该形状的四周会出现蓝色的连接点。此时，将绘制形状与该形状的连接点融合在一起即完成连接形状的操作。

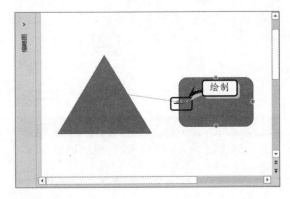

此时，执行【绘图工具】|【格式】|【插入形状】|【编辑形状】|【重排连接符】命令，即可重新排列连接符的起始和终止位置。

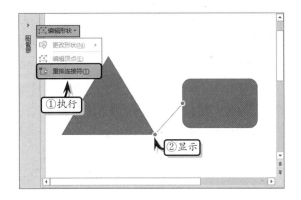

5．输入文本

除了设置形状的外观样式与格式之外，用户还需为形状添加文字，使其具有图文并茂的效果。右击形状执行【编辑文字】命令，在形状中输入文字。

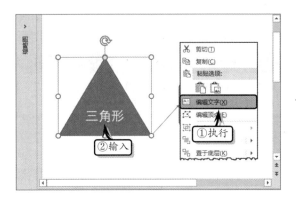

7.1.3　排列形状

排列形状是对形状进行组合、对齐、旋转等操作，从而可以使形状更符合幻灯片的整体设计需求。

1．组合形状

组合形状是将多个形状合并成一个形状，首先按住 Ctrl 键或 Shift 键的同时选择需要组合的图形。然后，执行【绘图工具】|【格式】|【排列】|【组合】|【组合】命令，组合选中的形状。

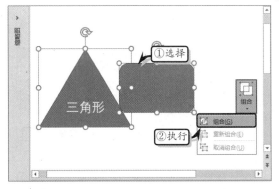

> **注意**
> 用户也可以同时选择多个形状，右击形状执行【组合】|【组合】命令，组合所有的形状。

另外，对于已组合的形状，用户可通过执行【绘图工具】|【格式】|【排列】|【组合】|【取消组合】命令，取消已组合的形状。

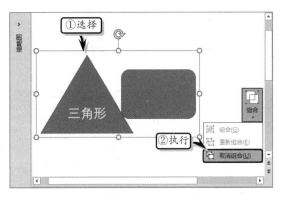

> **注意**
> 用户也可以通过执行【开始】|【绘图】|【排列】|【取消组合】命令，取消已组合的形状。

取消已组合的形状之后，用户还可以通过【绘图工具】|【格式】|【排列】|【组合】|【重新组合】命令，重新按照最初组合方式，再次对形状进行组合。

2．对齐形状

选择形状，执行【绘图工具】|【排列】|【对齐】命令，在其级联菜单中选择一种对齐方式即可。

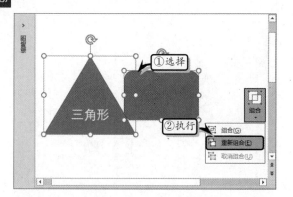

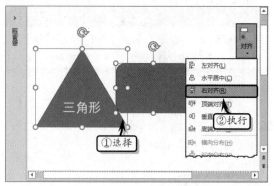

在【对齐】级联菜单中，主要包括 8 种对齐方式，其作用如下所示。

对齐方式	作　用
左对齐	以幻灯片的左侧边线为基点对齐
左右居中	以幻灯片的水平中心点为基点对齐
右对齐	以幻灯片的右侧边线为基点对齐
顶端对齐	以幻灯片的顶端边线为基点对齐
垂直对齐	以幻灯片的垂直中心点为基点对齐
底端对齐	以幻灯片的底端边线为基点对齐
横向分布	在幻灯片的水平线上平均分布形状
纵向分布	在幻灯片的垂直线上平均分布形状

当用户执行【对齐】|【对齐所选对象】命令后，以上 8 种对齐方式的作用如下所示。

对齐方式	作　用
左对齐	以先选择的形状左侧调节柄为基点对齐
左右居中	以先选择的形状水平中心点为基点对齐
右对齐	以先选择的形状右侧调节柄为基点对齐
顶端对齐	以先选择的形状顶端调节柄为基点对齐
垂直对齐	以先选择的形状垂直中心点为基点对齐
底端对齐	以先选择的形状底端调节柄为基点对齐

续表

对齐方式	作　用
横向分布	根据 3 个以上形状水平中心点平均分配距离
纵向分布	根据 3 个以上形状垂直中心点平均分配距离

3. 设置显示层次

选择形状，执行【绘图工具】|【格式】|【排列】|【上移一层】或【下移一层】命令，在其级联菜单中选择一种方式，即可调整形状的显示层次。

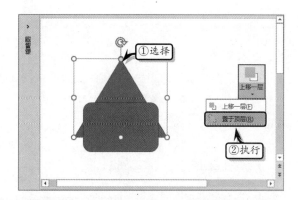

技巧

选择形状，右击执行【置于顶层】或【置于底层】命令，即可调整形状的显示层次。

4. 旋转形状

选择形状，将光标移动到形状上方的旋转按钮上，按住鼠标左键，当光标变为 ⟳ 形状时，旋转鼠标即可旋转形状。

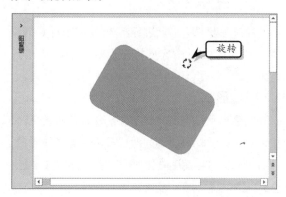

另外，选择形状，执行【绘图工具】|【格式】|【排列】|【旋转】|【向左旋转 90°】命令，即可将图片向左旋转 90°。

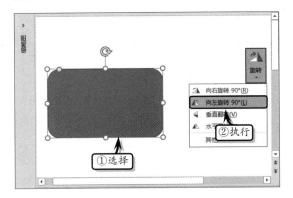

除此之外，选择形状，执行【旋转】|【其他旋转选项】命令，在弹出的【设置形状格式】任务窗格中的【大小】选项卡中，输入旋转角度值，即可按指定的角度旋转形状。

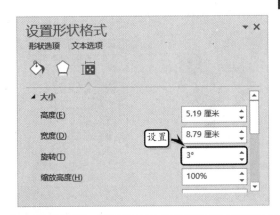

知识链接 7-1 修剪自定义形状

当用户使用自定义图形绘制形状时，会遇到形状连接处无法对齐，或多出一段线段的问题。此时，如果依靠鼠标调控多余的线段时，既比较难于操作，又显得比较烦琐。在 PowerPoint 中，用户可通过编辑形状顶点的方法，来解决上述问题。

7.2 美化形状

PowerPoint 内置了一套形状格式，通过设置形状填充颜色、轮廓样式和效果等属性，达到美化形状的目的。

7.2.1 应用内置形状样式

PowerPoint 2016 内置了 42 种主题样式，以及 35 种内置样式和 12 种其他主题填充样式供用户选择使用。

选择形状，执行【绘图工具】|【格式】|【形状样式】|【其他】下拉按钮，在其下拉列表中选择一种形状样式。

> **注意**
> 选择形状，执行【开始】|【绘图】|【快速样式】命令，在其级联菜单中选择一种样式，即可为形状应用内置样式。

7.2.2 设置形状填充

用户可运用 PowerPoint 中的【形状填充】命令，来设置形状的纯色、渐变、纹理或图片填充等填充格式，从而让形状具有多彩的外观。

1．纯色填充

选择形状，执行【绘图工具】|【格式】|【形状样式】|【形状填充】命令，在其级联菜单中选择一种色块。

> **注意**
> 用户也可以执行【形状填充】|【其他填充颜色】命令，在弹出的【颜色】对话框中自定义填充颜色。

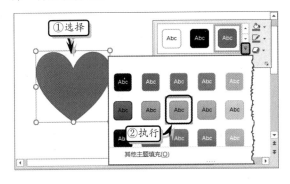

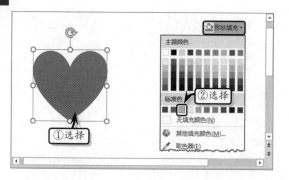

2. 图片填充

选择形状，执行【绘图工具】|【格式】|【形状样式】|【形状填充】|【图片】命令，然后在弹出的【插入图片】对话框中，选择【来自文件】对应的【浏览】选项。

然后，在弹出的【插入图片】对话框中，选择图片文件，单击【插入】按钮即可。

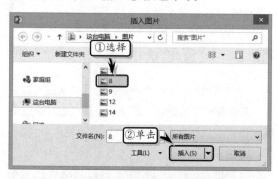

注意

选择形状，执行【绘图工具】|【格式】|【形状样式】|【形状填充】|【纹理】命令，在其级联菜单中选择一种样式即可。

3. 渐变填充

选择形状，执行【绘图工具】|【格式】|【形状样式】|【形状填充】|【渐变】命令，在其级联菜单中选择一种渐变样式。

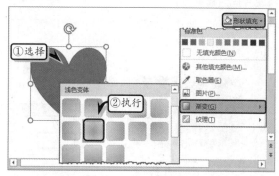

注意

选择形状，执行【绘图工具】|【格式】|【形状样式】|【形状填充】|【取色器】命令，拖动鼠标即可吸取其他形状中的颜色。

另外，可以执行【形状填充】|【渐变】|【其他渐变】命令，在弹出的【设置形状格式】任务窗格中，设置渐变填充的预设颜色、类型、方向等渐变选项。

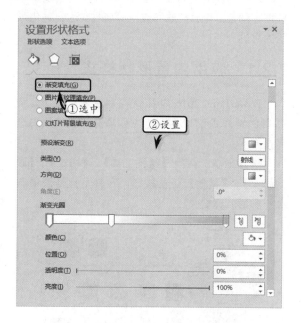

在【渐变填充】列表中，主要包括下表中的一些选项。

选　项	说　明
预设渐变	用于设置系统内置的渐变样式,包括红日西斜、麦浪滚滚、金色年华等24种内设样式
类型	用于设置颜色的渐变方式,包括线性、射线、矩形与路径方式
方向	用于设置渐变颜色的渐变方向,一般分为对角、由内至外等不同方向。该选项根据【类型】选项的变化而改变,例如当【方向】选项为"矩形"时,【方向】选项包括从右下角、中心辐射等选项;而当【方向】选项为"线性"时,【方向】选项包括线性对角、左上到右下等选项
角度	用于设置渐变方向的具体角度,该选项只有在【类型】选项为"线性"时才可用
渐变光圈	用于增加或减少渐变颜色,可通过单击【添加渐变光圈】或【减少渐变光圈】按钮,来添加或减少渐变颜色
颜色	用于设置渐变光圈的颜色,需要先选择一个渐变光圈,然后单击其下拉按钮,选择一种色块即可
位置	用于设置渐变光圈的具体位置,需要先选择一个渐变光圈,然后单击微调按钮显示百分比值
透明度	用于设置渐变光圈的透明度,选择一个渐变光圈,输入或调整百分比值即可
亮度	用于设置渐变光圈的亮度值,选择一个渐变光圈,输入或调整百分比值即可
与形状一起旋转	启用该复选框,表示渐变颜色将与形状一起旋转

4．图案填充

图案填充是使用重复的水平线或垂直线、点、虚线或条纹设计作为形状的一种填充方式。选择形状,右击执行【设置形状格式】命令,弹出【设置形状格式】窗格。在【填充】选项卡中,选中【图案填充】选项,并设置前景和背景颜色。

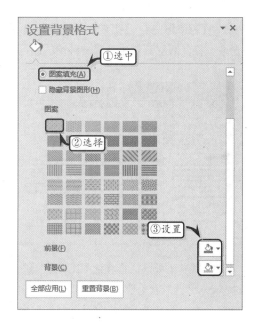

7.2.3　设置形状轮廓

设置形状的填充效果之后,为了使形状轮廓与形状轮廓的颜色、线条等相互搭配,还需要设置形状轮廓的格式。

1．设置轮廓颜色

选择形状,执行【绘图工具】|【格式】|【形状样式】|【轮廓填充】命令,在其级联菜单中选择一种色块即可。

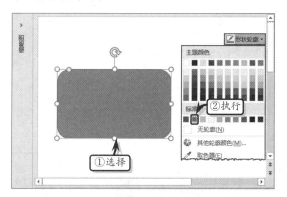

> **注意**
>
> 用户也可以执行【形状轮廓】|【其他轮廓颜色】命令,在弹出的【颜色】对话框中自定义填充颜色。

2．设置轮廓样式

选择形状,执行【绘图工具】|【格式】|【形

状样式】|【轮廓填充】|【粗细】、【虚线】或【箭头】命令，在其级联菜单中选择一种选项即可。

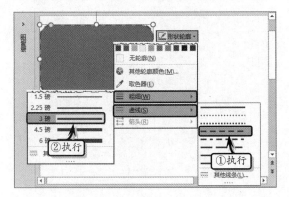

另外，用户还可以执行【绘图工具】|【格式】|【形状样式】|【形状轮廓】|【粗细】|【其他线条】命令，或执行【虚线】|【其他线条】命令，在弹出的【设置形状格式】窗格中设置形状的轮廓格式。

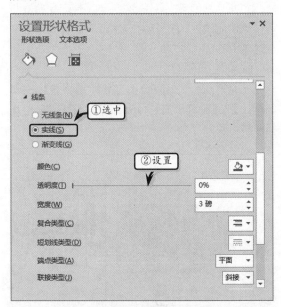

注意

右击图形执行【设置形状格式】命令，在弹出的【设置形状格式】窗格中的【线型】选项卡中，设置线型格式。

7.2.4 设置形状效果

形状效果是对 PowerPoint 内置的一组具有特

殊外观效果的命令。选择形状，执行【绘图工具】|【格式】|【形状样式】|【形状效果】命令，在其级联菜单中设置相应的形状效果即可。

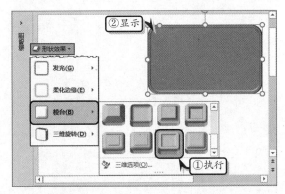

技巧

选择形状，右击执行【设置为默认形状】命令，即可将该形状设置为默认形状。

其中，【形状效果】下拉列表中各项效果的具体功能，如下所示。

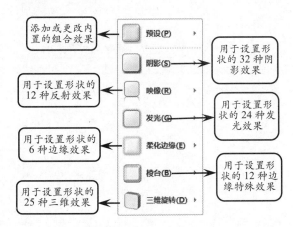

7.2.5 示例：透明三维楼梯

PowerPoint 内置了形状功能，运用该功能不仅可以绘制简单的应用形状，还可以运用内置的形状样式来制作一些特殊的自定义形状，从而使演示文稿更加生动、形象，更富有说服力。在本示例中，将运用绘制形状、设置形状效果、设置形状填充等功能，来制作一个具有透明和三维效果的楼梯形状。

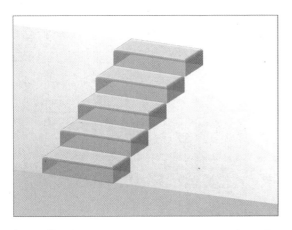

STEP|01 新建空白演示文稿，执行【设计】|【自定义】|【幻灯片大小】|【标准】命令，设置幻灯片的大小。

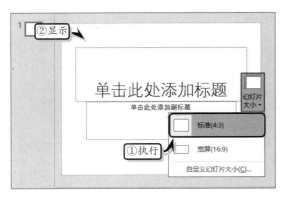

STEP|02 删除所有占位符，执行【设计】|【自定义】|【设置背景格式】命令。选中【渐变填充】选项，并设置【类型】和【角度】选项。

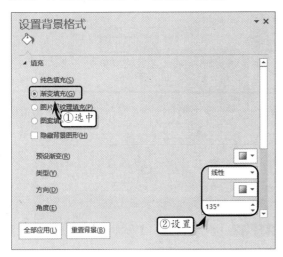

STEP|03 删除多余的渐变光圈，选择左侧的渐变

光圈，将【颜色】设置为"白色，背景1"。

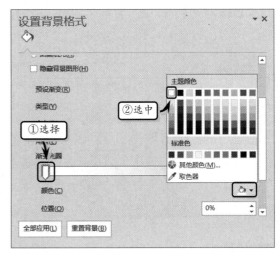

STEP|04 选择右侧的渐变光圈，将【颜色】设置为"白色，背景1，深色15%"。

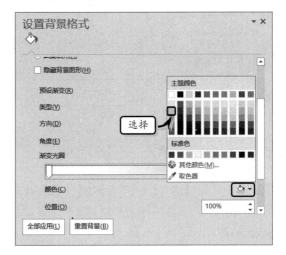

STEP|05 执行【插入】|【插图】|【形状】|【矩形】命令，绘制一个矩形形状并调整形状大小。

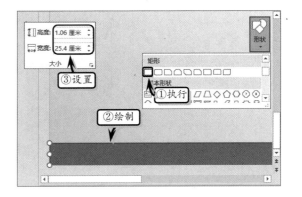

STEP|06 选择矩形形状，执行【格式】|【形状样式】|【形状填充】|【白色，背景 1，深色 15%】命令，设置形状的填充颜色。

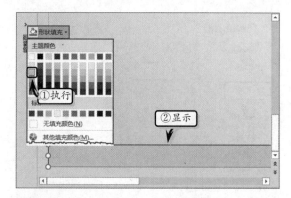

STEP|07 执行【格式】|【形状样式】|【形状轮廓】|【无轮廓】命令，设置形状的轮廓样式。

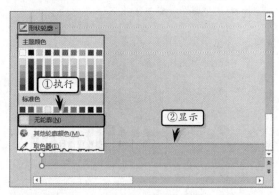

STEP|08 执行【插入】|【插图】|【形状】|【直角三角形】命令，绘制一个直角三角形形状并调整形状大小。

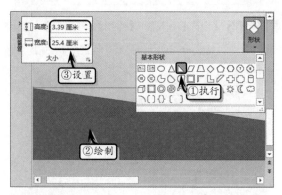

STEP|09 选择矩形形状，执行【开始】|【剪贴板】|【格式刷】命令，同时单击直角三角形形状，复

制形状样式。

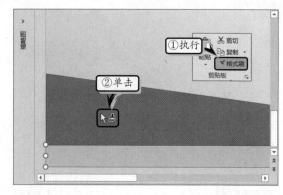

STEP|10 同时选择直角三角形和矩形形状，右击执行【组合】|【组合】命令，组合形状。使用同样方法，制作顶部的组合形状。

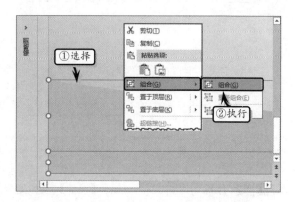

STEP|11 执行【插入】|【插图】|【形状】|【矩形】命令，绘制一个矩形形状并调整形状大小。

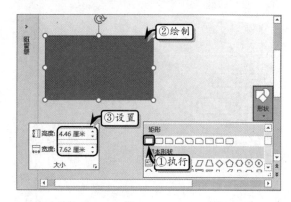

STEP|12 执行【格式】|【形状样式】|【形状轮廓】|【无轮廓】命令，设置形状的轮廓样式。

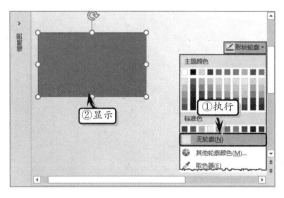

STEP|13 右击形状执行【设置形状格式】命令，展开【填充】选项组，选中【渐变填充】选项，并设置【类型】和【角度】选项。

STEP|14 保留两个渐变光圈，选择左侧的渐变光圈，将【颜色】设置为"白色，背景 1"。

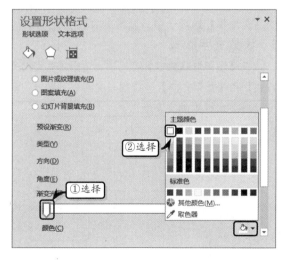

STEP|15 选择右侧的渐变光圈，将【颜色】设置

为"白色，背景 1"。

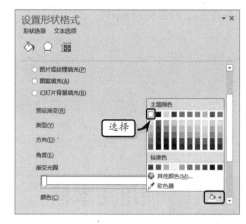

STEP|16 激活【效果】选项卡，展开【三维格式】选项组，设置【顶部棱台】、【深度】、【材料】和【光源】选项。

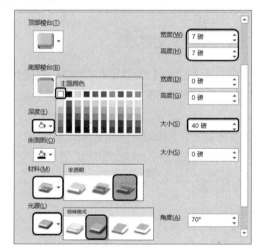

STEP|17 展开【三维旋转】选项组，设置各旋转参数即可。

STEP|18 复制多个矩形形状，调整各形状的显示层次并将形状按顺序进行排列。

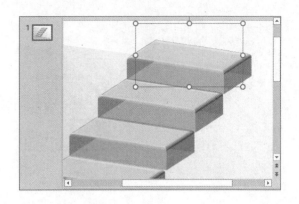

7.3 使用文本框

文本框是一种特殊的形状，其主要作用是输入文本内容，其优点在于它是以形状的样式进行存在，便于移动和操作。

7.3.1 绘制文本框

执行【插入】|【文本】|【文本框】|【横排文本框】或【竖排文本框】命令，此时光标变为"垂直箭头"形状，或"水平箭头"形状时，拖动鼠标在工作表中绘制横排或竖排文本框。

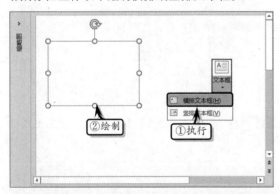

注意

如果执行【横排文本框】命令，在文本框中输入的文字呈横排显示；如果执行【垂直文本框】命令，在文本框中输入的文字呈竖排显示。

另外，执行【插入】|【插图】|【形状】命令，在其级联菜单中选择【文本框】或【垂直文本框】选项，也可以在工作表中绘制文本框。

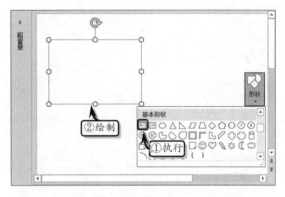

7.3.2 设置文本框属性

在 PowerPoint 中，除了像设置形状那样设置文本框的格式之外，还可以右击文本框，执行【设置形状格式】命令，在弹出窗格中的【文本选项】的【文本框】选项卡中，设置文本框格式。

1．设置文字版式

在【设置形状格式】窗格中，选择【垂直对齐方式】和【文字方向】下拉列表中的一种版式，即可设置文本框中的文字版式。

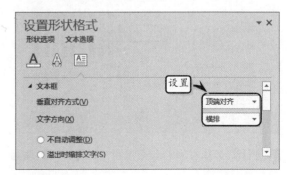

2．设置自动调整功能

用户可以根据文本框内容，在【自动调整】选项组中，设置文本框与内容的显示格式。

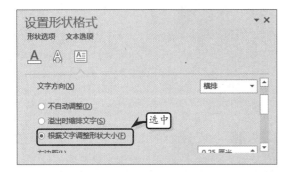

提示

启用【允许文本溢出形状】复选框，当文本框中的文本过长时，其文字会自动溢出文本框。

3．设置边距

用户可以直接在【内部边距】栏中的【左边距】、【右边距】、【上边距】、【下边距】微调框中，设置文本框的内部边距。

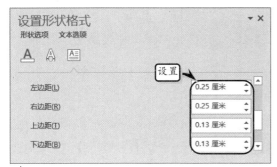

4．设置分栏

用户还可以设置文本框的分栏功能，将文本框中的文本按照栏数和间距进行拆分。此时，在【文本选项】中的【文本框】选项卡中，单击【分栏】按钮，在弹出的对话框中设置数量和间距即可。

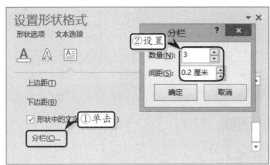

7.3.3　示例：堆积块

文本框与占位符一样，是盛放文本的容器，也是占位符的一种扩展形状，便于移动与操作。在PowerPoint 中，文本框与形状一样，除了可以通过设置内置的形状样式进行美化之外，还可以使用自定义功能，自定义文本框的外观样式。在本示例中，将通过制作一个具有立体效果的堆积块，来详细介绍自定义文本框样式的操作方法。

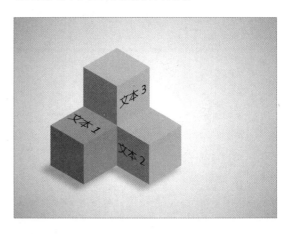

STEP|01 新建空白演示文稿，执行【设计】|【自定义】|【幻灯片大小】|【标准】命令，设置幻灯片的大小。

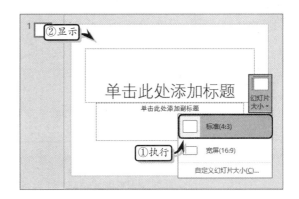

STEP|02 执行【设计】|【自定义】|【设置背景格式】命令。选中【渐变填充】选项，并设置【类型】选项。

STEP|03 保留两个渐变光圈，选择左侧的渐变光圈，将【颜色】设置为"白色，背景 1"。

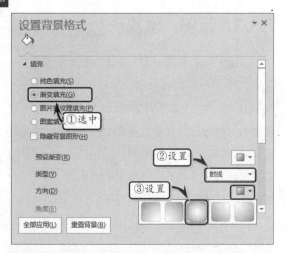

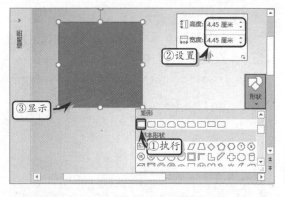

STEP|06 执行【格式】|【形状样式】|【形状填充】|【其他填充颜色】命令，自定义填充颜色。

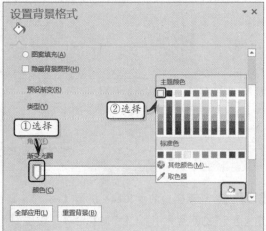

STEP|04 选择右侧的渐变光圈，将【颜色】设置为"白色，背景1，深色35%"。

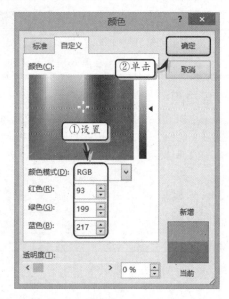

STEP|07 执行【格式】|【形状样式】|【形状轮廓】|【无轮廓】命令，取消形状的轮廓样式。

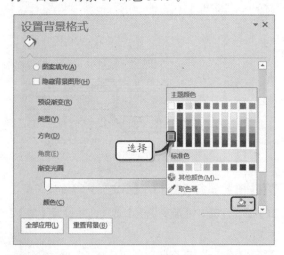

STEP|05 执行【插入】|【插图】|【形状】|【矩形】命令，绘制一个矩形形状并调整形状的大小。

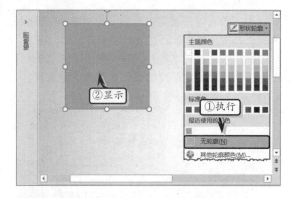

STEP|08 右击形状执行【设置形状格式】命令，激活【效果】选项卡，展开【三维格式】选项组，

将【深度】选项对应的【大小】设置为"130磅"。

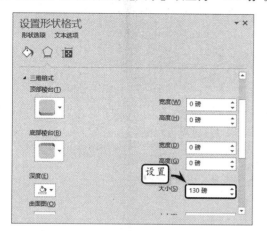

STEP|09 展开【三维旋转】选项组,设置各旋转参数。使用同样方法,制作另外两个矩形形状并调整其位置。

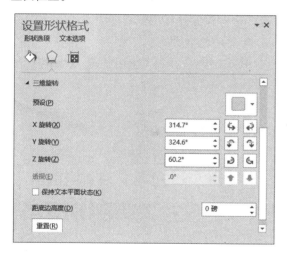

STEP|10 在主标题占位符中输入文本内容,并在【开始】选项卡【字体】选项组中设置其字体格式。使用同样方法,制作其他占位符内容。

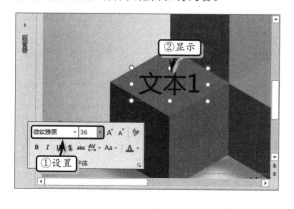

STEP|11 选择"文本 1"占位符,执行【开始】|【段落】|【文字方向】|【所有文字旋转 90°】命令,设置文本方向。

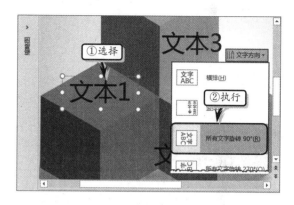

STEP|12 调整占位符大小,执行【格式】|【艺术字样式】|【文本效果】|【三维旋转】|【等长顶部朝上】命令,设置三维旋转效果。

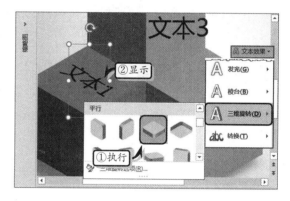

STEP|13 旋转"文本 2"占位符,执行【格式】|【艺术字样式】|【文本效果】|【三维旋转】|【等轴左下】命令,设置三维旋转效果。

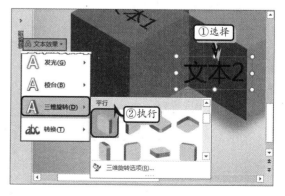

STEP|14 旋转"文本 3"占位符，执行【格式】|【艺术字样式】|【文本效果】|【三维旋转】|【等轴右上】命令，设置三维旋转效果。

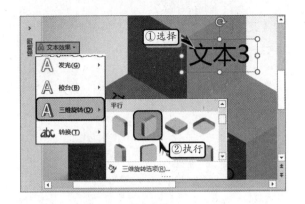

7.4 使用艺术字

艺术字是一个文字样式库，可以将艺术字添加到文档中以制作出装饰性效果。

7.4.1 插入艺术字

执行【插入】|【文本】|【艺术字】命令，在其列表中选择相应的选项，即可插入相应样式的艺术字。

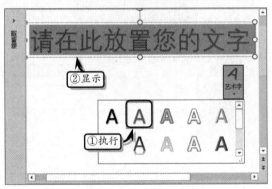

此时，系统默认为选择所有的艺术字文本，输入相应的文本并在【开始】选项卡【字体】选项组中设置其字体格式即可。

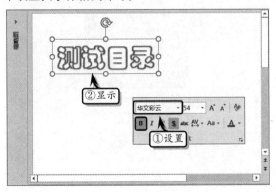

7.4.2 设置填充颜色

为了使艺术字更加美观，用户还需要像设置图片效果那样设置艺术字的填充色。

1. 设置纯色填充

选择艺术字，执行【绘图工具】|【格式】|【艺术字样式】|【文本填充】命令，在列表中选择一种色块即可。

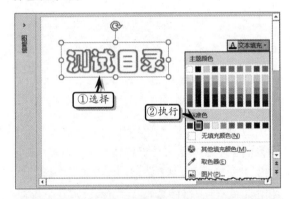

> **注意**
>
> 选择艺术字，在【字体】选项组中或在【浮动工具栏】上，执行【字体颜色】命令中相应的选项，即可设置艺术字的填充颜色。

2. 设置图片填充

执行【艺术字样式】|【文本填充】|【图片】命令，并在弹出的【插入图片】对话框中选择【来自文件】选项。

然后，在弹出的【插入图片】对话框中，选择需要插入的图片文件，单击【插入】按钮即可。

3．设置渐变填充

执行【艺术字样式】|【文本填充】|【渐变】命令，在其级联菜单中选择相应的选项即可。

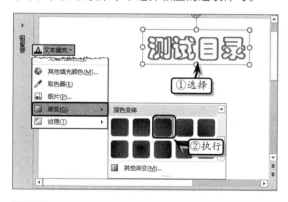

注意

执行【文本填充】|【纹理】命令，在其级联菜单中选择纹理样式，设置艺术字的纹理填充效果。

7.4.3　设置轮廓颜色

在 PowerPoint 中，除了可以设置艺术字的填充颜色之外，用户还可以像设置普通字体那样，设置艺术字的轮廓样式。

执行【格式】|【艺术字样式】|【文本轮廓】命令，在其列表选择一色块即可。

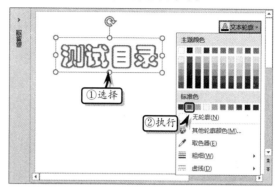

另外，执行【文本轮廓】命令，在其列表中选择【粗细】与【虚线】选项，分别为其设置线条粗细与虚线样式。

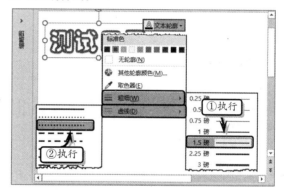

7.4.4　设置文本效果

除了可以对艺术字的文本与轮廓填充颜色之外，用户还可以为文本添加阴影、发光、映像等外观效果。

1．设置阴影效果

执行【艺术字样式】|【文本效果】|【阴影】命令，在其级联菜单中选择相应的选项即可。

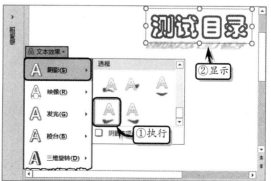

> **注意**
>
> 可通过执行【阴影】|【阴影选项】命令，在弹出的【设置文本效果格式】任务窗格中，设置阴影效果。

> **注意**
>
> 用户可使用同样的方法，分别设置发光、棱台、三维旋转等文本效果。

2．设置映像效果

执行【艺术字样式】|【文本效果】|【映像】命令，在其级联菜单中选择相应的选项。

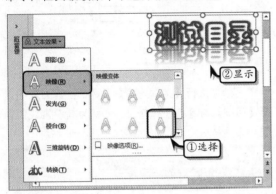

> **知识链接7-2** 文本转换为艺术字
>
> 在设计幻灯片的过程中，往往会对某部分的设计进行不断的修改。在对幻灯片进行修改过程中，会遇到将以制作的文本转换为艺术字的问题。如果删除原有文本，运用插入艺术字功能重新制作艺术字，不仅浪费用户的工作时间，而且操作起来也比较麻烦。此时，用户可以通过将文本转换为艺术字的方法，来解决这一问题。

7.5 练习：PPT 培训教程之二

逻辑思维、文化底蕴、图解思想和美化生活是成功制作 PPT 的四要素，而逻辑思维则是四要素中的首要要素，也是成功制作 PPT 的重要要素。在本练习中，将运用 PowerPoint 中的插入图片、绘制形状和美化形状等基础功能，详细介绍制作成功 PPT 四要素中的逻辑思维要素的操作方法和技巧。

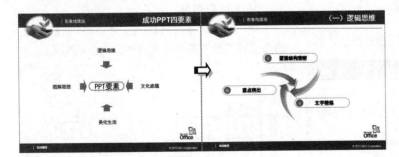

操作步骤 》》》》

STEP|01 新建幻灯片。执行【开始】|【幻灯片】|【新建幻灯片】|【自定义设计方案】|【仅标题】

命令，新建幻灯片。

STEP|02 执行【开始】|【幻灯片】|【新建幻灯片】|【自定义设计方案】|【空白】命令，新建 5 张空

白幻灯片。

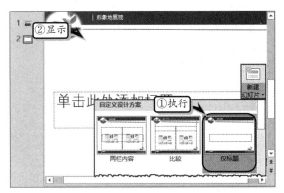

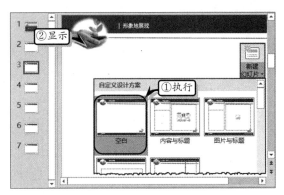

STEP|03 制作幻灯片标题。选择第 2 张幻灯片，在标题文本框中输入标题文本，并在【开始】选项卡【字体】选项组中设置文本的字体格式。

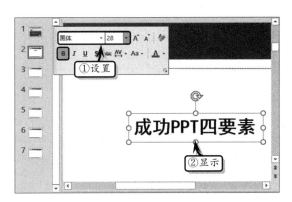

STEP|04 执行【字体颜色】|【白色，背景 1】命令，并调整占位符的位置。

STEP|05 制作四要素文本。复制标题文本占位符，选择占位符，执行【开始】|【字体】|【字体颜色】|【其他颜色】命令，自定义字体颜色。

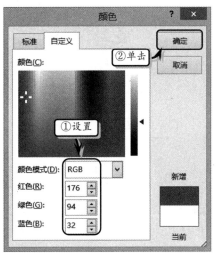

STEP|06 更改文本内容，并设置其字体格式。使用同样方法，制作其他四要素文本。

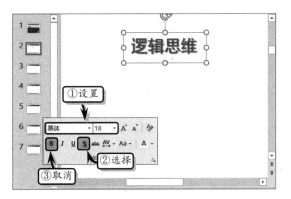

STEP|07 制作箭头形状。执行【插入】|【插图】|【形状】|【下箭头】命令，在幻灯片中绘制一个下箭头。

STEP|08 拖动形状中黄色的控制点调整形状箭头的大小，同时调整形状的整体大小。

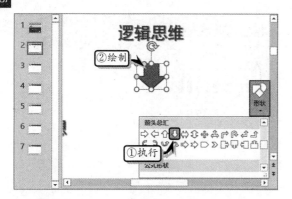

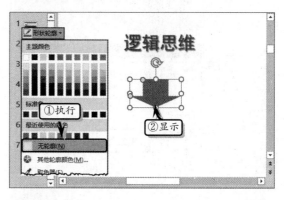

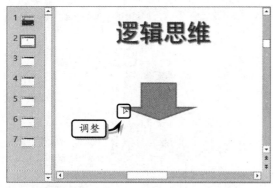

STEP|11 制作八边形形状。执行【插入】|【插图】|【形状】|【八边形】命令，在幻灯片中绘制一个八边形形状。

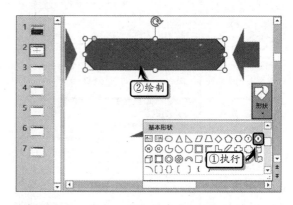

STEP|09 选择箭头形状，执行【绘图工具】|【形状样式】|【形状填充】|【其他填充颜色】命令，自定义填充颜色。

STEP|12 执行【绘图工具】|【形状样式】|【形状填充】|【无填充颜色】命令，设置填充颜色。

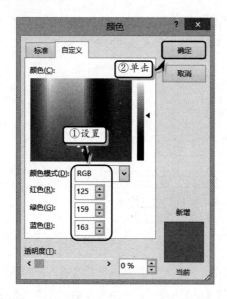

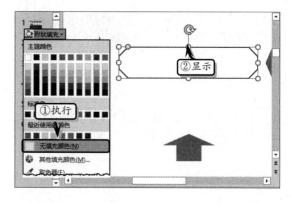

STEP|10 执行【形状样式】|【形状轮廓】|【无轮廓】命令，设置其轮廓样式。使用同样方法，制作其他箭头形状。

STEP|13 执行【绘图工具】|【形状样式】|【形状轮廓】|【其他轮廓颜色】命令，自定义轮廓颜色。

STEP|14 右击形状执行【设置形状格式】命令，展开【线条】选项组，将【宽度】设置为"1.75磅"。

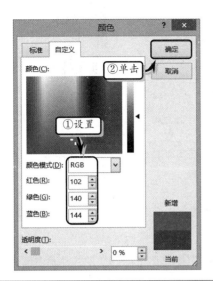

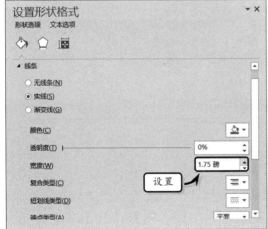

STEP|15 插入文本框。执行【插入】|【文本】|【文本框】|【横排文本框】命令，绘制文本框并输入文本内容。

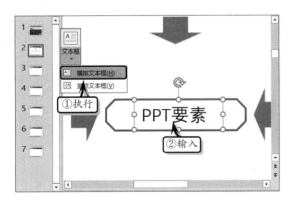

STEP|16 选择文本，执行【绘图工具】|【艺术字样式】|【快速样式】|【渐变填充-蓝色，主题色 5,

映像】命令，将文本更改为艺术字样式。

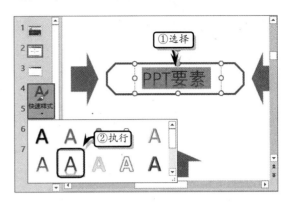

STEP|17 在【开始】选项卡【字体】选项组中，设置艺术字的字体格式。

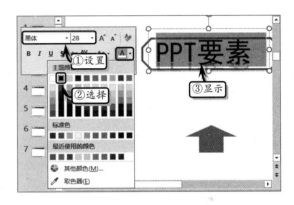

STEP|18 同时选择最上方的文本和箭头形状，右击执行【组合】|【组合】命令，组合文本和箭头形状。使用同样方法，组合其他文本和箭头形状。

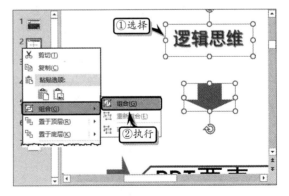

STEP|19 添加动画效果。选择文本框，执行【动画】|【动画】|【动画样式】|【进入】|【淡出】命令，并设置【开始】和【持续时间】选项。

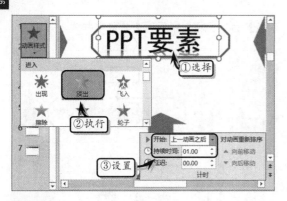

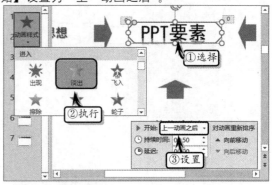

STEP|20 选择左侧的组合形状，执行【动画】|【动画】|【动画样式】|【更多进入效果】命令，在弹出的【更改进入效果】对话框中选择【切入】选项，并单击【确定】按钮。

STEP|23 制作"逻辑思维"幻灯片。选择第 3 张幻灯片，复制第 2 张幻灯片中的标题占位符，并修改占位符文本。

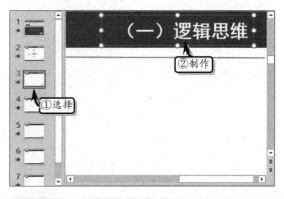

STEP|21 执行【效果选项】|【方向】|【自左侧】命令，并设置【开始】和【持续时间】选项。使用同样方法，添加其他组合形状的动画效果。

STEP|24 执行【插入】|【图像】|【图片】命令，选择图片文件，单击【插入】按钮，插入并调整图片。

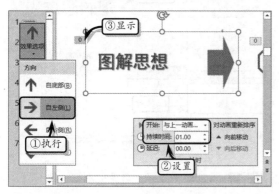

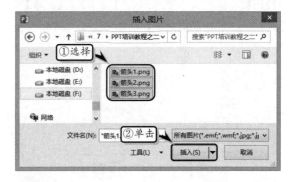

STEP|22 选择八角形状，执行【动画】|【动画】|【动画样式】|【进入】|【淡出】命令，并将【开

STEP|25 制作组合形状。执行【插入】|【插图】|【形状】|【椭圆】命令，在幻灯片中绘制一个椭圆形状。

STEP|26 在【绘图工具】上选项卡【格式】选项卡中的【大小】选项组中，设置椭圆形状的大小。

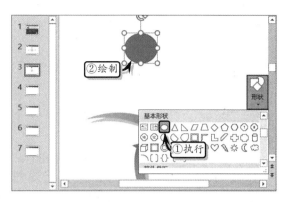

STEP|27 选择椭圆形状，执行【绘图工具】|【格式】|【形状样式】|【形状填充】|【其他填充颜色】命令，自定义形状的填充颜色。

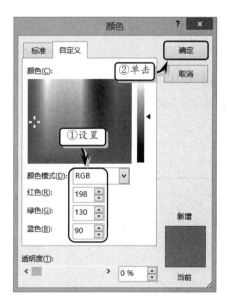

STEP|28 执行【形状样式】|【形状轮廓】|【无轮廓】命令，取消轮廓颜色。

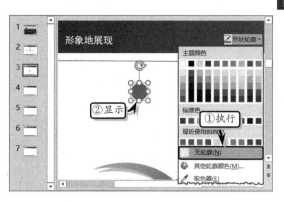

STEP|29 右击椭圆形状执行【编辑文字】命令，输入大写字母"I"。

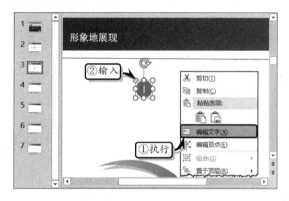

STEP|30 右击形状执行【设置形状格式】命令，在【设置形状格式】对话框中，激活【文本选项】中的【文本框】选项卡，禁用【形状中的文字自动换行】复选框。

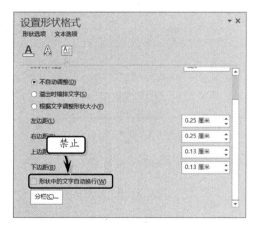

STEP|31 执行【插入】|【插图】|【形状】|【圆角矩形形状】命令，绘制一个圆角矩形形状并调整其大小。

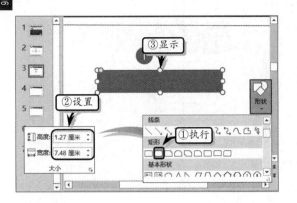

STEP|32 执行【绘图工具】|【格式】|【形状样式】|【形状填充】|【无填充颜色】命令，设置其填充效果。

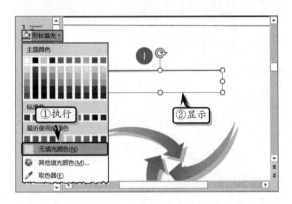

STEP|33 执行【绘图工具】|【格式】|【形状样式】|【形状轮廓】|【其他轮廓颜色】命令，自定义轮廓颜色。

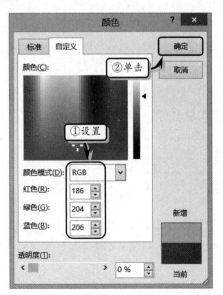

STEP|34 执行【形状轮廓】|【粗细】|【2.25 磅】命令，设置轮廓线条的粗细度。

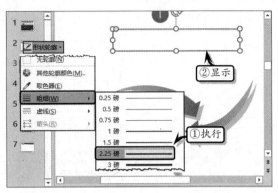

STEP|35 执行【插入】|【文本】|【艺术字】|【渐变填充-蓝色，主题色 5，映像】命令，插入艺术字。

STEP|36 在【开始】选项卡【字体】选项组中，设置艺术字的字体格式。

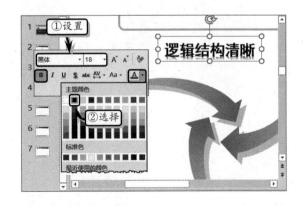

STEP|37 调整圆角矩形的弧度，同时将椭圆形状和艺术字放置在圆角矩形形状中。

STEP|38 组合形状。同时选择艺术字、圆角矩形形状和椭圆形状，执行【绘图工具】|【格式】|【排列】|【组合】|【组合】命令，组合所选形状。使用同样方法，制作其他组合形状。

STEP|39 添加动画效果。选择上方的箭头图片，执行【动画】|【动画】|【动画样式】|【进入】|【擦除】命令，同时执行【效果选项】|【方向】|【自左侧】命令。

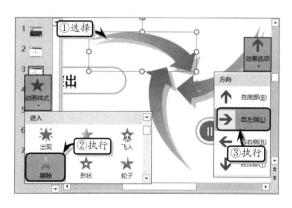

STEP|40 在【计时】选项组中，将【开始】设置为"上一动画之后"。

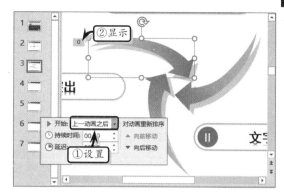

STEP|41 选择上方的组合形状，执行【动画】|【动画】|【动画样式】|【更多进入效果】命令，在弹出的【更改进入效果】对话框中选择【切入】选项，并单击【确定】按钮。

STEP|42 在【计时】选项组中，将【开始】设置为"上一动画之后"。使用同样方法，分别为其他对象添加动画效果。

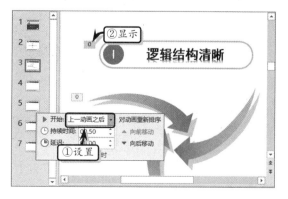

7.6 练习：语文课件之四

在讲解一篇语文课文时，教师需要重点介绍本篇课文的写作特点，以帮助学生完全掌握本篇课文的写作要点。除此之外，在课文讲解的最终阶段，还需要对全文进行总结，以归纳课文的中心与重点。在本练习中，将运用 PowerPoint 中的基本功能，制作语文课件中最后的"写作特点"与"总结全文"内容。

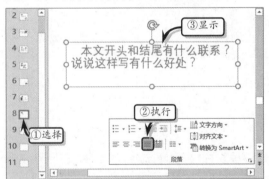

操作步骤 >>>>

STEP|01 制作"写作特点"幻灯片。选择第 8 张幻灯片，复制艺术字并修改艺术字文本。在占位符中输入文本内容，并设置文本的对齐格式。

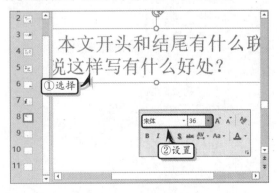

STEP|02 选择所有的文本，在【开始】选项卡【字体】选项组中设置文本的字体与字号格式。

STEP|03 执行【字体】|【字体颜色】|【其他颜色】命令，在【标准】选项卡中选择一种色块。

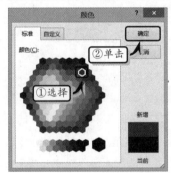

STEP|04 复制占位符，修改占位符中的文本。同时，选择占位符，执行【字体】|【字体颜色】|【其他颜色】命令，自定义字体颜色。

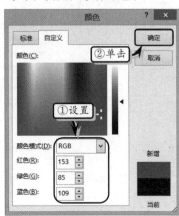

STEP|05 执行【插入】|【图像】|【图片】命令，选择图片文件，单击【插入】按钮，为幻灯片添加图片。

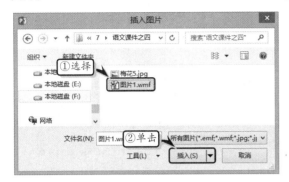

STEP|06 制作"总结全文"幻灯片。选择第 9 张幻灯片，执行【插入】|【图像】命令，选择图片文件，单击【插入】按钮。

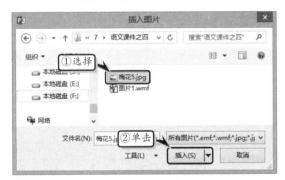

STEP|07 调整图片的大小，执行【格式】|【调整】|【颜色】|【褐色】命令，设置图片的颜色。

STEP|08 执行【插入】|【文本】|【艺术字】|【填充-白色，轮廓-主题色 5，阴影】命令，输入文本并设置文本的字体格式。

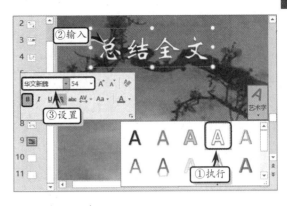

STEP|09 选择艺术字，执行【格式】|【艺术字样式】|【文本轮廓】|【白色，背景 1】命令，设置艺术字的轮廓颜色。

STEP|10 执行【格式】|【艺术字样式】|【文本效果】|【转换】|【正方形】命令，应用文本效果并调整艺术字宽度。

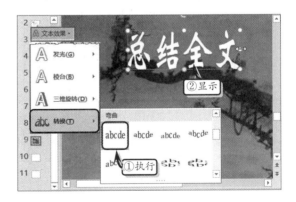

STEP|11 在占位符中输入文本内容，选择第 1 行中的所有文本，执行【开始】|【字体】|【文字阴影】命令，设置字体效果。

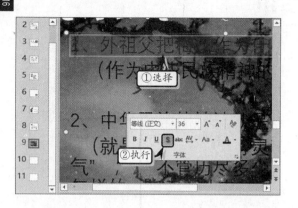

STEP|12 执行【字体】|【字体颜色】|【黄色】命令，设置文本的字体颜色。

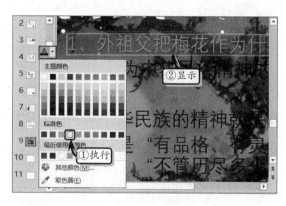

STEP|13 选择第 2 行的所有文字，执行【文字阴影】命令，同时执行【字体颜色】|【其他颜色】命令。

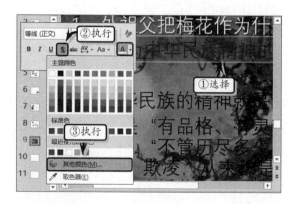

STEP|14 在弹出的【颜色】对话框中，激活【标准】选项卡，选择一种色块即可。使用同样方法，制作其他文本内容。

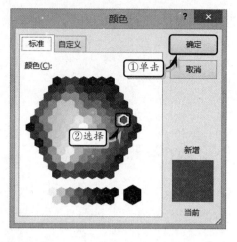

STEP|15 添加动画效果。选择第 8 张幻灯片，同时选择艺术字与图片，执行【动画】|【动画】|【动画样式】|【进入】|【淡出】命令，并将【开始】设置为"上一动画之后"。

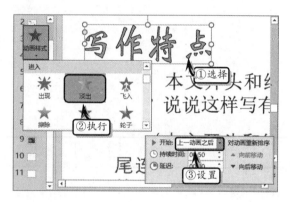

STEP|16 选择第 1 个占位符，执行【动画】|【动画】|【动画样式】|【飞入】命令，同时执行【效果选项】|【方向】|【自右上部】命令。

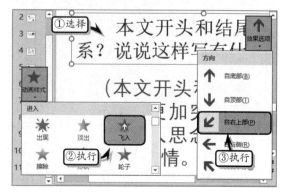

STEP|17 选择第 2 个占位符，执行【动画】|【动画】|【动画样式】|【其他】|【更多进入效果】命令，在弹出的【更改进入效果】对话框中选择【浮动】选项。

STEP|18 选择第 9 张幻灯片中的艺术字，执行【动画】|【动画】|【动画样式】|【浮入】命令，并执行【效果选项】|【下浮】命令。

STEP|19 选择占位符中的第 1 行文本，执行【动画】|【动画】|【动画样式】|【进入】|【弹跳】命令，为其添加动画效果。

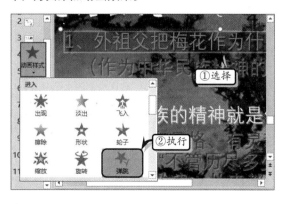

STEP|20 选择占位符中的第 2 行文本，执行【动画】|【动画】|【动画样式】|【进入】|【飞入】命令，同时执行【效果选项】|【方向】|【自右侧】命令。采用同样方法，为最后 3 行文本添加动画效果。

STEP|21 选择第 10 张幻灯片，并选择占位符中的前两行文本，执行【动画】|【动画】|【动画样式】|【其他】|【更多进入效果】命令，在弹出的【更改进入效果】对话框中选择【切入】选项。

STEP|22 单击幻灯片中第 2 行文本前面的动画序列号，在【计时】选项组中，将【开始】设置为"与上一动画同时"。

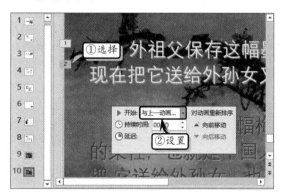

STEP|23 选择第 3 行中的文本，执行【动画】|【动画】|【动画样式】|【进入】|【旋转】命令，为其添加动画效果。使用同样方法，分别设置剩余文本的动画效果。

7.7 新手训练营

练习 1：立体心形形状

downloads\7\新手训练营\立体心形

提示：本练习中，主要使用 PowerPoint 中的插入形状、设置形状样式、设置形状效果、设置形状格式等常用功能。

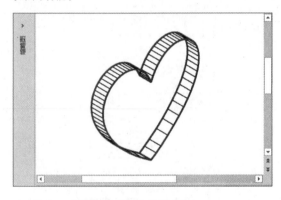

其中，主要制作步骤如下所述。

（1）执行【插入】|【插图】|【形状】|【心形】命令，在文档中插入一个心形形状。

（2）执行【格式】|【形状样式】|【其他】|【强烈效果-红色，强调颜色 2】命令，设置形状的样式。

（3）执行【形状样式】|【形状效果】|【三维旋转】|【等轴右上】命令，设置形状的三维旋转效果。

（4）取消填充颜色，右击形状执行【设置形状格式】命令，设置形状的三维效果参数。

练习 2：贝塞尔曲线

downloads\7\新手训练营\贝塞尔曲线

提示：本练习中，主要使用 PowerPoint 中的插入形状、调整形状大小、编辑形状定点等常用功能。

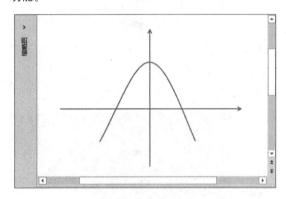

其中，主要制作步骤如下所述。

（1）执行【插入】|【插图】|【形状】|【箭头】命令，分别绘制一条水平和垂直箭头形状，并调整形状的大小和位置。

（2）执行【插入】|【插图】|【形状】|【曲线】命令，在箭头形状上方绘制一个曲线形状。

（3）右击曲线形状执行【编辑顶点】命令，调整顶点的位置，同时调整顶点附近线段的弧度。

练习 3：立体圆形

downloads\7\新手训练营\立体圆形

提示：本练习中，主要使用 PowerPoint 中的插入形状、设置形状样式、设置形状效果、设置形状格式等常用功能。

其中，主要制作步骤如下所述。

（1）执行【插入】|【插图】|【形状】|【椭圆】命令，绘制椭圆形形状并设置形状的大小。

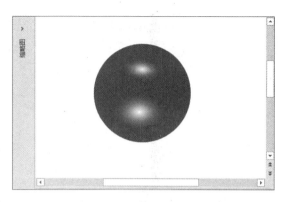

（2）执行【绘图工具】|【格式】|【形状样式】|
【形状填充】和【形状轮廓】命令，设置形状的填充
颜色和轮廓颜色。

（3）在幻灯片中绘制两个小椭圆形形状，并设置
形状的大小。

（4）右击小椭圆形形状，执行【设置形状格式】
命令，选中【渐变填充】选项，设置形状的渐变填充
效果。

练习 4：竹条形

downloads\7\新手训练营\竹条形

提示：本练习中，主要使用 PowerPoint 中的插

入形状、设置形状格式、复制形状等常用功能。

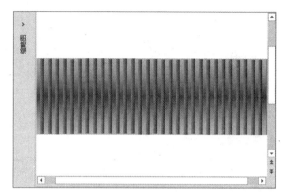

其中，主要制作步骤如下所述。

（1）执行【插入】|【插图】|【形状】|【矩形】
命令，插入一个矩形形状。

（2）右击形状执行【设置形状格式】命令，选中
【渐变填充】选项，并设置其渐变填充颜色。

（3）再次在幻灯片中绘制一个小矩形形状，并设
置小矩形形状的渐变填充效果。

（4）复制多个小矩形形状，并横向对齐形状。

第 8 章

使用 SmartArt 图形

在表现演示文稿中若干元素之间的逻辑结构关系时，用户可以使用 SmartArt 图形功能，以各种几何图形的位置关系来显示这些文本，从而使演示文稿更加美观和生动。PowerPoint 为用户提供了多种类型的 SmartArt 预设，并允许用户自由地调用。在本章中，将向用户详细介绍 SmartArt 图形创建、编辑和美化的操作方法和技巧，以让用户了解并掌握这一特定功能。

8.1 创建 SmartArt 图形

SmartArt 图形本质上是 PowerPoint 组件内置的一些形状图形的集合,比文本更有利于用户的理解和记忆,从而使演示文稿更加美观和生动。

8.1.1 SmartArt 图形的布局技巧

PowerPoint 2016 中对 SmartArt 图形功能进行了一些改进,允许用户创建的 SmartArt 类型主要包括以下 8 种。

类 别	说 明
列表	显示无序信息
流程	在流程或时间线中显示步骤
循环	显示连续而可重复的流程
层次结构	显示树状列表关系
关系	对连接进行图解
矩阵	以矩形阵列的方式显示并列的 4 种元素
棱锥图	以金字塔的结构显示元素之间的比例关系
图片	允许用户为 SmartArt 插入图片背景

在使用 SmartArt 显示内容时,用户需要根据其中各元素的实际关系,以及需要传达的信息的重要程度,来决定使用何种 SmartArt 布局。

1. 信息数量

决定使用 SmartArt 图形布局的最主要因素之一就是需要显示的信息数量。通常某些特定的 SmartArt 图形的类型适合显示特定数量的信息。例如,在"矩阵"类型中,适合显示由 4 种信息组成的 SmartArt 图形,而"循环"结构则适合显示超过 3 组,且不多于 8 组的图形。

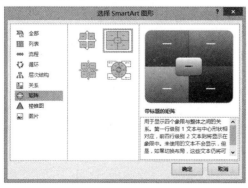

2. 信息的文本字数

信息的文本字数也可以决定用户应选择哪种 SmartArt 图形。对于每条信息字数较少的图形,用户可选择"齿轮""射线群集"等类型的 SmartArt 图形布局。

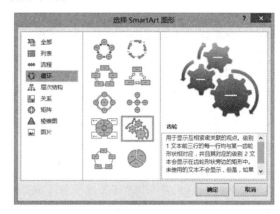

而对于文本字数较多的信息,用户可考虑选择一些面积较大的 SmartArt 图形,防止 SmartArt 图形的自动缩放文本功能将文本内容缩小,使用户难于识别。

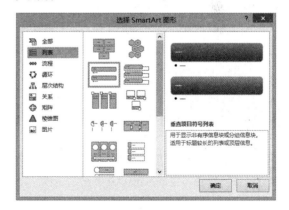

3. 信息的逻辑关系

决定所使用 SmartArt 图形布局的因素还包括这些信息之间的逻辑关系。例如,当这些信息之间为并列关系时,用户可选择"列表""矩阵"类别的 SmartArt 图形。而当这些信息之间有明显的递进关系时,则应选择"流程"或"循环"类别。

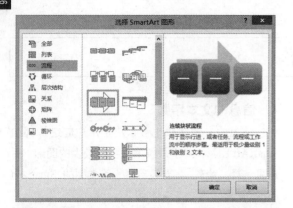

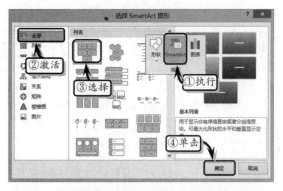

8.1.2 插入 SmartArt 图形

在 PowerPoint 中，用户可以通过多种方式创建 SmartArt 图形，包括直接插入 SmartArt 图形以及从占位符中创建 SmartArt 图形等。

1．直接创建

直接创建是使用 PowerPoint 中的命令，来创建 SmartArt 图形。执行【插入】|【插图】|SmartArt 命令，在弹出的【选择 SmartArt 图形】对话框中，选择图形类型，单击【确定】按钮，即可在幻灯片中插入 SmartArt 图形。

2．占位符创建

在包含"内容"版式的幻灯片中，单击占位符中的【插入 SmartArt 图形】按钮。然后，在弹出的【选择 SmartArt 图形】对话框中，选择相应的图形类型，单击【确定】按钮即可。

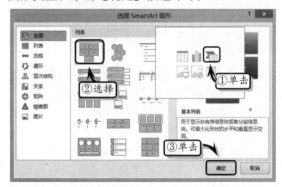

8.2 编辑 SmartArt 图形

为幻灯片添加完 SmartArt 图形之后，还需要对图形进行编辑，完成 SmartArt 图形的制作。

8.2.1 设置形状文本

为工作表添加完 SmartArt 图形之后，还需要为图形添加文本，以表达图形的具体含义。

1．输入文本

创建 SmartArt 图形之后，单击图形形状中的"文本"文本框，即可在形状中输入相应的文字。

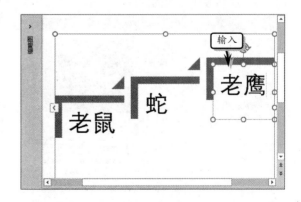

选择图形，直接单击形状内部或按两次 Enter 键，当光标定位于形状中时，输入文字即可。

另外，选择形状后，执行【SmartArt 工具】|【设计】|【创建图形】|【文本窗格】命令，在弹出的【文本】窗格中输入相应的文字。

选择图形，单击图形左侧的【文本窗格】按钮◀，在展开的【文本】窗格中输入文本。

2．添加项目符号

将光标定位于形状中或放置于形状中的文本前，执行【SmartArt 工具】|【设计】|【创建图形】|【添加项目符号】命令，并在项目符号后输入文字。

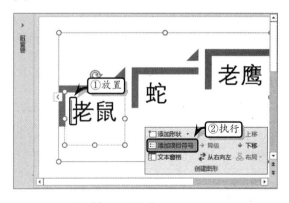

8.2.2　调整图形大小

在 PowerPoint 中，既可以调整 SmartArt 图形的大小，又可以调整 SmartArt 图形中单个形状的大小。

1．调整 SmartArt 图形大小

选择 SmartArt 图形，将鼠标移至图形周围的控制点上，当鼠标变成双向箭头时，拖动鼠标即可调整图形的大小。另外，在【格式】选项卡【大小】选项组中，设置【高度】和【宽度】的数值，即可更改形状的大小。

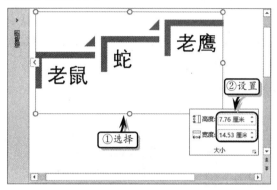

除此之外，右击 SmartArt 图形执行【大小和位置】命令，在弹出的【设置形状格式】窗格中的【大小】选项组中，设置【高度】与【宽度】值。

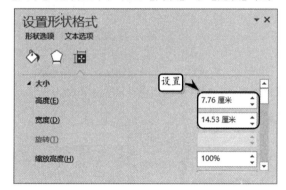

2．调整图形中单个大小

选择 SmartArt 图形中的单个形状，执行【SmartArt 工具】|【格式】|【形状】|【减小】或【增大】命令即可。

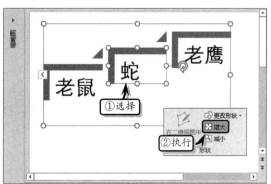

8.2.3　设置图形形状

创建 SmartArt 图形之后，可通过为其添加形状、设置形状级别，以及更改形状外观等方法，来调整 SmartArt 图形，以满足设计需求。

1．添加形状

选择图形，执行【SmartArt 工具】|【设计】|【创建图形】|【添加形状】命令，在其级联菜单中选择相应的选项，即可为图像添加相应的形状。

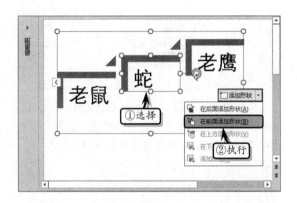

另外，选择图形中的某个形状，右击形状执行【添加形状】命令中的相应选项，即可为图形添加相应的形状。

2．设置级别

选择形状，执行【SmartArt 工具】|【设计】|【创建图形】|【降级】或【升级】命令，即可减小所选形状级别。

3．更改图形形状

选择 SmartArt 图形中的某个形状，执行

【SmartArt 工具】|【格式】|【形状】|【更改形状】命令，在其级联菜单中选择相应的形状。

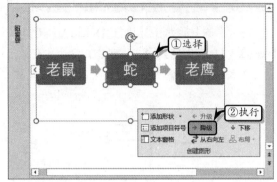

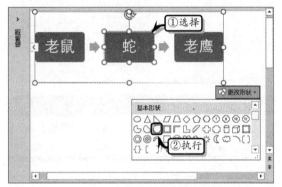

4．将 SmartArt 图形转换为形状或文本

选择 SmartArt 图形，执行【SmartArt 工具】|【设计】|【重置】|【转换】|【转换为形状】命令，即可将 SmartArt 图形转换为形状。

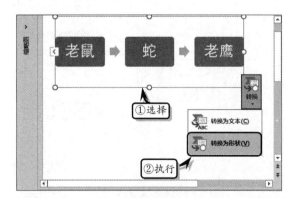

> **提示**
>
> 选择 SmartArt 图形，右击执行【转换为形状】命令，即可将图形转换为形状。

PowerPoint	知识链接8-1	转换为文本

　　PowerPoint 还为用户提供了将 SmartArt 图形转换为文本的功能。通过该功能，可以根据设计需求将已设计的 SmartArt 图形转换为普通的文本，以便于对齐进行进一步的操作。

8.2.4　示例：组织结构图

　　组织结构图用于显示组织中的分层信息或上下级关系，适用于罗列公司职务结构或产品隶属关系等。在本示例中，将通过制作一个简单且带动画效果的职务组织结构图，来详细介绍使用 PowerPoint 制作组织结构图的操作方法。

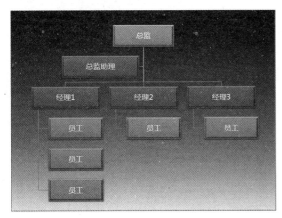

STEP|01 新建空白演示文稿，执行【设计】|【自定义】|【幻灯片大小】|【标准】命令，设置幻灯片的大小。

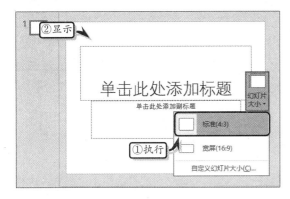

STEP|02 删除所有占位符，执行【设计】|【自定义】|【设置背景格式】命令，选中【渐变填充】选项，设置【类型】和【角度】选项。

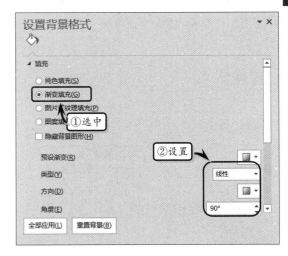

STEP|03 保留 3 个渐变光圈，选择最左侧的渐变光圈，将【颜色】设置为"黑色，文字 1"。

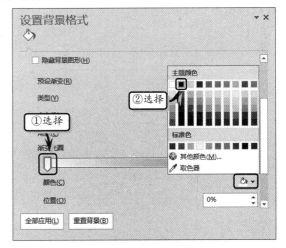

STEP|04 选择中间的渐变光圈，将【位置】设置为"32%"，将【颜色】设置为"蓝色，个性 1，深色 50%"。

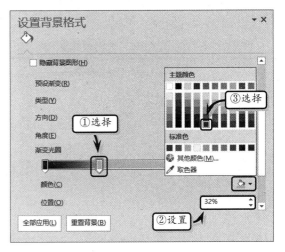

STEP|05 选择最右侧的渐变光圈，将【颜色】设置为"蓝色，个性 1，淡色 80%"。

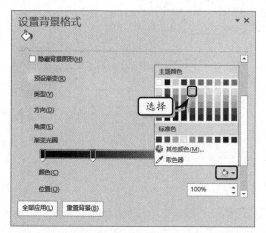

STEP|06 执行【插入】|【插图】|SmartArt 命令，选择【层次结构】选项卡，同时选择【组织结构图】选项，并单击【确定】按钮。

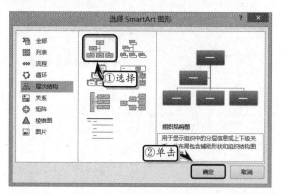

STEP|07 选择 SmartArt 图形中第 3 排中第 1 个形状，执行【设计】|【创建图形】|【添加形状】|【在下方添加】命令，添加一个形状。

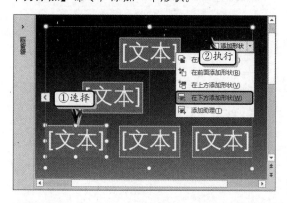

STEP|08 使用同样方法分别添加其他形状，并在

SmartArt 图形中输入组织结构图的内容文本。

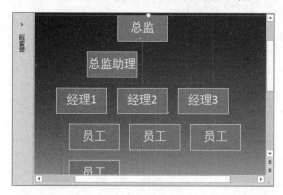

STEP|09 选择 SmartArt 图形中的第 1 个形状，在【格式】选项卡【大小】选项组中，设置形状的大小。

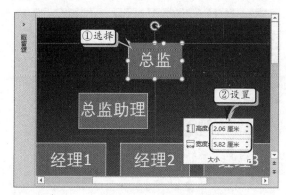

STEP|10 选择 SmartArt 图形，在【开始】选项卡【字体】选项组中，设置文本的字体格式。

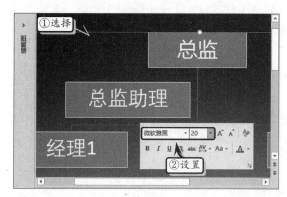

STEP|11 选择 SmartArt 图形中第 1 个形状，执行【格式】|【形状样式】|【其他】|【强烈效果-绿色，强调颜色 6】命令，设置形状样式。使用同样方法，设置其他形状的样式。

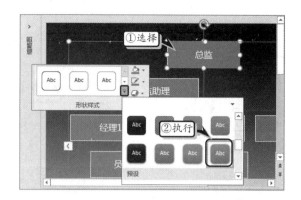

STEP|12 选择上面前 3 排形状中间的连接线，执行【格式】|【形状样式】|【其他】|【粗线-强调颜色 6】命令。使用同样方法，设置其他连接线样式。

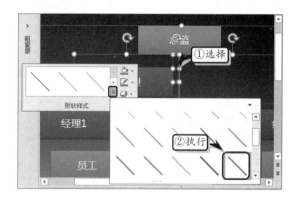

STEP|13 选择 SmartArt 图形，执行【格式】|【形状样式】|【形状效果】|【棱台】|【凸起】命令，设置图形的形状效果。

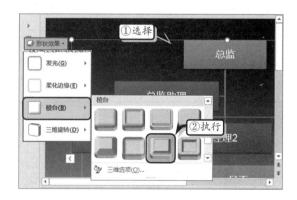

STEP|14 选择 SmartArt 图形，执行【动画】|【动画】|【动画样式】|【更多进入效果】命令，在弹出的【更改进入效果】对话框中选择【切入】选项，并单击【确定】按钮。

STEP|15 执行【动画】|【动画】|【效果选项】|【序列】|【逐个级别】命令，设置动画的效果。

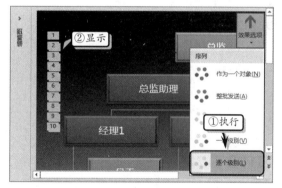

STEP|16 执行【动画】|【高级动画】|【动画窗格】命令，打开【动画窗格】任务窗格，展开所有动画效果。

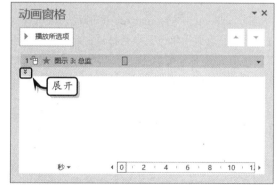

STEP|17 选择第 1 个动画，在【计时】选项组中，将【开始】设置为"与上一动画同时"。

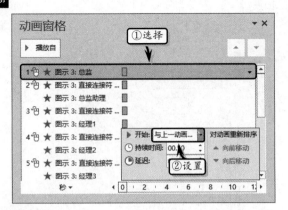

STEP|18 选择第 2 个动画,执行【动画】|【动画】|【动画样式】|【进入】|【淡出】命令,更改动画效果。

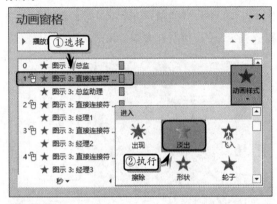

STEP|19 选择第 3 个动画,执行【动画】|【动画】|【效果选项】|【方向】|【自右侧】命令,设置动

画效果。

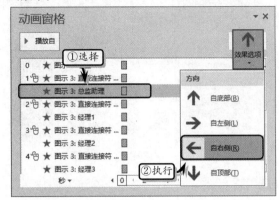

STEP|20 选择第 3 个动画,执行【动画】|【动画】|【动画样式】|【进入】|【淡出】命令,更改动画效果。使用同样方法,设置其他动画。

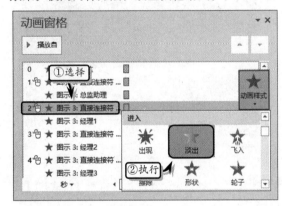

8.3 美化 SmartArt 图形

PowerPoint 中的 SmartArt 图形是以默认样式进行显示,既显得单一又显得枯燥。此时,用户可以使用内置的 SmartArt 图形布局和样式,以及格式设置等功能,通过更改图形的外观来美化 SmartArt 图形。

8.3.1 设置布局和样式

在 PowerPoint 中,为了美化 SmartArt 图形,还需要设置 SmartArt 图形的整体布局、单个形状的布局和整体样式。

1. 设置整体布局

选择 SmartArt 图形,执行【SmartArt 工具】|

【设计】|【版式】|【更改布局】命令,在其级联菜单中选择相应的布局样式即可

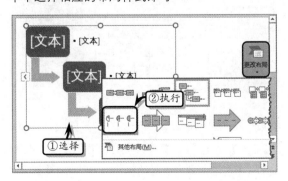

另外,执行【更改布局】|【其他布局】命令,

在弹出的【选择 SmartArt 图形】对话框中，选择相应的选项，即可设置图形的布局。

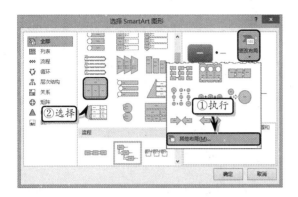

2．设置单个形状的布局

选择图形中的某个形状，执行【SmartArt 工具】|【设计】|【创建图形】|【布局】命令，在其下拉列表中选择相应的选项，即可设置形状的布局。

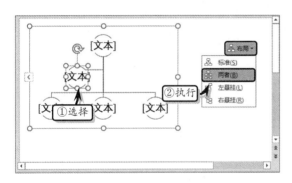

3．设置图形样式

执行【SmartArt 工具】|【设计】|【SmartArt 样式】|【快速样式】命令，在其级联菜单中选择相应的样式，即可为图像应用新的样式。

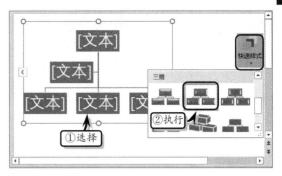

同时，执行【SmartArt 样式】|【设计】|【更改颜色】命令，在其级联菜单中选择相应的选项，即可为图形应用新的颜色。

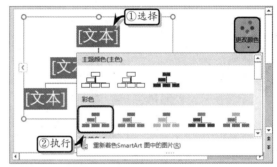

8.3.2　设置图形格式

在 PowerPoint 中，可通过设置 SmartArt 图形的填充颜色、形状效果、轮廓样式等方法，来增加 SmartArt 图形的可视化效果。

1．设置艺术字样式

选择 SmartArt 图形，执行【格式】|【艺术字样式】|【快速样式】命令，在其级联菜单中选择相应的样式，即可将形状中的文本更改为艺术字。

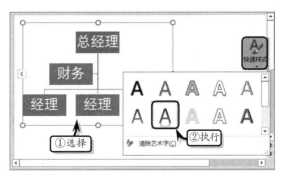

提示

SmartArt 形状中的艺术字样式的设置方法与直接在幻灯片中插入的艺术字设置方法相同。

2．设置形状样式

选择 SmartArt 图形中的某个形状，执行【SmartArt 工具】|【格式】|【形状样式】|【其他】命令，在其级联菜单中选择相应的形状样式。

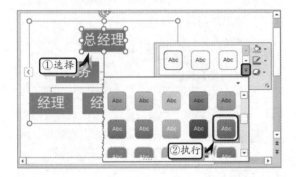

3．自定义形状效果

选择 SmartArt 图形中的某个形状，执行【SmartArt 工具】|【格式】|【形状样式】|【形状效果】|【棱台】命令，在其级联菜单中选择相应的形状样式。

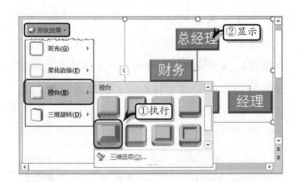

注意

用户还可以执行【格式】|【形状样式】|【形状填充】命令或【形状轮廓】命令，自定义形状的填充和轮廓格式。

知识链接8-2 隐藏形状

在设计幻灯片内容时，往往需要在同张幻灯片中放置多个 SmartArt 图形，以观察其最终效果或为其添加动画显示不同的浮现顺序。而当用户根据设计对某个 SmartArt 图形暂时不需要显示时，则可以使用 PowerPoint 自带的隐藏功能，隐藏不需要的图形。既保证了原图形的存在，又防止因一时删除而重新制作图形。

8.3.3　示例：标题图片排列

标题图片排列图形主要用于显示具有独立标题和描述的一系列的图片，其标题显示在图片的上方，而内容概述则显示在图片的下方，适用于标题目录不多且需要以图片加以说明的幻灯片。在本示例中，将运用 SmartArt 图形、形状及自定义形状格式等功能，来制作一个标题图片排列图形。

STEP|01 新建空白演示文稿，执行【设计】|【自定义】|【幻灯片大小】|【标准】命令，设置幻灯片的大小。

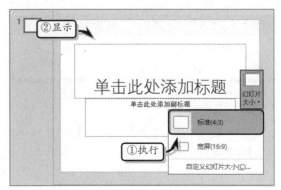

STEP|02 删除所有占位符，执行【设计】|【自定义】|【设置背景格式】命令，选中【渐变填充】选项，并设置【类型】选项。

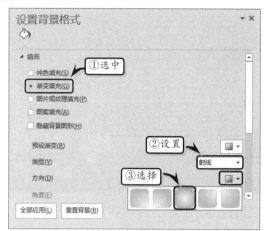

STEP|03 保留 3 个渐变光圈，选择最左侧的渐变光圈，单击【颜色】下拉按钮，选择【其他颜色】选项，自定义渐变颜色。

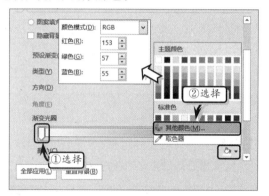

STEP|04 选择中间的渐变光圈，将【位置】设置为"50%"，单击【颜色】下拉按钮，选择【其他颜色】选项，自定义渐变颜色。

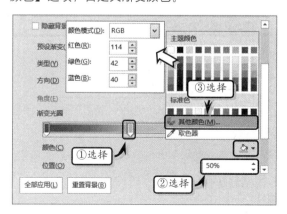

STEP|05 选择最右侧的渐变光圈，单击【颜色】下拉按钮，选择【其他颜色】选项，自定义渐变颜色。

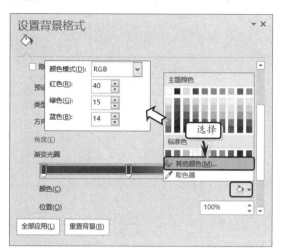

STEP|06 执行【插入】|【插图】|SmartArt 命令，选择【标题图片排列】选项，并单击【确定】按钮。

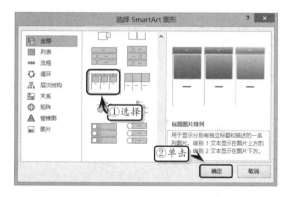

STEP|07 选择 SmartArt 图形，在【开始】选项卡【字体】选项组中，设置文本的字体格式。

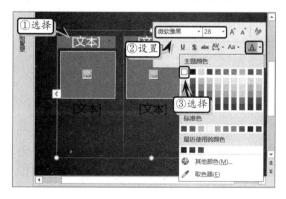

STEP|08 选择图片上方的 3 个文本形状，右击执

行【设置形状格式】命令，选中【渐变填充】选项，并设置【类型】和【角度】选项。

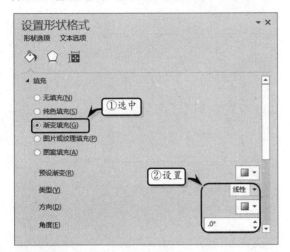

STEP|09 保留 3 个渐变光圈，选择最左侧的渐变光圈，单击【颜色】下拉按钮，选择【其他颜色】选项，自定义渐变颜色。

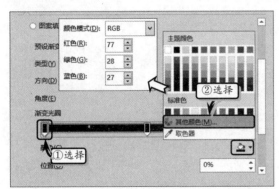

STEP|10 选择中间的渐变光圈，将【位置】设置为"50%"，单击【颜色】下拉按钮，选择【其他颜色】选项，自定义渐变颜色。

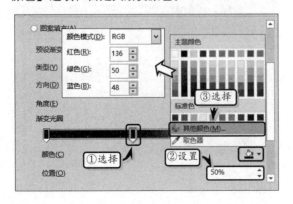

STEP|11 选择最右侧的渐变光圈，单击【颜色】下拉按钮，选择【其他颜色】选项，自定义渐变颜色。

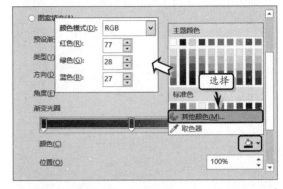

STEP|12 展开【线条】选项组，选中【无线条】选项，取消轮廓样式。

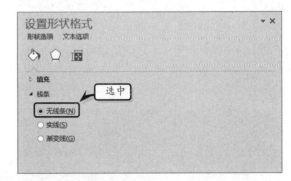

STEP|13 执行【格式】|【形状】|【更改形状】|【对角圆角矩形】命令，更改形状外观。

STEP|14 同时选择竖立的 3 条分割线，右击执行【设置形状格式】命令，展开【线条】选项组，选中【渐变线】选项，并设置【类型】和【角度】选项。

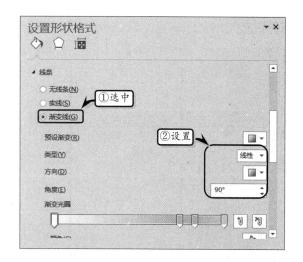

STEP|15 保留两个渐变光圈，选择最左侧的渐变光圈，单击【颜色】下拉按钮，选择【其他颜色】选项，自定义渐变颜色。

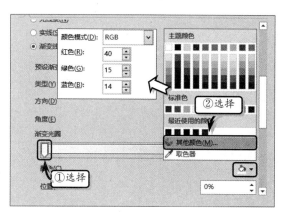

STEP|16 选择最右侧的渐变光圈，单击【颜色】下拉按钮，选择【其他颜色】选项，自定义渐变颜色，然后将【透明度】设置为"100%"。

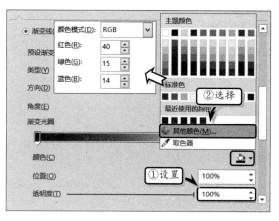

STEP|17 将【宽度】设置为"3 磅"，将【连接类型】设置为"圆形"。

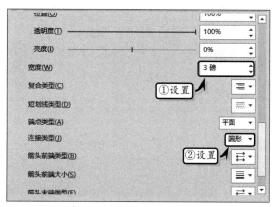

STEP|18 单击图形中的图片，在弹出的【插入图片】对话框中，选择【来自文件】选项。

STEP|19 在弹出的【插入图片】对话框中，选择图片文件，单击【插入】按钮。

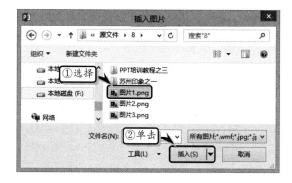

STEP|20 选择图片，执行【图片工具】|【格式】|【图片样式】|【图片边框】|【无边框】命令，取消图片边框。

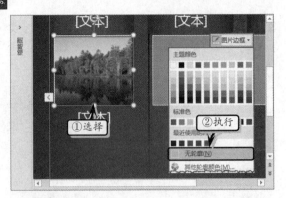

STEP|21 执行【图片工具】|【格式】|【大小】|【裁剪】|【裁剪为形状】|【单圆角矩形】命令，裁剪图片为形状。

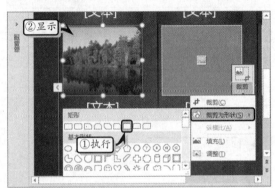

STEP|22 执行【SmartArt 工具】|【格式】|【形状样式】|【形状效果】|【阴影】|【内部右上角】命令，设置形状的阴影效果。使用同样方法，添加并设置其他图片。

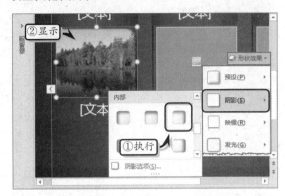

8.4 练习：PPT 培训教程之三

在使用 PPT 宣传某内容时，其图片、图表和形状是美化 PPT 的主要元素，也是展现 PPT 内容的主要途径之一。另外，PPT 中的文化底蕴元素则直接影响整个 PPT 的定位和风格，为 PPT 宣传内容时的顶梁柱。在本练习中，将详细介绍"成功 PPT 四要素"中的"图解思想"和"文化底蕴"内容的制作方法和操作技巧。

操作步骤 ▶▶▶▶

STEP|01 制作幻灯片标题。打开"PPT 培训教程之二"演示文稿，复制第 3 张幻灯片中的标题到第 4 张幻灯片中，并修改标题文本。

STEP|02 制作圆形背景形状。执行【插入】|【插图】|【形状】|【椭圆】命令，绘制椭圆形状并在【格式】选项卡【大小】选项组中，设置形状的大小。

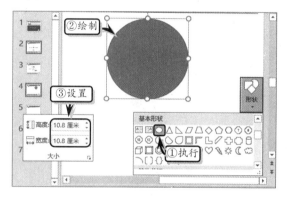

STEP|03 选择椭圆形状，执行【绘图工具】|【格式】|【形状样式】|【形状填充】|【无填充颜色】命令，设置形状的填充效果。

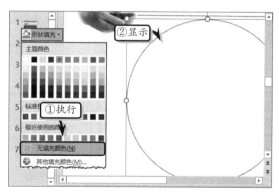

STEP|04 执行【绘图工具】|【格式】|【形状样式】|【形状轮廓】|【其他轮廓颜色】命令，自定义形状的轮廓颜色。

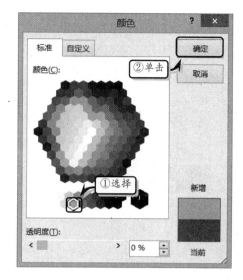

STEP|05 执行【形状样式】|【形状轮廓】|【虚线】|【圆点】命令。使用同样方法，制作其他椭圆形形状。

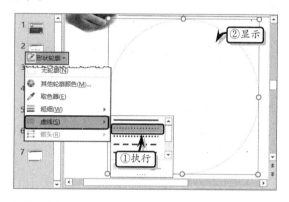

STEP|06 制作燕尾形形状。执行【插入】|【插图】|【形状】|【燕尾形】命令，绘制一个燕尾形形状，并调整形状的大小与方向。

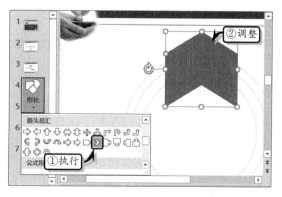

STEP|07 执行【格式】|【形状样式】|【形状填充】

|【其他填充颜色】命令，自定义填充颜色。

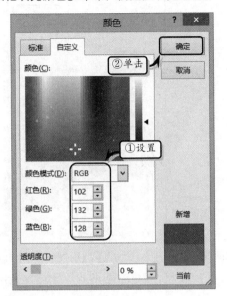

STEP|08 执行【绘图工具】|【格式】|【形状轮廓】|【无轮廓】命令，设置形状的轮廓样式。

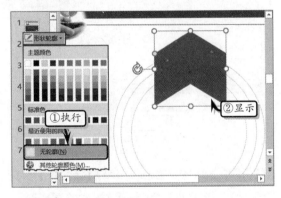

STEP|09 复制标题占位符，修改文本并设置文本的字体格式。然后，同时选择文本占位符和燕尾形形状，右击执行【组合】|【组合】命令，组合形状。

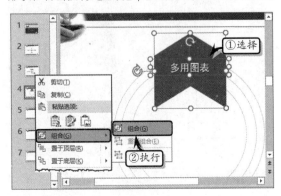

STEP|10 使用同样的方法，制作其他燕尾形形状和文本内容占位符，并调整组合形状的具体位置。

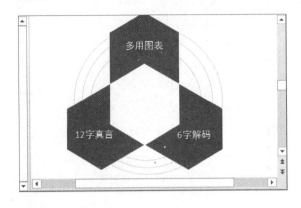

STEP|11 制作中心内容。复制标题占位符，更改文本，并在【开始】选项卡【字体】选项组中，分别设置不同文本的字体格式。

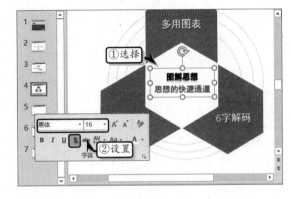

STEP|12 选择"图解思想"文本，执行【绘图工具】|【艺术字样式】|【其他】|【渐变填充-蓝色，主题色5，映像】命令，并设置其字体格式。

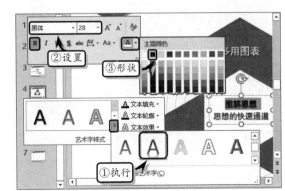

STEP|13 制作阐述文本。复制多个标题占位符，分别更改文本并设置文本的字体格式。

STEP|14 在阐述文本小标题的下方插入一个直线形状，设置形状格式。然后，分别合并直线形状和文本占位符。

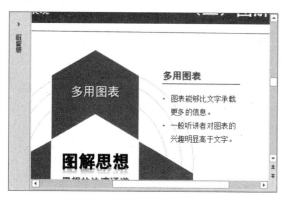

STEP|15 添加动画效果。选择最大的椭圆形形状，执行【动画】|【动画】|【动画样式】|【进入】|【淡出】命令，并将【开始】设置为"与上一动画同时"。

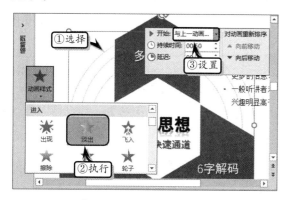

STEP|16 同时选择剩余的椭圆形形状，执行【动画】|【动画】|【动画样式】|【进入】|【淡出】命

令，并将【开始】设置为"与上一动画同时"。

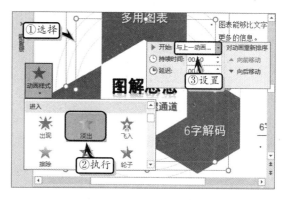

STEP|17 选择中间的中心内容占位符，执行【动画】|【动画】|【动画样式】|【进入】|【淡出】命令，并将【开始】设置为"与上一动画同时"。

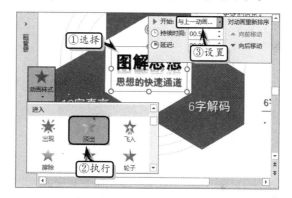

STEP|18 选择上方的燕尾形组合形状，执行【动画】|【动画】|【动画样式】|【进入】|【淡出】命令，并设置【开始】和【持续时间】选项。使用同样方法，为其他燕尾组合形状添加动画效果。

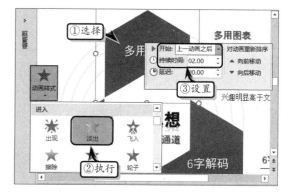

STEP|19 选择右上角的阐述文本组合对象，执行【动画】|【动画】|【动画样式】|【更多进入效果】

命令，自定义进入动画效果。

STEP|20 执行【动画】|【高级动画】|【添加动画】
|【更多退出效果】命令，自定义退出动画效果。
同样的方法，为其他阐述组合对象添加动画效果。

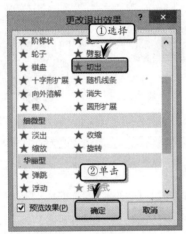

STEP|21 制作触发器。选择上方的燕尾形组合形
状，执行【动画】|【高级动画】|【触发】|【单击】
|【组合 46】命令，添加触发效果。

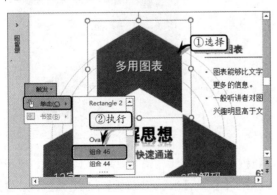

STEP|22 执行【动画】|【高级动画】|【动画窗格】
命令，在动画效果列表中将"多用图表"阐述文本
对象的动画效果调整到"触发器:组合 46"下方。

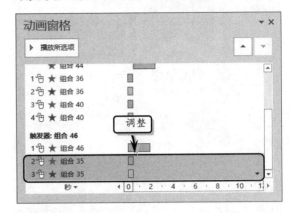

STEP|23 将"触发器:组合 46"下方的"组合 46"
动画效果调整到"组合 45"动画效果上方，并将
【开始】设置为"上一动画之后"。使用同样方法，
制作其他触发器。

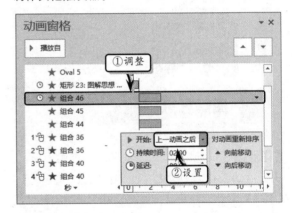

STEP|24 制作幻灯片标题。选择第 5 张幻灯片，
复制第 4 张幻灯片中的标题占位符，并更改标题
文本。

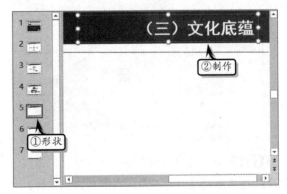

STEP|25 制作幻灯片内容文本。复制多个标题占位符，更改文本内容，并设置文本的艺术字样式和字体格式。

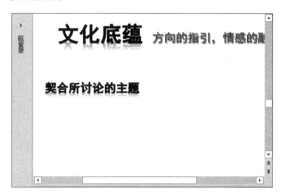

STEP|26 插入椭圆形形状。执行【插入】|【插图】|【形状】|【椭圆形】命令，绘制椭圆形形状并调整形状的大小。

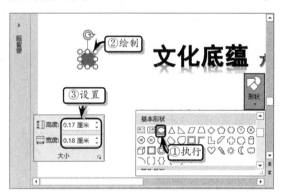

STEP|27 选择椭圆形形状，执行【绘图工具】|【形状样式】|【形状填充】|【其他填充颜色】命令，自定义填充色。

STEP|28 执行【形状样式】|【形状轮廓】|【无轮廓】命令。使用同样方法，分别制作其他椭圆形形状，并组合所有的椭圆形形状。

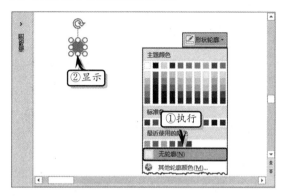

STEP|29 插入圆角矩形形状。执行【插入】|【插图】|【形状】|【圆角矩形】命令，绘制圆角矩形形状并调整形状的大小。

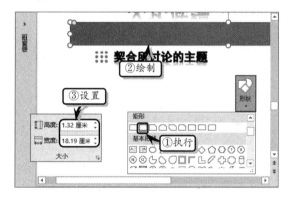

STEP|30 右击形状执行【设置形状格式】命令，选中【渐变填充】选项，并设置【类型】和【角度】选项。

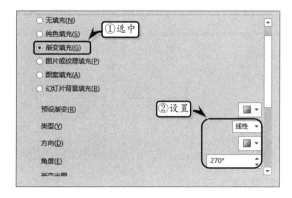

STEP|31 保留 3 个渐变光圈，选择最左侧的渐变

光圈，单击【颜色】下拉按钮，选择【其他颜色】选项，自定义颜色。

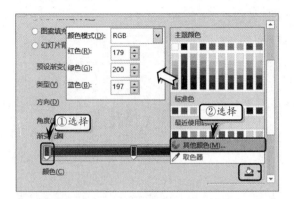

STEP|32 选择中间的渐变光圈，将【位置】设置为"50%"，单击【颜色】下拉按钮，选择【其他颜色】选项，自定义颜色。

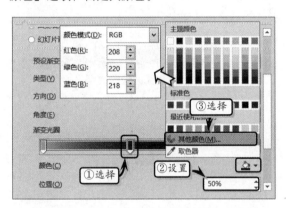

STEP|33 选择右侧的渐变光圈，单击【颜色】下拉按钮，选择【其他颜色】选项，自定义颜色。

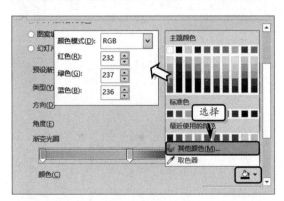

STEP|34 组合形状。调整并选择文本占位符、椭圆和圆角矩形形状，右击执行【组合】|【组合】命令。

复制组合形状，并修改文本占位符中的文本内容。

STEP|35 添加动画效果。选择上方的文本占位符，执行【动画】|【动画】|【动画样式】|【进入】|【飞入】命令，为对象添加动画效果。

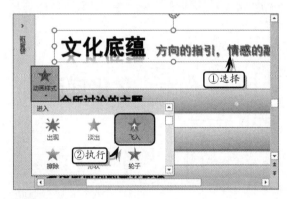

STEP|36 执行【动画】|【动画】|【效果选项】|【方向】|【自左侧】命令，并将【开始】设置为"上一动画之后"。

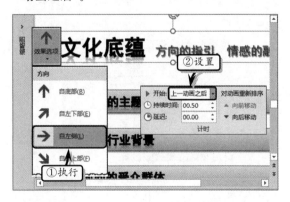

STEP|37 同时选择 3 个组合形状，执行【动画】|【动画】|【动画样式】|【更多进入效果】命令，在弹出的【更改进入效果】对话框中设置动画效果。

STEP|38 在【计时】选项组中将【开始】设置为"上一动画之后"。

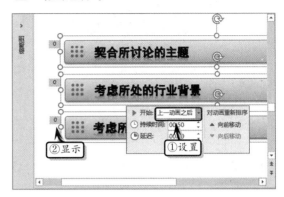

PowerPoint

8.5 练习：苏州印象之一

苏州是江苏省东南部的一个地级市，位于长江三角洲和太湖平原的中心地带，著名的鱼米之乡、状元之乡、经济重镇、历史文化名城，自古享有"人间天堂"的美誉。在本练习中，将运用 PowerPoint 中的基础操作方法，制作苏州印象中的开头动画部分，为介绍苏州文化提供基础展示内容。

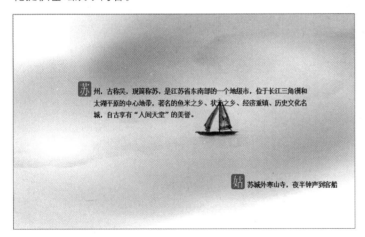

操作步骤 ▶▶▶

STEP|01 插入背景图片。新建空白幻灯片，执行【插入】|【图像】|【图片】命令，选择图片文件，单击【插入】按钮，插入背景图片，并调整其大小。

STEP|02 制作背景椭圆形形状。删除所有占位符，执行【插入】|【插图】|【形状】|【椭圆形】命令，绘制椭圆形形状并调整形状大小。

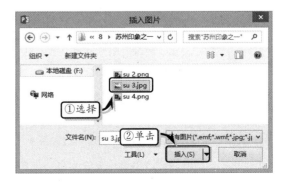

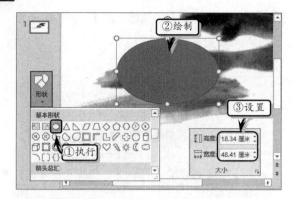

STEP|03 右击椭圆形形状，执行【设置形状格式】命令。选中【渐变填充】选项，将【类型】设置为"路径"。

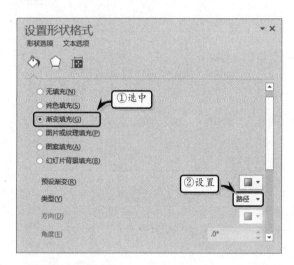

STEP|04 保留两个渐变光圈，选择左侧的渐变光圈，将【颜色】设置为"白色，文字 1"。

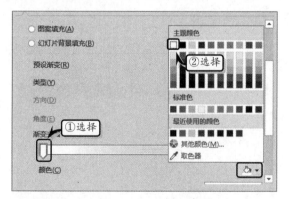

STEP|05 选择右侧的渐变光圈，单击【颜色】下拉按钮，选择【其他颜色】选项，自定义渐变颜色。

同时，将【透明度】设置为"100%"。

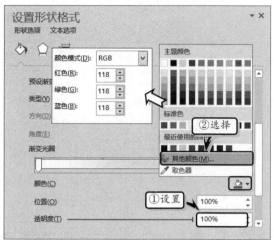

STEP|06 展开【线条】选项组，选中【无线条】选项，取消轮廓样式。

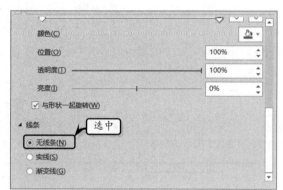

STEP|07 复制多个椭圆形形状，分别调整其大小和位置，并组合部分椭圆形形状，设置成多重背景格式。

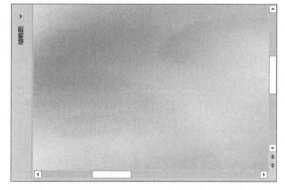

STEP|08 制作复合字。执行【插入】|【插图】|

【形状】|【圆角矩形】命令，绘制一个圆角矩形形状，并调整形状的大小。

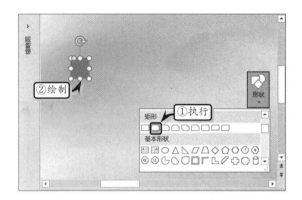

STEP|09 选择圆角矩形形状，执行【绘图工具】|【格式】|【形状样式】|【形状填充】|【红色】命令。同时，执行【形状轮廓】|【无轮廓】命令。

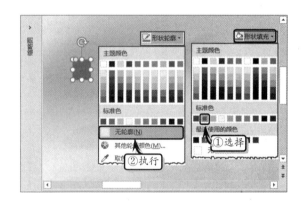

STEP|10 执行【插入】|【文本】|【艺术字】|【填充-黑色，文本 1，阴影】命令，输入文本并设置文本的字体格式。

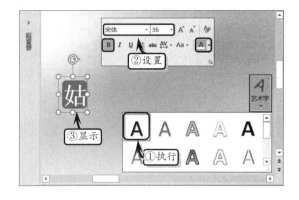

STEP|11 选择艺术字，执行【格式】|【艺术字样式】|【转换】|【正方形】命令，调整艺术字大小。

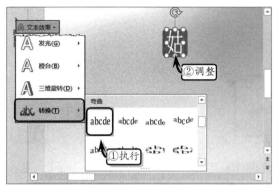

STEP|12 同时选择圆角矩形形状和艺术字，右击执行【组合】|【组合】命令，组合艺术字和形状。使用同样的方法，制作其他复合字。

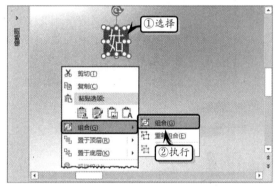

STEP|13 制作描述性文本。执行【插入】|【文本】|【文本框】|【横排文本框】命令，绘制文本框，输入文本并设置文本的字体格式。

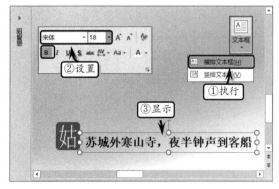

STEP|14 插入图片。执行【插入】|【图像】|【图

片】命令，选择图片文件，单击【插入】按钮，插入图片并调整图片的位置。

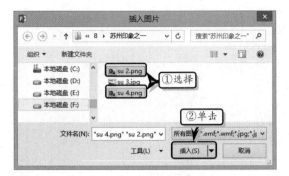

STEP|15 选择小船图片，右击执行【置于底层】|【下移一层】命令，将图片放置于文本的下方。使用同样方法，调整另外一张图片的显示层次。

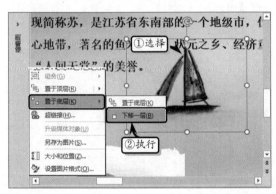

STEP|16 添加动画效果。选择幻灯片右外侧的组合椭圆形形状，执行【动画】|【动画】|【动画样式】|【进入】|【飞入】命令。

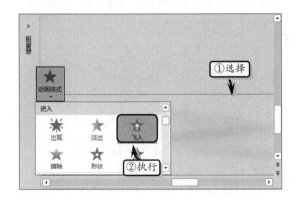

STEP|17 执行【动画】|【动画】|【效果选项】|【方向】|【自左侧】命令，并将【开始】设置为"与上一动画同时"，将【持续时间】设置为"05.00"。

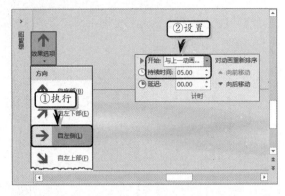

STEP|18 选择幻灯片最上侧的椭圆形形状，执行【动画】|【动画】|【动画样式】|【退出】|【浮出】命令，将【开始】设置为"与上一动画同时"，并将【持续时间】设置为"03.00"。

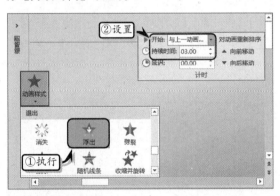

STEP|19 选择幻灯片上侧第 2 个椭圆形形状，执行【动画】|【动画】|【动画样式】|【退出】|【浮出】命令，并在【计时】选项组中，设置【开始】、【持续时间】和【延迟】选项。使用同样方法，为其他椭圆形形状添加动画效果。

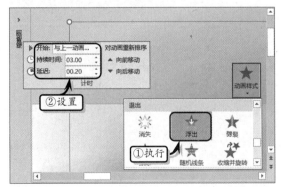

STEP|20 选择小船图片，执行【动画】|【动画】|【动画样式】|【进入】|【淡出】命令，并在【计

时】选项组中，设置【开始】、【持续时间】和【延迟】选项。

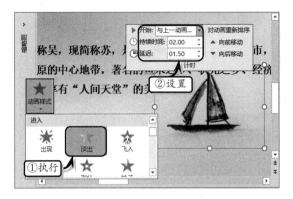

STEP|21 同时，执行【动画】|【高级动画】|【添加动画】|【动作路径】|【自定义路径】命令，并在【计时】选项组中，设置【开始】和【持续时间】选项。

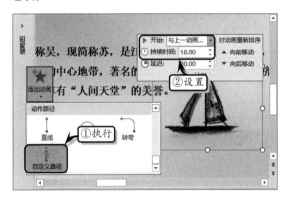

STEP|22 选择动作路径动画效果，调整路径的方向和长度。

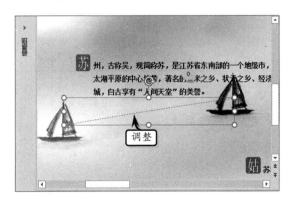

STEP|23 选择复合"姑"字，执行【动画】|【动画】|【动画样式】|【进入】|【淡出】命令，并在

【计时】选项组中，设置【开始】、【持续时间】和【延迟】选项。

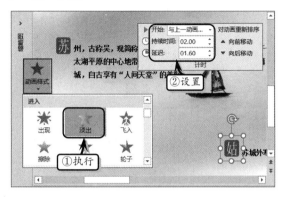

STEP|24 选择"姑"字右侧的占位符，执行【动画】|【动画】|【动画样式】|【进入】|【淡出】命令，并在【计时】选项组中，设置【开始】、【持续时间】和【延迟】选项。

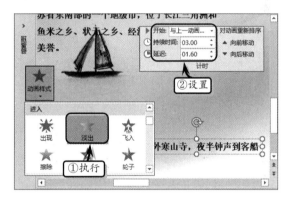

STEP|25 选择小船图片，执行【动画】|【高级动画】|【添加动画】|【退出】|【淡出】命令，并在【计时】选项组中，设置【开始】、【持续时间】和【延迟】选项。

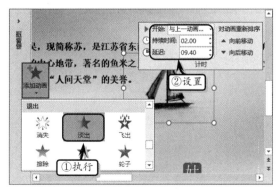

STEP|26 选择幻灯片最底层的云形图片，执行【动画】|【动画】|【动画样式】|【退出】|【淡出】命令，并在【计时】选项组中，设置【开始】、【持续时间】和【延迟】选项。

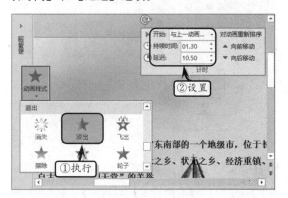

STEP|27 选择选择复合"姑"字，执行【动画】|【高级动画】|【添加动画】|【动作路径】|【自定义路径】命令，并调整路径的方向和长度。

STEP|28 在【计时】选项组中，设置【开始】、【持续时间】和【延迟】选项。使用同样方法，为其

它对象添加动画效果。

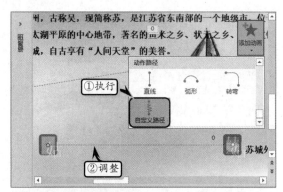

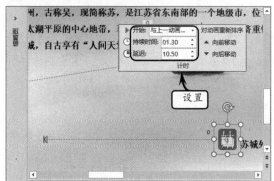

PowerPoint 8.6 新手训练营

练习1：员工素质图

🌐 downloads\8\新手训练营\员工素质图

提示：本练习中，主要使用 PowerPoint 中的绘制形状、设置形状格式、插入艺术字、插入 SmartArt 图形、设置 SmartArt 图形等常用功能。

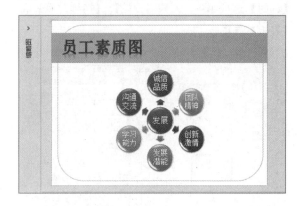

其中，主要制作步骤如下所述。

（1）在幻灯片中绘制一个椭圆形和矩形形状，设置形状的大小并设置形状的填充颜色和轮廓样式。

（2）插入艺术字标题，并设置艺术字的字体格式。

（3）执行【插入】|【插图】|SmartArt 命令，选择【分离射线】选项。

（4）为图形输入文本，并设置文本的字体格式。

（5）执行【设计】|【SmartArt 样式】|【优雅】命令，设置图形的样式。

（6）执行【设计】|【SmartArt 样式】|【更改颜色】命令，更改图形的颜色。

练习2：组织结构图

🌐 downloads\8\新手训练营\组织结构图

提示：本练习中，主要使用 PowerPoint 中的插入 SmartArt 图形、设置布局样式、设置字体格式、设置 SmartArt 图形等常用功能。

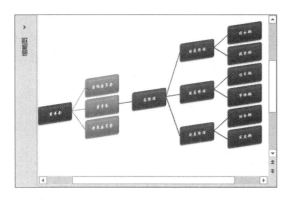

其中，主要制作步骤如下所述。

（1）执行【插入】|【插图】|SmartArt 命令，选择【组织结构图】选项。

（2）在图形中，根据组织结构图的框架删除与添加单个形状，并设置形状的标准布局样式。

（3）输入图形文本，并设置文本的字体格式。

（4）设置图形的"嵌入"样式和"彩色范围-着色文字颜色 5 至 6"颜色。

练习 3：薪酬设计方案内容

downloads\8\新手训练营\薪酬设计方案内容

提示：本练习中，主要使用 PowerPoint 中的设置背景格式、插入艺术字、设置艺术字格式、插入 SmartArt 图形、设置 SmartArt 图形等常用功能。

其中，主要制作步骤如下所述。

（1）设置幻灯片的渐变填充背景样式。

（2）插入艺术字，并设置艺术字的字体格式和项目符号样式。

（3）执行【插入】|【插图】|【SmartArt】命令，选择【垂直 V 形列表】选项。

（4）为图形添加文本内容，并设置文本的字体格式。

（5）设置图形的"金属场景"样式和"彩色范围-着色文字颜色 5 至 6"。

练习 4：资产效率分析图

downloads\8\新手训练营\资产效率分析图

提示：本练习中，主要使用 PowerPoint 中的绘制形状、设置形状格式、插入 SmartArt 图形、设置 SmartArt 图形等常用功能。

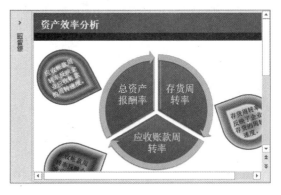

其中，主要制作步骤如下所述。

（1）在幻灯片中插入两个矩形形状，调整形状的大小并设置形状的填充和轮廓颜色。

（2）在标题占位符中输入标题文本并设置文本的字体格式。

（3）执行【插入】|【插图】|SmartArt 命令，选择【分段循环】选项。

（4）输入图形文本，并设置图形的"嵌入"样式和"彩色填充-着色 2"颜色。

（5）在图形中插入泪滴形形状，依次设置形状的渐变填充颜色。

（6）为形状输入文本并设置文本的字体格式。

练习 5：偿债能力分析图

downloads\6\新手训练营\偿债能力分析图

提示：本练习中，主要使用 PowerPoint 中的绘制形状、设置形状格式、插入 SmartArt 图形、设置 SmartArt 图形等常用功能。

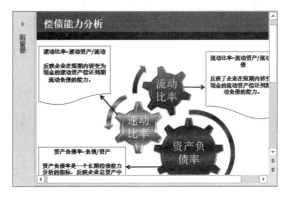

其中，主要制作步骤如下所述。

（1）在幻灯片的上部分别插入两个矩形形状，调整形状的大小并分别设置其填充颜色。

（2）在标题占位符中输入标题文本，并在【开始】选项卡【字体】选项组中设置文本的字体格式。

（3）插入 SmartArt 图形，并设置图形的样式。

（4）为图形输入文本，并右击图形中的单个形状，设置形状格式。

（5）绘制箭头形状，并设置箭头形状的格式。

（6）绘制流程图文档形状，设置形状的格式，输入文本并设置文本的字体格式。

第 9 章

使 用 表 格

　　表格是组织数据最有用的工具之一，能够以易于理解的方式显示数字或者文本。使用表格工具，便于用户将大量数据进行归纳和汇总，并通过设置表格中单元格的样式，以使表格数据更加清晰和美观。在 PowerPoint 中创建表格的方法与 PowerPoint 中很类似，只是在 PowerPoint 中创建的表格不能做计算或者排序。本章将详细介绍绘制表格、插入数据表格，以及为表格输入内容、编辑表格单元格的方法。除此之外，还将介绍表格的各种样式设置。

9.1 创建表格

表格是由表示水平行与垂直列的直线组成的单元格，创建表格即是在幻灯片中插入与绘制表格。通过创建表格，可以代替某些文字说明，将幻灯片内容简明、概要地表达出来。

9.1.1 插入表格

在 PowerPoint 中不仅可以插入内置的表格，而且还可以插入 Excel 电子表格。

1. 插入内置表格

选择幻灯片，执行【插入】|【表格】|【表格】|【插入表格】命令，在弹出【插入表格】对话框中输入行数与列数即可。

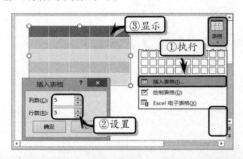

> **注意**
>
> 用户还可以在含有内容版式的幻灯片中，单击占位符中的【插入表格】按钮，在弹出的【插入表格】对话框中设置行数与列数即可。

另外，执行【插入】|【表格】|【表格】命令，在弹出的下拉列表中，直接选择行数和列数，即可在幻灯片中插入相对应的表格。

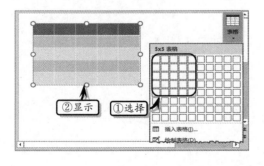

> **注意**
>
> 使用快速表格方式插入表格时，只能插入最大行数为 8 行，最大列数为 10 列的表格。

2. 插入 Excel 表格

用户还可以将 Excel 电子表格放置于幻灯片中，并利用公式功能计算表格数据。Excel 电子表格可以对表格中的数据进行排序、计算、使用公式等，而 PowerPoint 系统自带的表格将不具备上述功能。

执行【插入】|【表格】|【表格】|【Excel 电子表格】命令，输入数据与计算公式并单击幻灯片的其他位置即可。

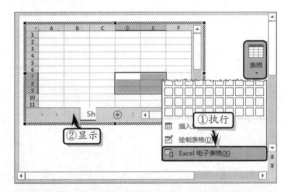

> **注意**
>
> 当用户绘制 Excel 表格后，系统会自动显示 Excel 编辑页面，单击表格之外的空白处，即可退出 Excel 编辑页面。

9.1.2 绘制表格

绘制表格是用户根据数据的具体要求，手动绘制表格的边框与内线。执行【插入】|【表格】|【表格】|【绘制表格】命令，当光标变为"笔"形状⌿时，拖动鼠标在幻灯片中绘制表格边框。

然后，执行【表格工具】|【设计】|【绘图边框】|【绘制表格】命令，将光标放至外边框内部，

拖动鼠标绘制表格的行和列。

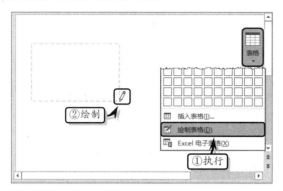

绘制完表格之后，再次执行【绘制表格】命令，即可结束表格的绘制。

> **注意**
>
> 当用户再次执行【绘制表格】命令后，需要将光标移至表格的内部绘制，否则将会绘制出表格的外边框。

PowerPoint 知识链接 9-1 单变量求解

在 PowerPoint，可以借助 Excel 电子表格，根据已知的数据建立公式来计算结果。但是，单变量求解却是相反，它的运算过程是在已知某个公式结果的情况下，反过来求解公式中某个变量的值。

9.1.3 示例：绘制嵌套表格

PowerPoint 内置了绘制表格功能，运用该功能不仅可以根据数据需求绘制一些普通的表格，而且还可以根据设计需求来绘制一些表格套表格的嵌套表格。在本示例中，将运用绘制表格功能来绘制一个嵌套表格。

2014年销售额			
区域	北京	上海	沈阳
产品A	120210	110210	105216
产品B	162102	150120	172012
2015年销售额			
区域	北京	上海	沈阳
产品A	112015	128652	101210
产品B	182512	131201	196523

STEP|01 新建空白演示文稿，执行【设计】|【自定义】|【幻灯片大小】|【标准】命令，设置幻灯片的大小。

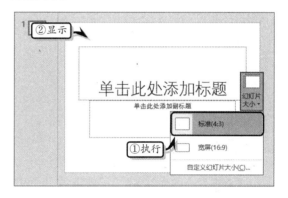

STEP|02 删除所有占位符，执行【插入】|【表格】|【表格】|【绘制表格】命令，绘制外表格。

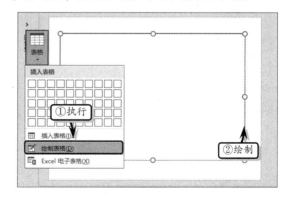

STEP|03 选择外表格，执行【设计】|【绘制边框】|【笔颜色】|【红色】命令，同时执行【笔样式】命令，选择一种笔样式。

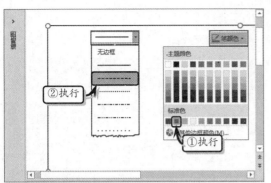

STEP|04 拖动鼠标在外边框内部绘制第 1 个内表格的外边框。使用同样方法，绘制第 2 个内表格的外边框。

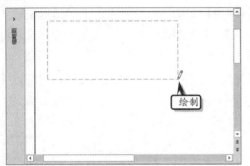

STEP|05 将光标定位在内部第 1 个外边框中，执行【设计】|【绘制边框】|【绘制表格】命令，在外边框中绘制内边框。使用同样方法，绘制其他内边框。

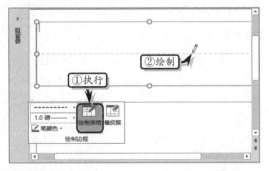

STEP|06 在表格中输入数据，并在【布局】选项卡【对齐方式】选项中，设置数据的对齐格式。

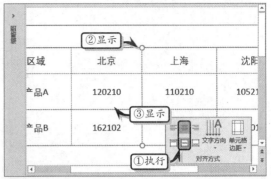

STEP|07 执行【插入】|【文本】|【文本框】|【横排文本框】命令，绘制文本框输入文本并设置文本的字体格式。使用同样方法，制作另外一个文本框。

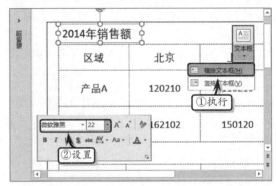

STEP|08 选择外表格，执行【设计】|【表格样式】|【底纹】|【绿色，个性色 6，淡色 80%】命令，设置表格的底纹样式。

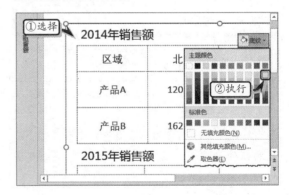

9.2 编辑表格

在使用表格制作高级数据之前，用户还需要对表格进行一系列的编辑操作，例如选择单元格、插入单元格、调整单元格的宽度与高度、合并拆分单元格等。

9.2.1 操作表格

使用表格的首要步骤便是操作表格,操作表格主要包括选择单元格、选择整行、选择整列、插入/删除行等。

1. 选择表格

当用户对表格进行编辑操作时,往往需要选择表格中的行、列、单元格等对象。其中,选择表格对象的具体方法如下表所述。

选择区域	操作方法
选中当前单元格	移动光标至单元格左边界与第一个字符之间,当光标变为"指向斜上方箭头"形状↗时,单击鼠标
选中后(前)一个单元格	按 Tab 或 Shift+Tab 键,可选中插入符所在的单元格后面或前面的单元格。若单元格内没有内容时,则用来定位光标
选中一整行	将光标移动到该行左边界的外侧,待光标变为"指向右箭头"形状➡时,单击鼠标
选择一整列	将鼠标置于该列顶端,待光标变为"指向下箭头"↓时,单击鼠标
选择多个单元格	单击要选择的第一个单元格,按住 Shift 键的同时,单击要选择的最后一个单元格
选择整个表格	将鼠标放在表格的边框线上单击,或者将光标定位于任意单元格内,执行【表格工具】|【布局】|【表】|【选择】|【选择表格】命令

2. 移动行、列

选择需要移动的行、列,按住鼠标左键,拖动该行、列至合适位置时,释放鼠标左键即可。

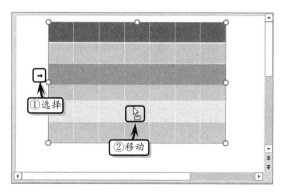

另外,选择需要移动的行、列,执行【开始】|【剪贴板】|【剪切】命令,剪切整行、列。

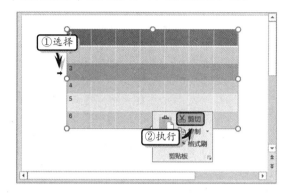

然后,将光标移至合适位置,执行【开始】|【剪贴板】|【粘贴】命令,粘贴行、列,即可移动行、列。

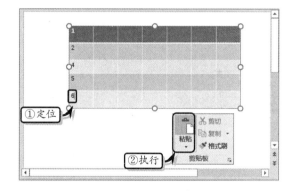

3. 插入/删除行、列

在编辑表格时,需要根据数据的具体类别插入表格行或表格列。此时,用户可通过执行【布局】选项卡【行和列】选项组中各项命令,为表格中插入行或列。其中,插入行与插入列的具体方法与位置如下表所述。

名　称	方　法	位　置
插入行	将光标移至插入位置，执行【表格工具】|【布局】|【行和列】|【在上方插入】命令	在光标所在行的上方插入一行
	将光标移至插入位置，执行【表格工具】|【布局】|【行和列】|【在下方插入】命令	在光标所在行的下方插入一行
插入列	将光标移至插入位置，执行【表格工具】|【布局】|【行和列】|【在左侧插入】命令	在光标所在列的左侧插入一列
	将光标移至插入位置，执行【表格工具】|【布局】|【行和列】|【在右侧插入】命令	在光标所在列的右侧插入一列

另外，选择需要删除的行、列，执行【表格工具】\|【布局】\|【行和列】\|【删除】命令，在其级联菜单中选择【删除行】或【删除列】选项，即可删除选择的行、列。

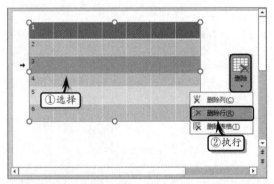

技巧

选择将删除的行、列，执行【开始】\|【剪贴板】\|【剪切】命令，也可以删除选择的行、列。

9.2.2　调整单元格

为了使表格与幻灯片更加协调，也为了使表格更加美观，用户还需要调整表格的大小、列宽、行高。同时，还需要运用绘制表格的方法来绘制斜线表头。

1．调整大小

选择表格，在【布局】选项卡【单元格大小】选项组的【宽度】和【高度】文本框中，输入具体数值，调整单元格大小。

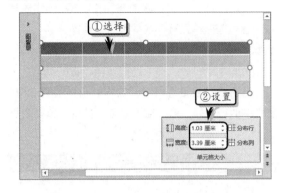

除此之外，将鼠标置于要调整大小的位置，当光标变成 ↖、↕、◂╟▸时，拖动鼠标即可更改表格大小、行高及列宽。

2．设置对齐方式

要设置单元格数据的对齐方式，可以通过【布局】选项卡【对齐方式】选项组中的各按钮来完成。

按钮	按　钮　名　称	功　能　作　用
	左对齐	将文本靠左对齐
	居中	将文本居中对齐
	右对齐	将文本靠右对齐
	顶端对齐	沿单元格顶端对齐文本
	垂直居中	将文本垂直居中
	底端对齐	沿单元格底端对齐文本

3．更改文字方向

将光标置于要更改文字方向的单元格内，执行【布局】\|【对齐方式】\|【文字方向】命令，在其级联菜单中选择相应的选项，即可更改单元格中文字的显示方向。

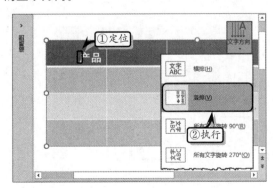

另外，执行【文字方向】|【其他选项】命令，在弹出的【设置形状格式】窗格中，也可更改文本的显示方向。

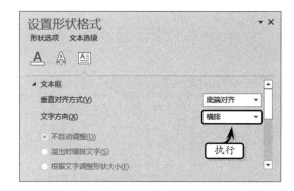

4．设置单元格边距

用户可以使用系统预设单元格边距，通过自定义单元格边距的方法，达到设置数据格式的目的。执行【布局】|【对齐方式】|【单元格边距】命令，在其级联菜单中选择一种预设单元格边距。

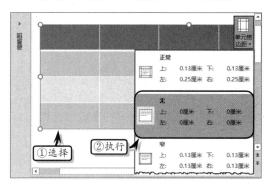

另外，执行【布局】|【对齐方式】|【单元格边距】命令，即可在弹出的【单元格文本布局】对话框中自定义单元格边距。

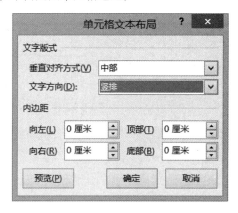

9.2.3　合并和拆分单元格

PowerPoint 表格类似于 Excel 表格，也具有合并和拆分单元格的功能。通过该功能，可以帮助用户更好地利用表格展示幻灯片数据。

1．合并单元格

合并单元格是将两个以上的单元格合并成单独的一个单元格。首先，选择需要合并的单元格区域，然后执行【表格工具】|【布局】|【合并】|【合并单元格】命令。

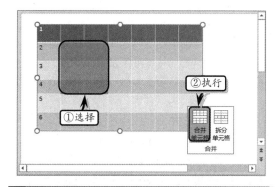

> **技巧**
>
> 选择将合并的单元格后，右击，在弹出的快捷菜单中执行【合并单元格】命令，也可以合并单元格。

用户也可以选择要合并的单元格区域，右击执行【合并单元格】命令。

2．拆分单元格

拆分单元格是将单独的一个单元格拆分成指定数量的单元格。首先，选择需要拆分的单元格。然后，执行【合并】|【拆分单元格】命令，在弹出的对话框中输入需要拆分的行数与列数，单击【确定】按钮即可。

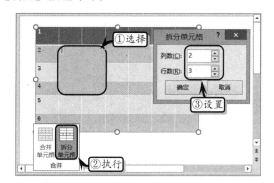

在幻灯片中创建并编辑完表格之后，为了使表格适应演示文稿的主题色彩，同时也为了美化表格的外观，还需要设置表格的整体样式、边框格式、填充颜色与表格效果等表格格式。

9.3.1 设置表格样式

设置表格样式是通过 PowerPoint 中内置的表格样式，以及各种美化表格命令，来设置表格的整体样式、边框样式、底纹颜色以及特殊效果等表格外观格式，在适应演示文稿数据与主题的同时，增减表格的美观性。

1．套用表格样式

PowerPoint 为用户提供了 70 多种内置的表格样式，执行【表格工具】|【设计】|【表格样式】|【其他】命令，在其下拉列表中选择相应的选项即可。

2．设置表格样式选项

为表格应用样式之后，可通过启用【设计】选项卡【表格样式选项】选项组中的相应复选框，来突出显示表格中的标题或数据。例如，突出显示标题行与汇总行。

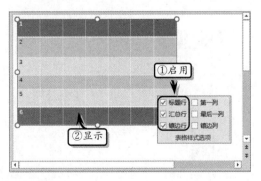

PowerPoint 定义了表格的 6 种样式选项，根据这 6 种样式，可以为表格划分内容的显示方式。

表格组成	作　用
标题行	通常为表格的第一行，用于显示表格的标题
汇总行	通常为表格的最后一行，用于显示表格的数据汇总部分
镶边行	用于实现表格行数据的区分，帮助用户辨识表格数据，通常隔行显示
第一列	用于显示表格的副标题
最后一列	用于对表格横列数据进行汇总
镶边列	用于实现表格列数据的区分，帮助用户辨识表格数据，通常隔列显示

9.3.2 设置填充颜色

PowerPoint 中默认的表格颜色为白色，为突出表格中的特殊数据，用户可为单个单元格、单元格区域或整个表格设置纯色填充、纹理填充与图表填充等填充颜色与填充效果。

1．纯色填充

纯色填充是为表格设置一种填充颜色。首先，选择单元格区域或整个表格，执行【表格工具】|【设计】|【表格样式】|【底纹】命令，在其级联菜单中选择相应的颜色即可。

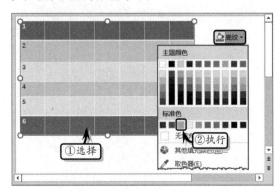

2. 纹理填充

纹理填充是利用 PowerPoint 中内置的纹理效果设置表格的底纹样式，默认情况下 PowerPoint 为用户提供了 24 种纹理图案。首先，选择单元格区域或整个表格，执行【表格工具】|【设计】|【表格样式】|【底纹】|【纹理】命令，在弹出列表中选择相应的纹理即可。

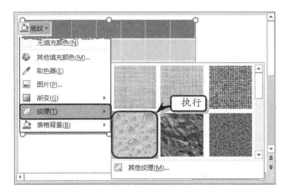

3. 图片填充

图片填充是以本地电脑中的图片为表格设置底纹效果。首先，选择单元格区域或整个表格，执行【表格工具】|【设计】|【表格样式】|【底纹】|【图片】命令，在弹出的【插入图片】对话框中，单击【来自文件】选项后面的【浏览】按钮。

然后，在弹出的【插入图片】对话框中，选择相应的图片文件，单击【插入】按钮即可。

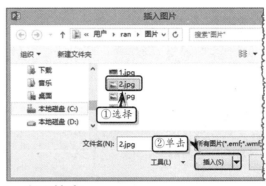

4. 渐变填充

渐变填充是以两种以上的颜色来设置底纹效果的一种填充方法，其渐变填充是由两种颜色之中的一种颜色逐渐过渡到另外一种颜色的现象。首先，选择单元格区域或整个表格，执行【表格工具】|【设计】|【表格样式】|【底纹】|【渐变】命令，在其级联菜单中选择相应的渐变样式即可。

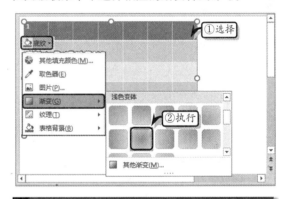

提示

用户可以通过执行【底纹】|【渐变】|【其他渐变】命令，在弹出的【设置形状格式】任务窗格中，设置渐变效果的详细参数。

9.3.3 设置边框样式

在 PowerPoint 中除了套用表格样式，设置表格的整体格式之外。用户还可以运用【边框】命令，单独设置表格的边框样式。

1. 使用内置样式

选择表格，执行【表格工具】|【设计】|【表格样式】|【边框】命令，在其级联菜单中选择相应的选项，即可为表格设置边框格式。

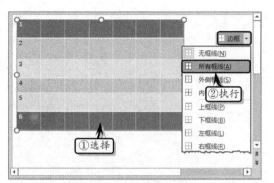

在【边框】命令中，主要包括无框线、所有框线、外侧框线等 12 种样式，其具体含义如下表所述。

图标	名　称	功　　能
	无框线	清除单元格中的边框样式
	所有框线	为单元格添加所有框线
	外侧框线	为单元格添加外部框线
	内部框线	为单元格添加内部框线
	上框线	为单元格添加上框线
	下框线	为单元格添加下框线
	左框线	为单元格添加左框线
	右框线	为单元格添加右框线
	内部横框线	为单元格添加内部横线
	内部竖框线	为单元格添加内部竖线
	斜下框线	为单元格添加左上右下斜线
	斜上框线	为单元格添加右上左下斜线

2．设置边框颜色

选择表格，执行【表格工具】|【设计】|【绘图边框】|【笔颜色】命令，在其级联菜单中选择一种颜色。

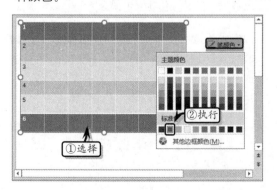

然后，执行【设计】|【表格样式】|【边框】|【所有框线】命令，即可只更改表格外侧框线的颜色。

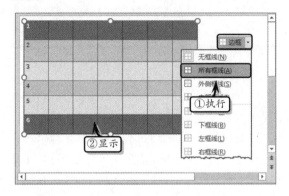

3．设置边框线型

选择表格，执行【表格工具】|【设计】|【绘图边框】|【笔样式】命令，在其级联菜单中选择一种线条样式。然后，执行【设计】|【表格样式】|【边框】|【所有框线】命令，即可更改所有边框的线条样式。

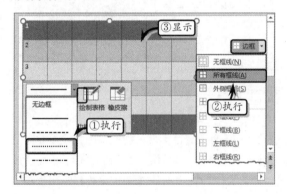

4．设置线条粗细

设置表格边框线条粗细的方法与设置线条样式的方法大体一致。首先，选择表格，执行【表格工具】|【设计】|【绘图边框】|【笔划粗细】命令，在其级联菜单中选择一种线条样式。然后，执行【设计】|【表格样式】|【边框】|【所有框线】命令，即可更改表格所有边框的线条样式。

> **注意**
>
> 执行【设计】|【绘图边框】|【擦除】命令，拖动鼠标沿着表格线条移动，即可擦除该区域的表格边框。

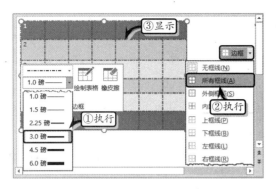

9.3.4 设置表格效果

特殊效果是 PowerPoint 为用户提供的一种为表格添加外观效果的命令，主要包括单元格的凹凸效果、阴影、映像等效果。

1．设置凹凸效果

选择表格，执行【表格工具】|【设计】|【表格样式】|【效果】|【单元格凹凸效果】|【圆】命令，设置表格的单元格凹凸效果。

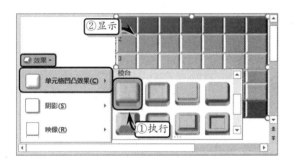

提示

为表格设置单元格凹凸效果之后，可通过执行【效果】|【单元格凹凸效果】|【无】命令，取消效果。

2．设置映像效果

选择表格，执行【表格工具】|【设计】|【表格样式】|【效果】|【映像】|【紧密映像，接触】命令，设置映像效果。

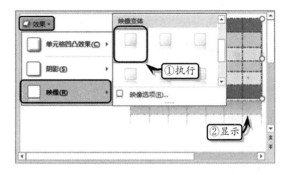

另外，执行【设计】|【表格样式】|【效果】|【映像】|【映像选项】命令，在弹出的【设置形状格式】任务窗格中，自定义映像效果。

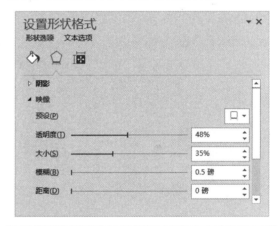

知识链接 9-2 制作单斜线表头

单斜线表头是在表格中的固定单元格中，绘制一条斜线，以用来表达两种不同的信息。单斜线表头一般用于制作各种报表。

9.4 练习：销售数据统计表

在使用 PowerPoint 制作各类幻灯片时，往往需要使用表格来显示幻灯片中的数据，以增加幻灯片的可读性和美观性。在本练习中，将通过制作一份销售数据统计表，来详细介绍插入表格、美化表格和设置表格数据等基础知识的使用方法和技巧。

操作步骤 ▶▶▶▶

STEP|01 应用主题。新建空白演示文稿，删除幻灯片中的所有占位符。执行【设计】|【主题】|【主题】|【电路】命令，应用主题。

STEP|02 插入表格。执行【插入】|【表格】|【表格】|【插入表格】命令，插入一个 5 列 4 行的表格。

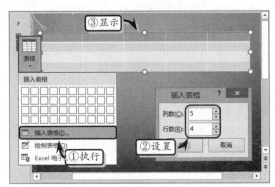

STEP|03 将鼠标移至表格的右下角处的控制点上，拖动鼠标调整表格的大小。

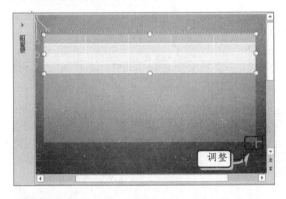

STEP|04 美化表格。执行【设计】|【表格样式】|【表格样式】|【中等样式 2-强调 4】命令，设置表格的整体样式。

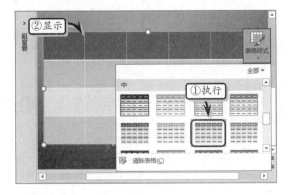

STEP|05 执行【设计】|【表格样式】|【边框】|

【所有框线】命令，设置表格的边框样式。

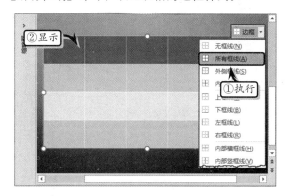

STEP|06 设置表格数据。在表格中输入销售数据，选择整个表格，在【开始】选项卡【字体】选项组中设置文本的字号。

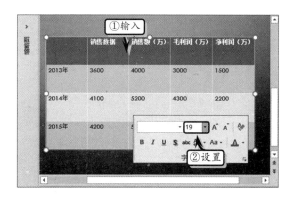

STEP|07 执行【布局】|【对齐方式】|【居中】与【垂直居中】命令，设置数据的对齐方式。

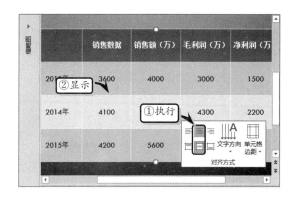

STEP|08 制作斜线表头。选择第 1 个单元格，执行【设计】|【表格样式】|【边框】|【斜下框线】命令，绘制斜线表头。

STEP|09 在第 1 个单元格中输入标题文本，执行

【对齐方式】|【文本左对齐】命令，并调整文本的位置。

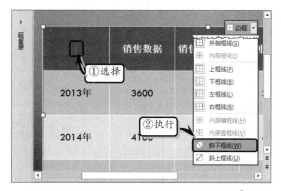

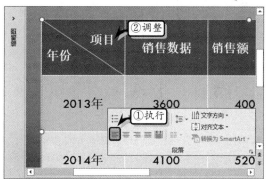

STEP|10 制作表格标题。执行【插入】|【文本】|【艺术字】|【填充-红色，着色 3，锋利棱台】命令，输入艺术字标题，并设置文本的字体格式。

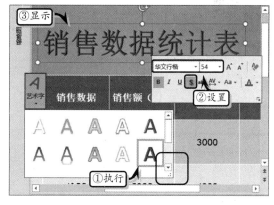

STEP|11 执行【格式】|【艺术字样式】|【文本效果】|【转换】|【上弯弧】命令，设置转换效果。

STEP|12 执行【格式】|【艺术字样式】|【文本效果】|【阴影】|【向左偏移】命令，设置艺术字的阴影效果。

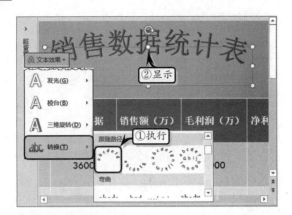

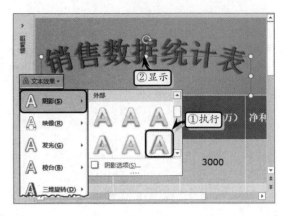

9.5 练习：苏州印象之二

苏州印象演示文稿主要是以介绍苏州特产和优点为主，包括观、闻、听和品 4 个方面的内容。其中，观为观苏州园林、刺绣，闻为闻苏州市花，听为听苏州昆曲，品为品苏州小吃和苏邦菜等内容。在本练习中，将介绍制作苏州印象中演示文稿中总概况幻灯片，并通过设置动画效果的方式添加幻灯片的生动性。

操作步骤 ▶▶▶▶

STEP|01 新建幻灯片。打开"苏州印象之一"演示文稿，执行【开始】|【幻灯片】|【新建幻灯片】|【空白】命令，新建一张空白幻灯片。

STEP|02 设置背景格式。执行【设计】|【自定义】|【设置背景格式】命令，选中【图片或纹理填充】选项，并单击【文件】按钮。

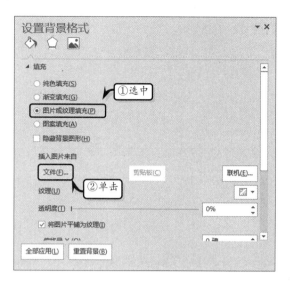

命令，自定义填充颜色。

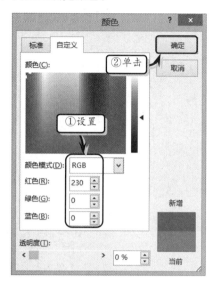

STEP|03 在弹出的【插入图片】对话框中，选择
图片文件，单击【插入】按钮，设置图片背景样式。

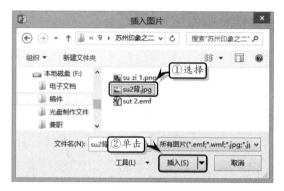

STEP|04 制作标题形状。执行【插入】|【插图】
|【形状】|【矩形】命令，绘制一个矩形形状并设
置形状的大小和位置。

STEP|06 执行【格式】|【形状样式】|【形状轮廓】
|【无轮廓】命令，取消轮廓样式。

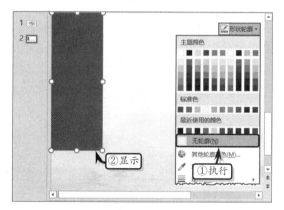

STEP|07 执行【插入】|【插图】|【形状】|【直
线】命令，绘制一条直线，并调整直线的长度。

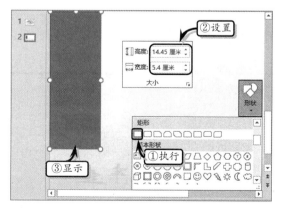

STEP|05 选择矩形形状，执行【绘图工具】|【格
式】|【形状样式】|【形状填充】|【其他填充颜色】

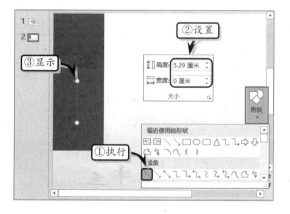

STEP|08 选择直线,执行【绘图工具】|【格式】|【形状样式】|【形状轮廓】|【白色,文字 1】命令,设置直线的轮廓颜色。

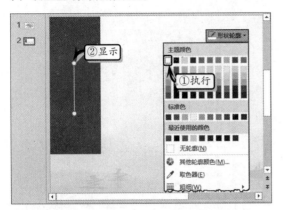

STEP|09 制作艺术字。执行【插入】|【文本】|【艺术字】|【填充-黑色,文本 1,阴影】命令,输入文本并设置文本的字体格式。

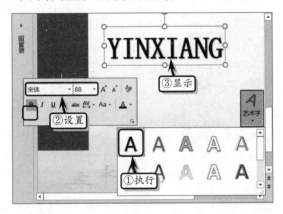

STEP|10 执行【绘图工具】|【艺术字样式】|【文本效果】|【转换】|【正方形】命令,设置其转换效果。

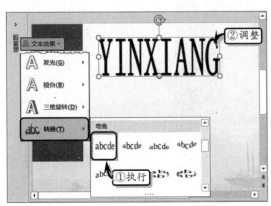

STEP|11 右击艺术字,执行【设置形状格式】命令,激活【文本选项】选项卡,选中【纯色】填充,并设置【颜色】和【透明度】选项。

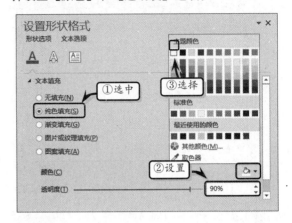

STEP|12 插入标题图片。执行【插入】|【图像】|【图片】命令,选择图片文件,单击【插入】按钮,插入图片并调整图片的显示位置。

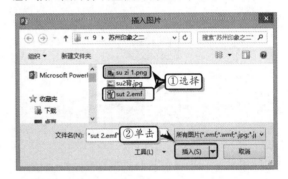

STEP|13 选择梅花图片,右击执行【置于底层】|【置于底层】命令,设置图片的显示层次。

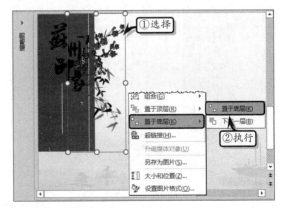

STEP|14 执行【插入】|【文本】|【文本框】|【垂直文本框】命令,输入文本并设置文本的字体和段

落格式。

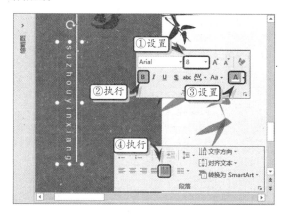

STEP|15 选择所有对象，右击执行【组合】|【组合】命令，组合标题对象。

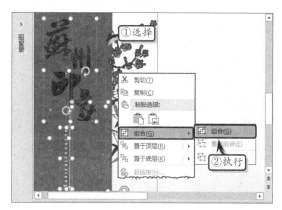

STEP|16 制作圆角矩形形状。执行【插入】|【插图】|【形状】|【圆角矩形】命令，绘制一个圆角矩形形状，并设置其大小。

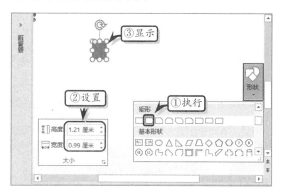

STEP|17 选择圆角矩形形状，执行【绘图工具】|【格式】|【形状样式】|【形状填充】|【其他填充颜色】命令，自定义填充色。使用同样方法，设置轮

廓颜色。

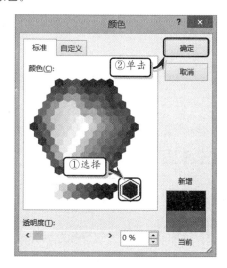

STEP|18 右击形状，执行【编辑文字】命令，输入文本并设置文本的字体格式。使用同样方法，制作其他圆角矩形形状。

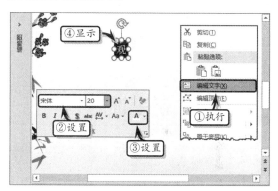

STEP|19 制作介绍文本。执行【插入】|【文本】|【文本框】|【横排文本框】命令，绘制文本框，输入文本并设置文本的字体格式。

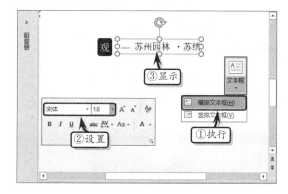

STEP|20 选择介绍文本和圆角矩形形状，右击执

行【组合】|【组合】命令，组合对象。使用同样的方法，制作其他介绍文本，并组合其对象。

选项组中的选项。使用同样方法，为其他组合字体添加动画效果。

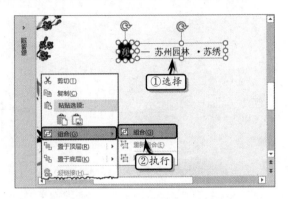

STEP|21 添加动画效果。选择标题组合对象，执行【动画】|【动画】|【动画样式】|【进入】|【飞入】命令，同时执行【效果选项】|【方向】|【自左侧】命令，并设置【计时】选项组中的选项。

STEP|22 选择"观"组合对象，执行【动画】|【动画】|【动画样式】|【进入】|【浮入】命令，同时执行【效果选项】|【方向】|【下浮】命令，并设置【计时】

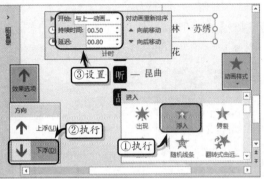

9.6 新手训练营

练习1：立体表格

🔘downloads\9\新手训练营\立体表格

提示：本练习中，主要使用 PowerPoint 中的插入表格、设置表格样式、设置对齐格式、绘制形状、设置形状格式等常用功能。

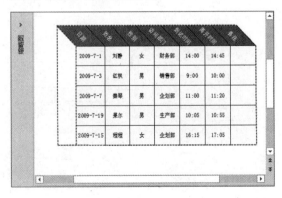

其中，主要制作步骤如下所述。

（1）执行【插入】|【表格】|【表格】|【Excel电子表格】命令，插入 Excel 电子表格，并调整电子表格的大小。

（2）在 Excel 表格中输入基础数据，并设置行高和字体格式。

（3）设置单元格区域的边框格式和背景填充颜色。

（4）设置第2行文本的显示方向，并在数据区域外围添加直线形状。

（5）同时，设置直线形状的填充颜色和轮廓样式，并取消表格中的网格线。

练习2：条形纹背景

🔘downloads\9\新手训练营\条形纹背景

提示：本练习中，主要使用 PowerPoint 中的插入表格、新建规则、设置规则参数等常用功能。

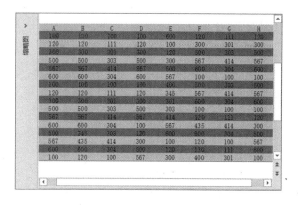

其中，主要制作步骤如下所述。

（1）执行【插入】|【表格】|【Excel 电子表格】命令，插入 Excel 电子表格，并输入表格数据。

（2）在 Excel 工作表中选择单元格区域，执行【开始】|【样式】|【条件格式】|【新建规则】命令。

（3）选择【使用公式确定要设置格式的单元格】选项，并在【为符合此公式的值设置格式】文本框中输入公式。

（4）单击【格式】按钮，在弹出的【设置单元格格式】对话框中，选择【填充】选项卡。

（5）在【背景色】列表框中，选择相应的颜色。

（6）使用同样方法，设置其他条件格式。

练习 3：库存数据统计表

downloads\9\新手训练营\库存数据统计表

提示：本练习中，主要使用 PowerPoint 中的插入表格、设置底纹样式、设置边框样式、设置背景色等常用功能。

年份	计划	推广	在销产品	销售量	库存量	库存额
2007	170	150	120	1500	590	50万
2008	200	190	160	1700	780	70万
2009	220	230	200	2450	550	48万
增长率	29%	53%	66%	63.2%	−6%	−4%

其中，主要制作步骤如下所述。

（1）执行【插入】|【表格】|【表格】|【插入表

格】命令，插入一个 5 行 7 列的表格。

（2）执行【设计】|【表格样式】|【底纹】|【无填充颜色】命令，设置底纹颜色。

（3）执行【表格样式】|【边框】|【所有框线】命令，设置边框样式。

（4）输入库存数据，并设置数据的字体格式。

（5）设置表格第一行的背景填充色，并设置整个表格的居中和垂直居中样式。

练习 4：分类汇总数据

downloads\9\新手训练营\分类汇总数据

提示：本练习中，主要使用 PowerPoint 中的插入表格、排序数据、分类汇总数据、嵌套分类汇总等常用功能。

	所属部门	职务	工资总额	考勤应扣额	业
薪资表					
	办公室　汇总		12400.00		
	办公室　汇总				
	财务部　汇总		6100.00		
	财务部　汇总				
	人事部　汇总		10100.00		
	人事部　汇总				
	销售部　汇总		13800.00		
	销售部　汇总				
	研发部　汇总		15750.00		
	研发部　汇总				
	总计		58150.00		

其中，主要制作步骤如下所述。

（1）执行【插入】|【表格】|【Excel 电子表格】命令，插入 Excel 电子表格，并输入表格数据。

（2）选择 C 列中的任意一个单元格，执行【数据】|【排序和筛选】|【升序】命令。

（3）执行【数据】|【分级显示】|【分类汇总】命令，设置分类选项，并单击【确定】按钮。

（4）执行【数据】|【分级显示】|【分类汇总】命令，在【选定汇总项】列表框中，取消所有选项，启用【工资总额】选项，并取消【替换当前分类汇总】选项。

练习 5：薪酬数据透视表

downloads\9\新手训练营\薪酬数据透视表

提示：本练习中，主要使用 PowerPoint 中的合并单元格、设置对齐格式、设置边框格式，以及设置文本方向等常用功能。

姓名		所属部门		求和项:工资总额	求和项:考勤应扣额	求
⊟ 贺龙		销售部		2700	0	
贺龙 汇总				2700	0	
⊟ 金鑫		办公室		3200	0	
金鑫 汇总				3200	0	
⊟ 李娜		销售部		1900	129.5454545	
李娜 汇总				1900	129.54545	
⊟ 刘娟		人事部		3300	0	
刘娟 汇总				3300	0	
⊟ 刘晓		办公室		2600	50	
刘晓 汇总				2600	50	
⊟ 冉然		研发部		2800	381.8181818	
冉然 汇总				2800	381.81818	

其中，主要制作步骤如下所述。

（1）执行【插入】|【表格】|【Excel 电子表格】命令，插入 Excel 电子表格，并输入表格数据。

（2）将光标定位在数据表中，执行【插入】|【表】|【数据透视表】命令，设置创建选项。

（3）在【数据透视表字段列表】任务窗格中，启用【选择要添加到报表的字段】列表框中的相应的复选框，为数据透视表添加字段。

（4）选择数据透视表中的任意一个单元格，执行【设计】|【布局】|【报表布局】|【以表格表的形式显示】命令。

（5）执行【设计】|【数据透视表样式】|【其他】|【数据透视表样式浅色 10】命令，设置表格样式。

（6）在【设计】选项卡【数据透视表样式选项】选项组中，启用【镶边行】与【镶边列】选项。

第 **10** 章

使 用 图 表

　　图表是数据的一种可视表现形式，是按照图形格式显示系列数值数据，可以用来比较数据并分析数据之间的关系。当用户需要在演示文稿中做一些简单的数据比较时，可以使用图表功能，根据输入表格的数据以柱形图、趋势图等方式，生动地展示数据内容，并描绘数据变化的趋势等信息。PowerPoint 提供了强大的图表显示功能，本章就将通过介绍这一功能，帮助用户理解 PowerPoint 的进阶使用。

10.1 创建图表

图表是一种生动地描述数据的方式，可以将表中的数据转换为各种图形信息，方便用户对数据进行观察。

10.1.1 图表概述

在 PowerPoint 中，可以使用幻灯片中自动生成的 Excel 表数据，创建自己所需的图表。工作表中的每一个单元格数据，在图表中都有与其相对应的数据点。

1. 图表布局概述

图表主要由图表区域及区域中的图表对象（如标题、图例、垂直（值）轴、水平（分类）轴）组成。下面，以柱形图为例向用户介绍图表的各个组成部分。

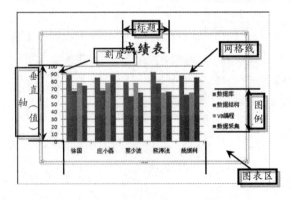

2. PowerPoint 图表类型

PowerPoint 为用户提供了多种图表类型，每种图表类型又包含若干个子图表类型。用户在创建图表时，只需选择系统提供的图表即可方便、快捷地创建图表。其中，PowerPoint 中的具体图表类型如下表所述。

柱形图	柱形图是 PowerPoint 默认的图表类型，用长条显示数据点的值，柱形图用于显示一段时间内的数据变化或者显示各项之间的比较情况

续表

条形图	条形图类似于柱形图，适用于显示在相等时间间隔下数据的趋势
折线图	折线图是将同一系列的数据在图中表示成点并用直线连接起来，适用于显示某段时间内数据的变化及其变化趋势
饼图	饼图是把一个圆面划分为若干个扇形面，每个扇面代表一项数据值
面积图	面积图是将每一系列数据用直线段连接起来并将每条线以下的区域用不同颜色填充。面积图强调幅度随时间的变化，通过显示所绘数据的总和，说明部分和整体的关系
XY 散点图	XY 散点图用于比较几个数据系列中的数值，或者将两组数值显示为 XY 坐标系中的一个系列
股价图	以特定顺序排列在工作表的列或行中的数据可以绘制到股价图中。股价图经常用来显示股价的波动。这种图表也可用于科学数据。例如，可以使用股价图来显示每天或每年温度的波动。必须按正确的顺序组织数据才能创建股价图
曲面图	曲面图在寻找两组数据之间的最佳组合时很有用。类似于拓扑图形，曲面图中的颜色和图案用来指示出同一取值范围内的区域
雷达图	雷达图是一个由中心向四周辐射出多条数值坐标轴，每个分类都拥有自己的数值坐标轴，并由折线将同一系列中的值连接起来
树状图	使用树状图可以比较层级结构不同级别的值，以及可以以矩形显示层次结构级别中的比例，一般适用于按层次结构组织具有较少类别的数据
旭日图	使用旭日图可以比较层级结构不同级别的值，以及可以以环形显示层次结构级别中的比例，一般适用于按层次结构组织并具有较多类别的数据
直方图	直方图用于显示按储料箱显示划分的数据的分布形态；而排列图则用于显示每个因素占总计值的相对比例，用于显示数据中最重要的因素

续表

箱形图	箱形图用于显示一组数据中的变体，适用于多个以某种关系互相关联的数据集
瀑布图	瀑布图显示一系列正值和负值的累积影响，一般适用于具有流出和流出数据类型的财务数据
组合	组合类图表是在同一个图表中显示两种以上的图表类型，便于用户进行多样式数据分析

10.1.2　插入图表

一般情况下，用户可通过占位符的方法，来快速创建图表。除此之外，用户还可以运用【插图】选项组的方法，来创建不同类型的图表。

1．占位符法

在幻灯片中，单击占位符中的【插入图表】按

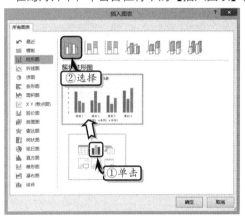

钮，在弹出的对话框中选择相应的图表类型，并在弹出的 Excel 工作表中输入图表数据即可。

2．选项组法

执行【插入】|【插图】|【图表】命令，在弹出的【插入图表】对话框中选择相应的图表类型，并在弹出的 Excel 工作表中输入示例数据即可。

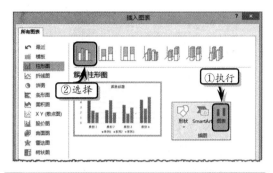

技巧

用户也可以单击【文本】组中的【对象】按钮，在弹出的【插入对象】对话框中创建图表。

PowerPoint 知识链接 10-1　制作复合饼图

在使用图表分析数据时，往往需要运用饼图分析类别数据占总体数据的百分值，以便可以获得数据之间的比例关系。当饼图图表中的某个数据远远小于其他数据时，该数据按比例只能占据整个饼图非常狭小的部分。

PowerPoint 10.2　编辑图表

在幻灯片中创建图表之后，为了达到详细分析图表数据的目的，还需要对图表进行一系列的编辑操作。

10.2.1　调整图表

在幻灯片中创建图表之后，需要通过调整图表的位置、大小与类型等编辑图表的操作，来使图表符合幻灯片的布局与数据要求。

1．调整图表的位置

选择图表，将鼠标移至图表边框或图表空白

处，当鼠标变为"四向箭头"时，拖动鼠标即可。

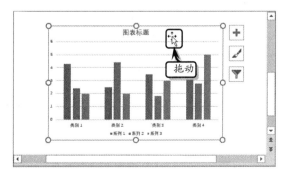

2．调整图表的大小

选择图表，将鼠标移至图表四周边框的控制点上，当鼠标变为"双向箭头"时，拖动即可。

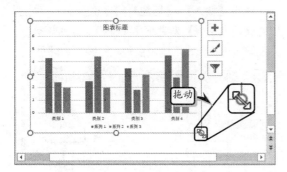

另外，选择图表，在【格式】选项卡【大小】选项组中，输入图表的【高度】与【宽度】值，即可调整图表的大小。

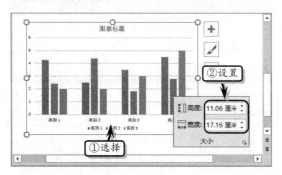

除此之外，用户还可以单击【格式】选项卡【大小】选项组中的【对话框启动器】按钮，在弹出的【设置图表区格式】任务窗格中的【大小】选项卡中，设置图片的【高度】与【宽度】值。

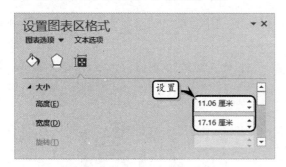

3．更改图表类型

执行【图表工具】|【设计】|【类型】|【更改图表类型】命令，在弹出的【更改图表类型】对话框中选择一种图表类型。

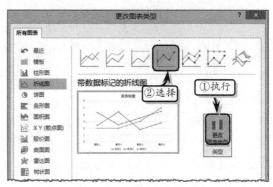

另外，选择图表，执行【插入】|【插图】|【图表】命令，在弹出的【更改图表类型】对话框中，选择图表类型即可。

> **注意**
>
> 用户还可以选择图表，右击执行【更改图表类型】命令，在弹出的【更改图表类型】对话框中选择一种图表类型即可。

10.2.2　编辑图表数据

创建图表之后，为了达到详细分析图表数据的目的，用户还需要对图表中的数据进行选择、添加与删除操作，以满足分析各类数据的要求。

1．编辑现有数据

执行【图表工具】|【设计】|【数据】|【编辑数据】命令，在弹出的 Excel 工作表中编辑图表数据即可。

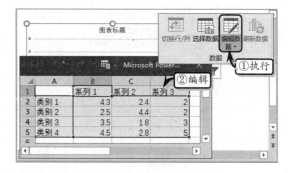

2．重新定位数据区域

执行【图表工具】|【设计】|【数据】|【选择数据】命令，在弹出的【选择数据源】对话框中，单击【图表数据区域】右侧的折叠按钮，在 Excel 工作表中选择数据区域即可。

3．添加数据区域

执行【数据】|【选择数据】命令，在弹出的【选择数据源】对话框中单击【添加】按钮。然后，在弹出的【编辑数据系列】对话框中，分别设置【系列名称】和【系列值】选项即可。

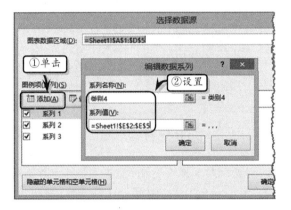

4．删除数据区域

对于图表中多余的数据，也可以对其进行删除。选择表格中需要删除的数据区域，按 Delete 键，即可删除工作表和图表中的数据。若用户选择图表中的数据，按 Delete 键，此时，只会删除图表中的数据，不能删除工作表中的数据。

另外，选择图表，执行【图表工具】|【数据】|【选择数据】命令，在弹出的【选择数据源】对话框中的【图例项（系列）】列表框中，选择需要删除的系列名称，并单击【删除】按钮。

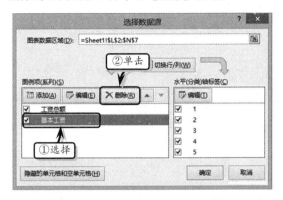

> **技巧**
>
> 用户也可以选择图表，通过在工作表中拖动图表数据区域的边框，更改图表数据区域的方法，来删除图表数据。

10.3　设置布局和样式

创建图表之后，为达到美化图表的目的以及增加图表的整体变现力，也为了使图表更符合数据类型，还需要设置图表的布局和样式。

10.3.1　设置图表布局

图表布局直接影响到图表的整体效果，用户可根据工作习惯设置图表的布局以及图表样式，从而达到美化图表的目的。

1．使用预定义图表布局

选择图表，执行【图表工具】|【设计】|【图表布局】|【快速布局】命令，选择相应的布局即可。

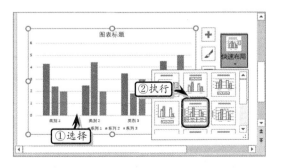

2．自定义图表布局

选择图表，执行【图表工具】|【设计】|【图表布局】|【添加图表元素】|【数据表】命令，在其级联菜单中选择相应的选项即可。

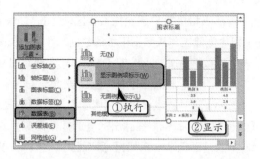

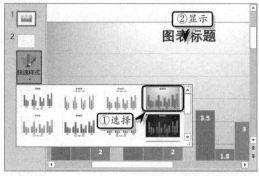

另外，选择图表，执行【图表工具】|【设计】|【图表布局】|【添加图表元素】|【数据标签】命令，在其级联菜单中选择相应的选项即可。

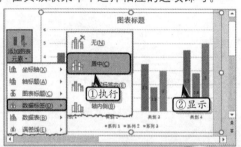

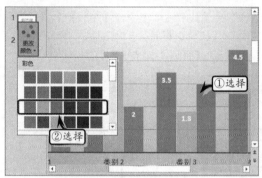

> **提示**
>
> 使用同样方法，用户还可以通过执行【添加图表元素】命令，添加图例、网格线、坐标轴等图表元素。

10.3.2 设置图表样式

图表样式主要包括图表中对象区域的颜色属性。PowerPoint 也内置了一些图表样式，允许用户快速对其进行应用。

1. 应用快速样式

选择图表，执行【图表工具】|【设计】|【图表样式】|【快速样式】命令，在下拉列表中选择相应的样式即可。

2. 更改图表颜色

执行【图表工具】|【设计】|【图表样式】|【更改颜色】命令，在其级联菜单中选择一种颜色类型，即可更改图表的主题颜色。

> **技巧**
>
> 用户也可以单击图表右侧的 ✔ 按钮，即可在弹出的列表中快速设置图表的样式，以及更改图表的主题颜色。

10.3.3 添加分析线

分析线是在图表中显示数据趋势的一种辅助工具，它只适用于部分图表，包括误差线、趋势线、线条和涨/跌柱线。

1. 添加误差线

误差线主要用来显示图表中每个数据点或数据标记的潜在误差值，每个数据点可以显示一个误差线。

选择图表，执行【图表工具】|【设计】|【图表布局】|【添加图表元素】|【误差线】命令，在其级联菜单中选择误差线类型即可。

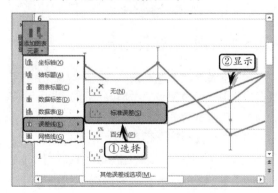

其各类型的误差线含义如下：

类 型	含 义
标准误差	显示使用标准误差的图表系列误差线
百分比	显示包含 5% 值的图表系列的误差线
标准偏差	显示包含 1 个标准偏差的图表系列的误差线

2. 添加趋势线

趋势线主要用来显示各系列中数据的变化趋势。选择图表，执行【图表工具】|【设计】|【图表布局】|【添加图表元素】|【趋势线】命令，在其级联菜单中选择趋势线类型，在弹出的【添加趋势线】对话框中，选择数据系列即可。

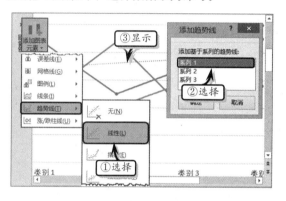

其他类型的趋势线的含义如下：

类 型	含 义
线性	为选择的图表数据系列添加线性趋势线
指数	为选择的图表数据系列添加指数趋势线
线性预测	为选择的图表数据系列添加两个周期预测的线性趋势线
移动平均	为选择的图表数据系列添加双周期移动平均趋势线

提示

在 PowerPoint 中，不能向三维图表、堆积型图表、雷达图、饼图与圆环图中添加趋势线。

3. 添加线条

线条主要包括垂直线和高低点线。选择图表，执行【图表工具】|【设计】|【图表布局】|【添加图表元素】|【线条】命令，在其级联菜单中选择线条类型。

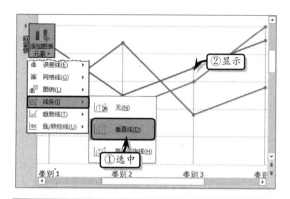

注意

用户为图表添加线条之后，可执行【添加图表元素】|【线条】|【无】命令，取消已添加的线条。

4. 添加涨/跌柱线

涨/跌柱线是具有两个以上数据系列的折线图中的条形柱，可以清晰地指明初始数据系列和终止数据系列中数据点之间的差别。

选择图表，执行【图表工具】|【设计】|【图表布局】|【添加图表元素】|【涨/跌柱线】|【涨/跌柱线】命令，即可为图表添加涨/跌柱线。

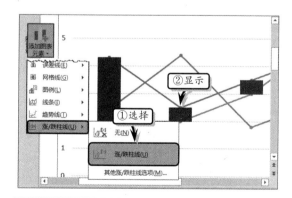

技巧

用户也可以单击图表右侧的 + 按钮，即可在弹出的列表中快速添加图表元素。

知识链接 10-2 为图表添加直线

用户在运用图表分析数据时，往往需要利用直线标记特定的数值，以达到区分数据值范围的目的。在 PowerPoint 中，可通过设置误差线的正负值，来为图表添加一条直线。

10.3.4 示例：组合图表

一般情况下，用户所创建图表都是基于一种图表类型进行显示。而当用户需要对一些数据进行特殊分析时，基于一种图表类型的数据系列将无法达到用户分析数据的要求与目的。此时，可以使用 PowerPoint 内置的图表功能来创建组合图表，从而使数据系列根据数据分类选用不同的图表类型，便于用户对数据进行分析与预测。在本示例中，将通过创建一个柱-折线图组合图表，来详细介绍创建组合图表的操作方法。

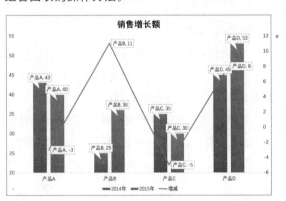

STEP|01 新建演示文稿，执行【插入】|【插图】|【图表】命令，选择【组合】选项卡，选择【簇状柱形图-折线图】选项，并单击【确定】按钮。

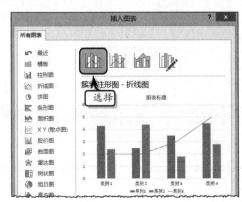

STEP|02 在弹出的 Excel 工作表中，输入图表数据，关闭 Excel 工作表，并删除所有占位符。

	A	B	C	D	E
1		2014年	2015年	增减	
2	产品A	43	40	-3	
3	产品B	25	36	11	
4	产品C	35	30	-5	
5	产品D	45	53	8	
6					
7					
8					
9					
10					
11					

STEP|03 执行【设计】|【类型】|【更改图表类型】命令，在弹出的【更改图表类型】对话框中，启用"增减"系列名称对应的【次坐标轴】复选框。

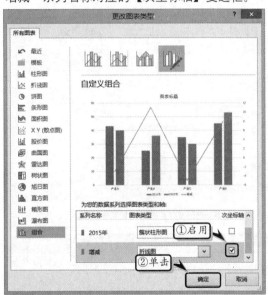

STEP|04 双击"垂直（值）轴"坐标轴，将【最小值】设置为"20"，将【最大值】设置为"55"。

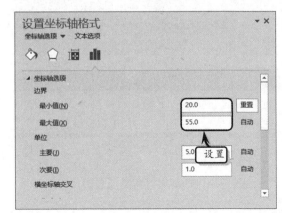

STEP|05 更改图表标题，执行【设计】|【图表样式】|【快速样式】|【样式 4】命令，设置图表样式。

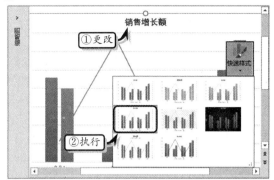

STEP|06 执行【格式】|【形状样式】|【其他】|【彩色轮廓-绿色，强调颜色 6】命令，设置形状样式。

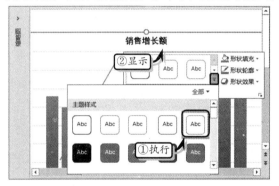

STEP|07 执行【设计】|【图表布局】|【添加图表

元素】|【数据标签】|【数据标注】命令，添加数据标注。

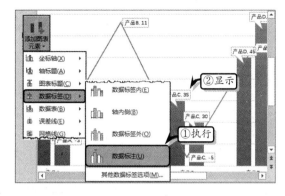

STEP|08 执行【设计】|【图表布局】|【添加图表元素】|【网格线】|【主轴主要水平网格线】命令，取消水平网格线。

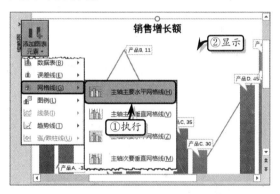

10.4 设置图表格式

在 PowerPoint 中，除了通过添加分析线和自定义图表布局等方法，来美化和分析图表数据之外。还可以通过设置图表的边框颜色、填充颜色、三维格式与旋转格式等编辑操作，达到美化图表的目的。

10.4.1 设置图表区格式

设置图表区格式是通过设置图表区的边框颜色、边框样式、三维格式与旋转等操作，来美化图表区。

1．设置填充效果

选择图表，执行【图表工具】|【格式】|【当前所选内容】|【图表元素】命令，在其下拉列表

中选择【图表区】选项。然后，执行【设置所选项内容格式】命令，在弹出的【设置图表区格式】窗格中，从【填充】选项组中选择一种填充效果，并设置相应的选项。

在【填充】选项组中，主要包括 6 种填充方式，其具体情况，如下表所示。

选项	子选项	说明
无填充		不设置填充效果
纯色填充	颜色	设置一种填充颜色
	透明度	设置填充颜色透明状态
渐变填充	预设渐变	用来设置渐变颜色，共包含 30 种渐变颜色
	类型	表示颜色渐变的类型，包括线性、射线、矩形与路径
	方向	表示颜色渐变的方向，包括线性对角、线性向下、线性向左等 8 种方向
	角度	表示渐变颜色的角度，其值介于 1~360 度之间
	渐变光圈	可以设置渐变光圈的结束位置、颜色与透明度
图片或纹理填充	纹理	用来设置纹理类型，一共包括 25 种纹理样式
	插入图片来自	可以插入来自文件、剪贴板与剪贴画中的图片
	将图片平铺为纹理	表示纹理的显示类型，选择该选项则显示【平铺选项】，禁用该选项则显示【伸展选项】
	伸展选项	主要用来设置纹理的偏移量
	平铺选项	主要用来设置纹理的偏移量、对齐方式与镜像类型
图案填充	图案	用来设置图案的类型，一共包括 48 种类型
	前景	主要用来设置图案填充的前景颜色
	背景	主要用来设置图案填充的背景颜色
自动		选择该选项，表示图表的图表区填充颜色将随机进行显示，一般默认为白色

2. 设置边框颜色

在【设置图表区格式】窗格中的【边框】选项

组中，设置边框的样式和颜色即可。在该选项组中，包括【无线条】、【实线】、【渐变线】与【自动】4 种选项。例如，选中【实线】选项，在列表中设置【颜色】与【透明度】选项，然后设置【宽度】、【复合类型】和【短划线类型】选项。

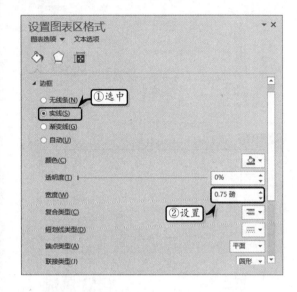

3. 设置阴影格式

在【设置图表区格式】窗格中，激活【效果】选项卡，在【阴影】选项组中设置图表区的阴影效果。

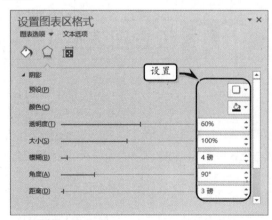

4. 设置三维格式

在【设置图表区格式】窗格中的【三维格式】选项组中，设置图表区的顶部棱台、底部棱台和深度选项。

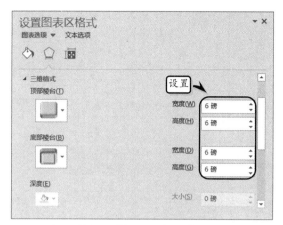

10.4.2 设置数据系列格式

数据系列是图表中的重要元素之一，用户可以通过设置数据系列的形状、填充、边框颜色和样式、阴影以及三维格式等效果，达到美化数据系列的目的。

1. 设置线条颜色

选择数据系列，激活【填充与线条】选项卡，在该选项卡中可以设置数据系列的线条颜色，包括无线条、实线、渐变线等。

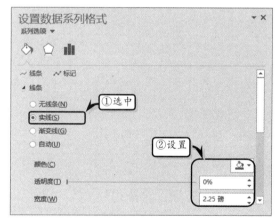

2. 更改形状

选择图表中的数据系列，右击执行【设置数据系列格式】命令，在弹出的【设置数据系列格式】窗格中激活【系列选项】选项卡，并选中一种形状。然后，调整【系列间距】和【分类间距】值。

> **注意**
>
> 在【系列选项】选项卡中，其形状的样式会随着图表类型的改变而改变。

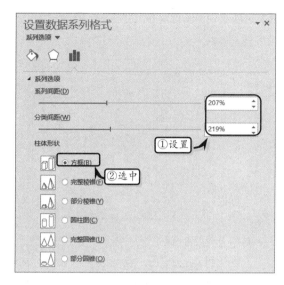

10.4.3 设置坐标轴格式

坐标轴是标示图表数据类别的坐标线，用户可以在【设置坐标轴格式】任务窗格中设置坐标轴的数字类别与对齐方式。

1. 调整数字类别

双击坐标轴，在弹出的【设置坐标轴格式】任务窗格中，激活【坐标轴选项】下的【坐标轴选项】选项卡。然后，在【数字】选项组中的【类别】列表框中选择相应的选项，并设置其小数位数与样式。

2. 调整对齐方式

在【设置坐标轴格式】任务窗格中，激活【坐标轴选项】下的【大小属性】选项卡。在【对齐方式】选项组中，设置对齐方式、文字方向与自定义角度。

3．调整坐标轴选项

双击水平坐标轴，在【设置坐标轴格式】任务窗格中，激活【坐标轴选项】下的【坐标轴选项】选项卡。在【坐标轴选项】选项组中，设置各项选项即可。

其中，在【坐标轴选项】选项组，主要包括下表中的各项选项。

选项	子选项	说　明
坐标轴类型	根据数据自动选择	选中该单选按钮将根据数据类型设置坐标轴类型
	文本坐标轴	选中该单选按钮表示使用文本类型的坐标轴
	日期坐标轴	选中该单选按钮表示使用日期类型的坐标轴

纵坐标轴交叉	自动	设置图表中数据系列与纵坐标轴之间的距离为默认值
	分类编号	自定义数据系列与纵坐标轴之间的距离
	最大分类	设置数据系列与纵坐标轴之间的距离为最大显示
坐标轴位置	在刻度线上	表示其位置位于刻度线上
	刻度线之间	表示其位置位于刻度线之间
逆序类别		选中该复选框，坐标轴中的标签顺序将按逆序进行排列

另外，双击垂直坐标轴，在【设置坐标轴格式】任务窗格中，激活【坐标轴选项】下的【坐标轴选项】选项卡，设置各项选项即可。

在【坐标轴选项】选项卡中，主要包括下列选项：

- ❏ **边界**　将坐标轴标签的最小值及最大值设置为固定值或自动值。
- ❏ **单位**　将坐标轴标签的主要刻度值及次要刻度值，设置为固定值或自动值。
- ❏ **横坐标轴交叉点**　用于设置水平坐标轴的显示方式，包括自动、坐标轴值和最大坐标轴值 3 种方式。
- ❏ **对数刻度**　启用该选项，可以将坐标轴标签中的值按对数类型进行显示。
- ❏ **逆序刻度值**　用于将坐标轴中的标签顺序按逆序进行显示。
- ❏ **显示单位**　启用该选项，可以在坐标轴上显示单位类型。

PowerPoint 知识链接 10-3	清除空白日期

　　当用户运用图表显示有关日期的时间时，不连续的日期数据会让图表存在空白日期。例如，已知销售统计表中日期数据中缺少 2 月 4 日与 2 月 8 日，但是图表分类坐标轴中的日期依然按照连续的日期显示。这样，便会在图表中出现空白日期。

10.4.4　示例：甘特图

　　甘特图是一个水平条形图，常用于项目管理。在本示例中，将运用堆积条形图来创建甘特图。首先，创建堆积条形图。然后，设置堆积条形图的坐标轴格式，隐藏指定的数据系列并设置显示数据系列的棱台效果。

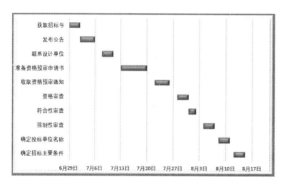

STEP|01 新建空白演示文稿，执行【设计】|【自定义】|【幻灯片大小】|【标准】命令，设置幻灯片的大小。

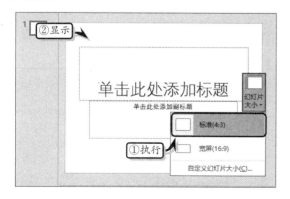

STEP|02 删除所有占位符，执行【插入】|【插图】|【图表】命令，在打开的【插入图表】对话框中

选择【条形图】选项，再选择【堆积条形图】选项，并单击【确定】按钮。

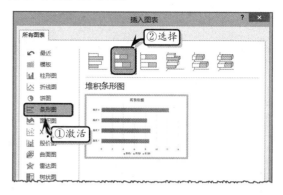

STEP|03 在弹出的 Excel 工作表中，输入图表数据，并关闭工作表。

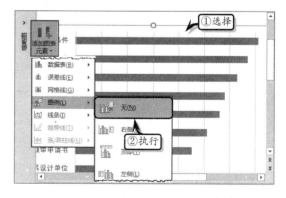

STEP|04 选择图表，执行【设计】|【图表布局】|【添加图表元素】|【图例】|【无】命令，删除图表图例。

STEP|05 双击"水平（值）轴"坐标轴，将边界的【最小值】、【最大值】与单位的【主要】分别设置为"42184""42235"与"7"。

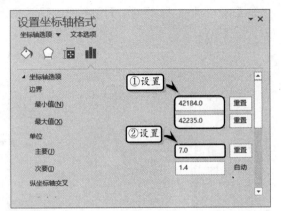

STEP|06 激活【数字】选项卡，将日期格式设置为"3月14日"。

STEP|07 选择图表，在【开始】选项卡【字体】选项组中，将【字号】设置为"14"。

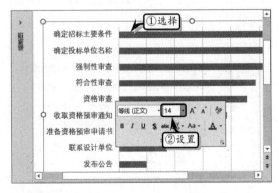

STEP|08 双击"开始时间"数据系列，在【填充】选项卡中，选中【无填充】选项。

STEP|09 双击"垂直（类别）轴"，启用【逆序类别】与【最大分类】选项。

STEP|10 选择图表，执行【格式】|【形状样式】

|【彩色轮廓-橙色，强调颜色 2】命令。同样，执行【形状轮廓】|【粗细】|【3 磅】命令。

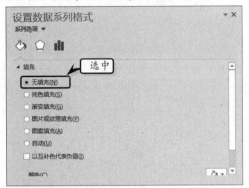

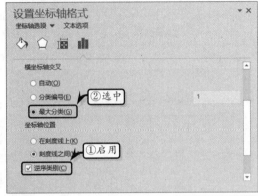

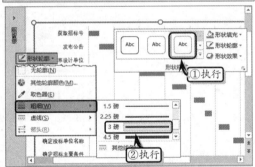

STEP|11 执行【形状样式】|【形状效果】|【棱台】|【草皮】命令，设置图表的棱台效果。

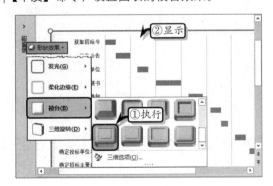

STEP|12 选择数据系列，执行【格式】|【形状样式】|【形状效果】|【棱台】|【圆】命令。

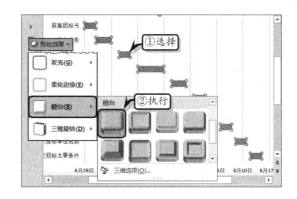

10.5　练习：分离饼状图

在 PowerPoint 中，用户可以使用图表功能，对幻灯片中的数据进行对比显示，以及描述数据之间的关系和变化趋势。例如，通过柱形图对比数据之间的变化趋势，通过饼状图显示数据占总额的百分比值等。在本练习中，将通过制作一份分离饼状图图表，来详细介绍制作图表的操作方法和实用技巧。

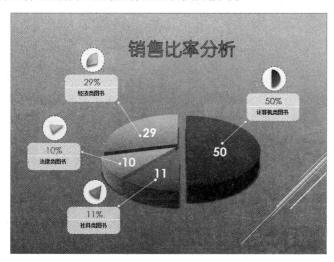

操作步骤 >>>>

STEP|01 设置幻灯片。新建空白演示文稿，执行【设计】|【自定义】|【幻灯片大小】|【标准】命令，并执行【开始】|【幻灯片】|【版式】|【空白】命令，更改幻灯片的版式。

STEP|02 执行【设计】|【主题】|【主题】|【切片】命令，应用幻灯片主题。

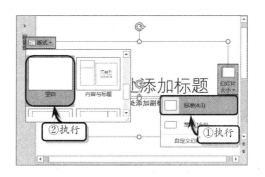

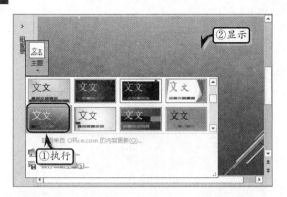

STEP|03 插入图表。执行【插入】|【插图】|【图表】命令，选择【饼图】选项组中的【三维饼图】选项。

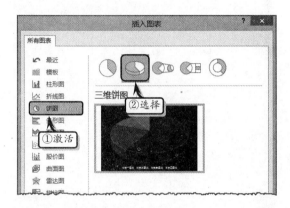

STEP|04 在弹出的 Excel 工作表中，输入图表数据，并关闭 Excel 工作表。

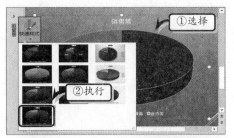

STEP|05 设置图表。选择图表，执行【图表工具】|【设计】|【图表样式】|【快速样式】|【样式10】命令，设置图表的样式。

STEP|06 删除图表中的图例和标题，执行【图表工具】|【设计】|【图表布局】|【添加图表元素】|【数据标签】|【居中】命令，添加数据标签。

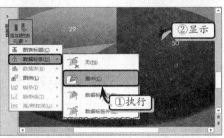

STEP|07 单击两次鼠标选择图表中最右侧的数据系列，拖动鼠标调整数据系列的分离程度。同时，在【开始】选项卡【字体】选项组中，设置图表的字休格式。

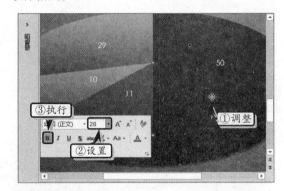

STEP|08 制作缩略形状。执行【插入】|【插图】|【形状】|【椭圆】命令，绘制一个椭圆形形状，并调整形状的大小和位置。

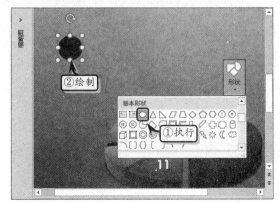

STEP|09 执行【绘图工具】|【形状样式】|【形状填充】|【其他填充颜色】命令，设置填充色和透明度。

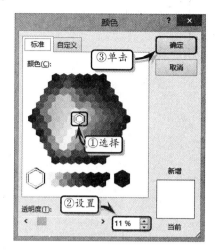

STEP|10 执行【形状样式】|【形状轮廓】|【黑色，背景 1】命令，同时执行【粗细】|【0.75 磅】命令。

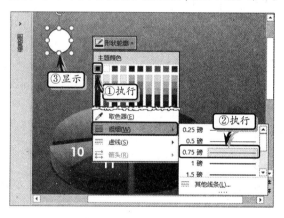

STEP|11 执行【形状样式】|【形状轮廓】|【虚线】命令，在其级联菜单中选择一种虚线类型。

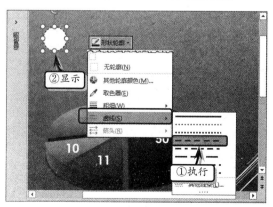

STEP|12 执行【插入】|【插图】|【形状】|【饼形】命令，绘制一个饼形形状，并调整形状的大小和位置。

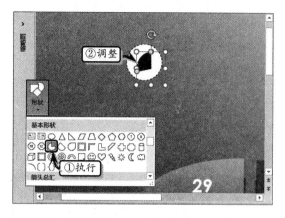

STEP|13 执行【绘图工具】|【格式】|【形状样式】|【其他】|【强烈效果-深绿，强调颜色 4】命令，设置形状样式。使用同样方法，制作其他缩略形状。

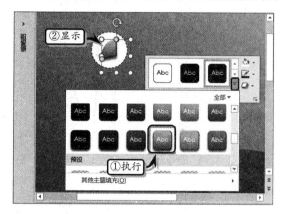

STEP|14 制作描述文本形状。执行【插入】|【插图】|【形状】|【圆角矩形】命令，绘制一个圆角矩形形状，并调整形状的大小和位置。

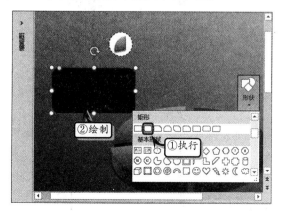

STEP|15 选择圆角矩形形状，执行【绘图工具】|【形状样式】|【形状填充】|【其他填充颜色】命令，自定义填充色和透明度。

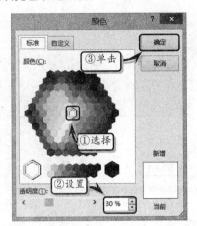

STEP|16 执行【形状样式】|【形状轮廓】|【白色，文字1】命令，同时执行【虚线】命令，在展开的级联菜单中选择一种虚线类型。

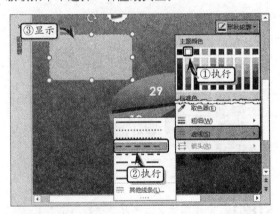

STEP|17 执行【插入】|【插图】|【形状】|【直线】命令，绘制一个直线形状，并调整形状的大小和位置。

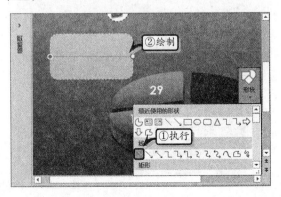

STEP|18 执行【绘图工具】|【形状样式】|【形状轮廓】|【其他填充颜色】命令，自定义填充色和透明度。

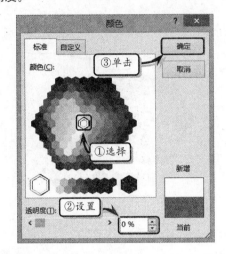

STEP|19 执行【插入】|【文本】|【文本框】|【横排文本框】命令，插入文本框，输入文本并设置文本的字体格式。使用同样方法，分别制作其他描述文本形状。

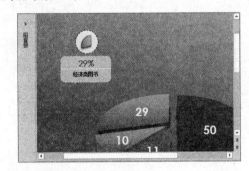

STEP|20 制作连接线。执行【插入】|【插图】|【形状】|【箭头】命令，绘制一个箭头形状，并调整形状的大小和位置。

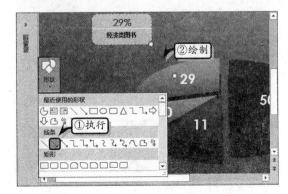

STEP|21 执行【绘图工具】|【形状样式】|【形状填充】|【白色，文字 1】命令，同时执行【箭头】|【箭头样式 9】命令，设置形状样式。使用同样方法，制作其他连接线。

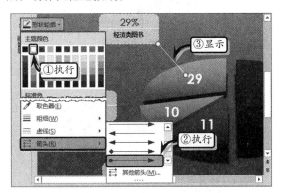

STEP|22 制作标题。执行【插入】|【文本】|【艺术字】|【填充-橙色，主题色 5，轮廓-背景 1，清晰阴影-主题色 5】命令，输入艺术字文本并设置其字体大小。

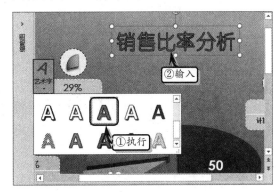

PowerPoint 10.6 练习：苏州印象之三

苏州印象中的"观"内容，主要介绍了苏州园林和苏州刺绣。其中，苏州园林主要有沧浪亭、狮子林、拙政园、留园、网狮园、怡园等。而苏州刺绣，具有图案秀丽、构思巧妙、绣工细致、针法活泼、色彩清雅的独特风格，地方特色浓郁。在本练习中，将详细介绍制作苏州印象中"观"内容幻灯片的方法和步骤。

操作步骤 ▶▶▶▶

STEP|01 设置背景格式。新建一张空白幻灯片，执行【设计】|【自定义】|【设置背景格式】命令，选中【图片或纹理填充】选项，并单击【文件】按钮。

STEP|02 在弹出的【插入图片】对话框中，选择图片文件，单击【插入】按钮，插入背景图片。

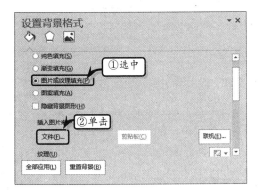

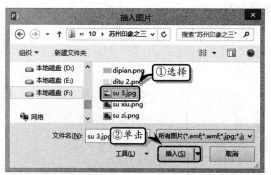

STEP|03 插入风景图片。执行【插入】|【图像】|【图片】命令，选择图片文件，单击【插入】按钮，插入并调整图片。

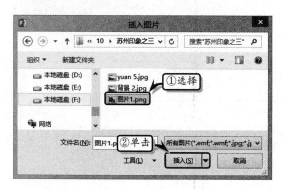

STEP|04 制作矩形形状。执行【插入】|【插图】|【形状】|【矩形】命令，绘制一个矩形形状，并设置形状的大小。

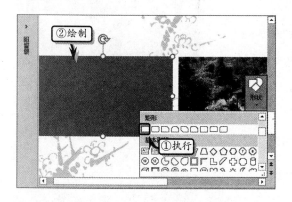

STEP|05 选择矩形形状，执行【绘图工具】|【格式】|【形状样式】|【形状填充】|【其他填充颜色】命令，自定义填充色。

STEP|06 执行【格式】|【形状样式】|【形状轮廓】|【无轮廓】命令，取消形状轮廓。

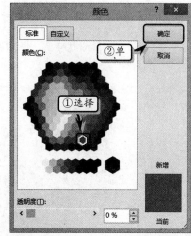

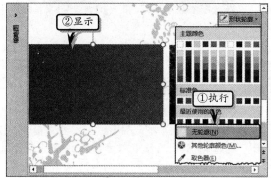

STEP|07 制作小矩形形状。执行【插入】|【插图】|【形状】|【矩形】命令，绘制矩形形状，并设置形状的大小。

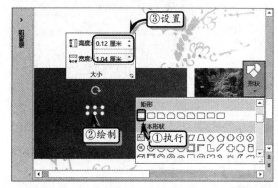

STEP|08 选择矩形形状，执行【绘图工具】|【格式】|【形状样式】|【形状填充】|【白色，背景1】命令，同时执行【形状轮廓】|【无轮廓】命令。

STEP|09 制作副标题文本。执行【插入】|【文本】|【文本框】|【竖排文本框】命令，输入文本并设置文本的字体格式。

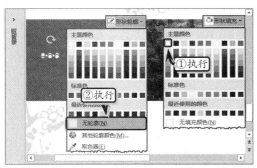

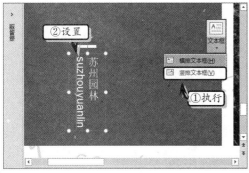

STEP|10 组合对象。同时选择副标题文本框和直线形状，右击执行【组合】|【组合】命令，组合对象。然后，复制组合对象，并修改文本内容。

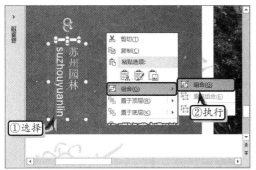

STEP|11 制作毛笔效果字。执行【插入】|【插图】|【形状】|【曲线】命令，绘制一个曲线"观"字的部首。

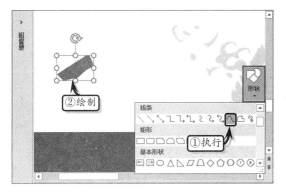

STEP|12 选择部首形状，执行【绘图工具】|【格式】|【形状样式】|【形状填充】|【其他填充颜色】命令，自定义填充色。

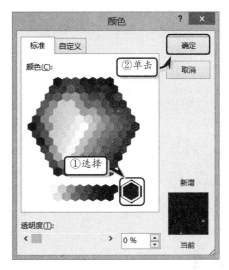

STEP|13 执行【格式】|【形状样式】|【形状轮廓】|【无轮廓】命令，取消轮廓样式。使用同样的方法，制作字体的其他部首，并排列在一起。

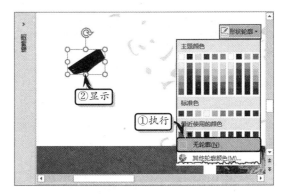

STEP|14 制作主标题。执行【插入】|【文本框】|【竖排文本框】命令，输入文本并设置其字体格式。

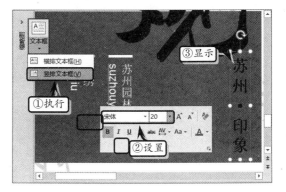

STEP|15 添加动画效果。选择"观"字部首，执行【动画】|【动画】|【动画样式】|【进入】|【擦除】命令，同时执行【效果选项】|【方向】|【自左侧】命令，并设置【计时】选项。

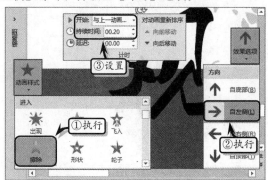

STEP|16 选择"观"字中的第二个部首，执行【动画】|【动画】|【动画样式】|【进入】|【擦除】命令，同时执行【效果选项】|【方向】|【自顶部】命令，并设置【计时】选项。使用同样方法，为其他部首添加动画效果。

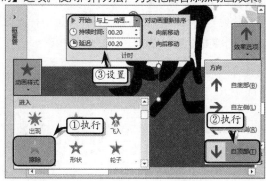

STEP|17 选择"苏州园林"组合对象，执行【动画】|【动画】|【动画样式】|【进入】|【浮入】命令，同时执行【效果选项】|【方向】|【下浮】命令，并设置【计时】选项。使用同样方法，为其他组合对象添加动画效果。

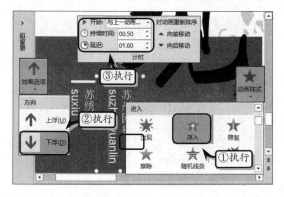

STEP|18 设置背景格式。新建空白幻灯片，执行【设计】|【自定义】|【设置背景格式】命令，选中【图片或纹理填充】选项，并单击【文件】按钮。

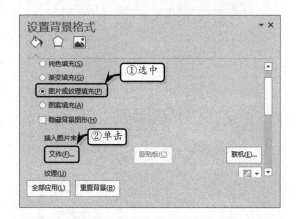

STEP|19 在弹出的【插入图片】对话框中，选择图片文件，单击【插入】按钮，插入背景图片。

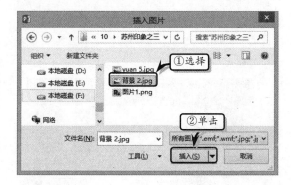

STEP|20 插入标题图片。执行【插入】|【图像】|【图片】命令，选择图片文件，单击【插入】按钮，插入多个图片。

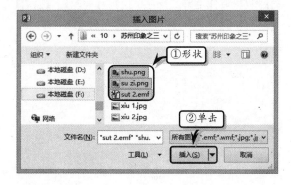

STEP|21 在幻灯片中，调整图片的显示位置，并准确地排列图片。

STEP|22 插入背景图片。执行【插入】|【图像】|【图片】命令，选择图片文件，单击【插入】按钮，插入图片文件。

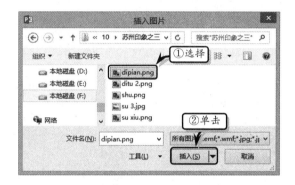

STEP|23 插入展示图片。执行【插入】|【图像】|【图片】命令，选择图片文件，单击【插入】按钮，插入图片并排列图片。

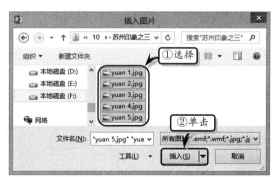

STEP|24 制作说明文本。执行【插入】|【文本】|【横排文本框】命令，绘制文本框，输入文本并设置文本的字体格式。

STEP|25 插入艺术字。执行【插入】|【文本】|【艺术字】|【填充-黑色，文本 1，阴影】命令，输

入艺术字文本并设置文本的字体格式。使用同样方法，制作其他艺术字。

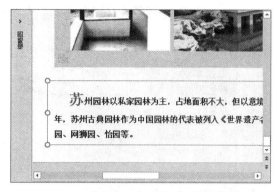

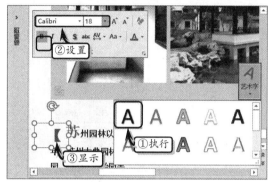

STEP|26 组合对象。选择说明性文本框和前后 2个艺术字，右击执行【组合】|【组合】命令，组合对象。

STEP|27 添加动画效果。选择组合文本框，执行【动画】|【动画】|【动画样式】|【进入】|【浮入】命令，并设置【计时】选项。

STEP|28 插入标题图片。复制第 5 张幻灯片，删除幻灯片中的相应图片，并修改文本内容。并执行

【插入】|【图像】|【图片】命令，选择图片文件，单击【插入】按钮。

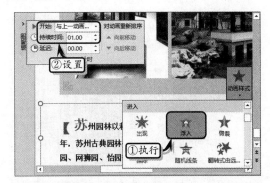

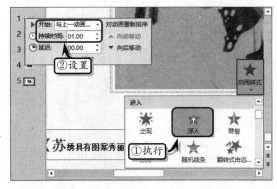

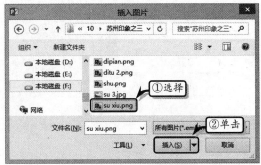

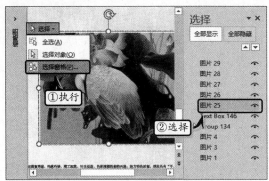

STEP|29 插入背景和展示图片。执行【插入】|【图像】|【图片】命令，选择图片文件，单击【插入】按钮，插入图片并排列图片的显示层次。

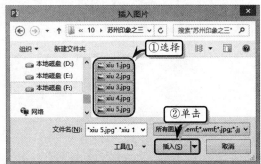

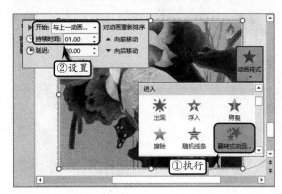

STEP|30 添加动画效果。选择说明性文本框，执行【动画】|【动画】|【动画样式】|【进入】|【浮入】命令，并设置【计时】选项。

STEP|31 执行【开始】|【编辑】|【选择】|【选择窗格】命令，打开【选择】窗格，选择图片 25 对象。

STEP|32 执行【动画】|【动画】|【动画样式】|【进入】|【翻转式由远及近】命令，并设置【计时】选项。

STEP|33 执行【动画】|【高级动画】|【添加动画】|【退出】|【淡出】命令，并设置【计时】选项。使用同样的方法，为其他图片添加动画效果。

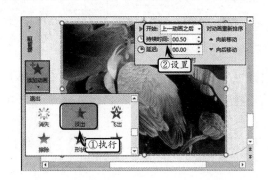

10.7 新手训练营

练习 1：年销售比率分析图
downloads\10\新手训练营\年销售比率分析图

提示：本练习中，主要使用 PowerPoint 中的插入图表、设置图表样式、设置图表区域格式、插入艺术字、设置艺术字格式等常用功能。

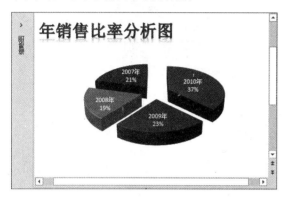

其中，主要制作步骤如下所述。

（1）执行【插入】|【插图】|【图表】命令，选择【分离型三维饼图】选项，插入图表。

（2）设置图表的样式，以及数据系列的填充颜色和棱台效果。

（3）设置图表区域的填充颜色、轮廓样式和字体颜色。

（4）为图表插入艺术字标题，并设置艺术字的字体格式。

练习 2：销售数据分析图
downloads\10\新手训练营\销售数据分析图

提示：本练习中，主要使用 PowerPoint 中的插入图表、设置图表样式、设置图表区域格式、设置坐标轴格式等常用功能。

其中，主要制作步骤如下所述。

（1）执行【插入】|【插图】|【图表】命令，选择【簇状圆柱图】选项，插入图表。

（2）执行【设计】|【图表样式】|【样式 26】命令，设置图表的样式。

（3）右击图表执行【设置图表区域格式】命令，

设置其渐变填充效果。

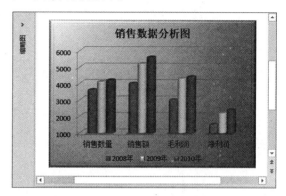

（4）双击垂直坐标轴，设置坐标轴的格式。

（5）设置图例的显示位置，以及数据系列的填充颜色，并添加图表标题。

练习 3：人员业绩分析图
downloads\10\新手训练营\人员业绩分析图

提示：本练习中，主要使用 PowerPoint 中的插入图表、设置图表样式、设置坐标轴格式、设置图表布局等常用功能。

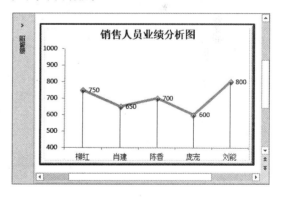

其中，主要制作步骤如下所述。

（1）执行【插入】|【插图】|【图表】命令，选择【带数据标记的折线图】选项，插入图表。

（2）执行【设计】|【图表样式】|【其他】|【样式 29】命令，设置图表样式，并设置图表的轮廓样式和曹皮棱台效果。

（3）双击垂直坐标轴，设置坐标轴的最大值和最小值。

练习4：瀑布图

downloads\10\新手训练营\瀑布图

提示：本练习中，主要使用 PowerPoint 中的插入图表、设置数据系列格式、添加数据标签、取消网格线等常用功能。

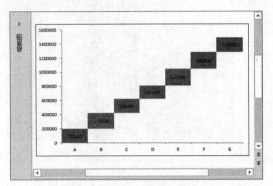

其中，主要制作步骤如下所述。

（1）执行【插入】|【插图】|【图表】命令，选择【堆积柱形图】选项，插入图表。

（2）选择"辅助数据"数据系列，右击执行【设置数据系列格式】命令，选中【无填充】选项。

（3）选择"2008 年销售额"数据系列，右击执行【设置数据系列格式】命令。在【系列选项】选项卡中，将【分类间距】设置为"0"。

（4）选择"2008 年销售额"数据系列，执行【布局】|【标签】|【数据标签】|【居中】命令，添加数据标签。

（5）执行【布局】|【坐标轴】|【网格线】|【主

要横网格线】|【无】命令，取消网格线。

练习5：比较直方图

downloads\10\新手训练营\比较直方图

提示：本练习中，主要使用 PowerPoint 中的插入图表、设置坐标轴格式、设置数据系列格式、设置形状样式等常用功能。

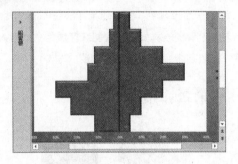

其中，主要制作步骤如下所述。

（1）执行【插入】|【插图】|【图表】命令，选择【簇状条形图】选项，插入图表。

（2）双击水平轴，设置水平轴的刻度单位和数字格式。

（3）双击垂直轴，将【主要刻度线类型】设置为"无"，将【坐标轴标签】设置为"低"。

（4）双击任意一个数据系列，将【系统重叠】设置为"100%"，将【分类间距】设置为"0%"。

（5）执行【格式】|【坐标轴】|【网格线】|【主要纵网格线】|【无】命令，删除主要纵网格线。

（6）在【格式】选项卡【形状样式】选项组中，设置图表和数据系列的形状样式和形状效果。

第 **11** 章

使用多媒体

作为一种重要的多媒体演示工具，PowerPoint 允许用户在演示文稿中插入多种类型的媒体，包括文本、图像、图形、动画、音频和视频等。本章将介绍使用 PowerPoint 为演示文稿插入音频、视频以及对音频和视频进行编辑、管理的方法。

11.1 使用音频

音频可以记录语声、乐声和环境声等多种自然声音，也可以记录从数字设备采集的数字声音。使用 PowerPoint，用户可以方便地将各种音频插入到演示文稿中。

11.1.1 插入音频

PowerPoint 允许用户为演示文稿插入多种类型的音频，包括各种采集的模拟声音和数字音频，这些音频类型，如下表所述。

音频格式	说 明
AAC	ADTS Audio，Audio Data Transport Stream（用于网络传输的音频数据）
AIFF	音频交换文件格式
AU	UNIX 系统下的波形声音文档
MIDI	乐器数字接口数据，一种乐谱文件
MP3	动态影像专家组制定的第三代音频标准，也是互联网中最常用的音频标准
MP4	动态影像专家组制定的第四代视频压缩标准
WAV	Windows 波形声音
WMA	Windows Media Audio，支持证书加密和版权管理的 Windows 媒体音频

1. 插入本地声音

在幻灯片中，执行【插入】|【媒体】|【音频】|【PC 上的音频】命令，在弹出的【插入音频】对话框中选择音频文档，单击【插入】按钮，将其插入到演示文稿中。

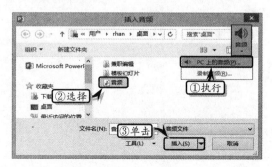

2. 插入录制音频

PowerPoint 不仅可以插入储存于本地计算机和互联网中的音频，还可以通过麦克风采集声音，将其录制为音频并插入到演示文稿中。

在幻灯片中，执行【插入】|【媒体】|【音频】|【录制音频】命令，在弹出的【录制声音】对话框中单击【录制】按钮 ，录制音频文档。

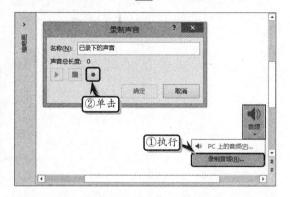

在完成录制后，用户可及时单击【停止】按钮 ，完成录制过程，并单击【播放】按钮 ，试听录制的音频。

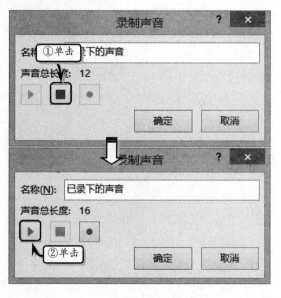

最后，在确认音频无误后，即可单击【确定】

按钮，将录制的音频插入到演示文稿中。

11.1.2 设置声音格式

PowerPoint 不仅允许用户为演示文稿插入音频，而且还允许用户控制声音播放，并设置音频的各种属性。

1．播放声音

用户可在设计演示文稿时试听插入的声音。选择插入的音频，然后即可在弹出的浮动框上单击试听的各种按钮，以控制音频的播放。

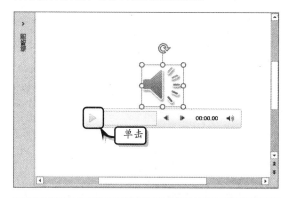

提示

浮动框中的◀按钮表示倒退 0.25 秒，而▶按钮表示前进 0.25 秒。另外，用户还可以按 Alt+P 组合键播放声音，按 Alt+Shift+Left 组合键倒退 0.25 秒，以及按 Alt+Shift+Right 组合键前进 0.25 秒，按 Alt+U 组合键调整音量。

另外，选择音频图标，执行【音频工具】|【预览】|【播放】按钮，即可播放声音文件。

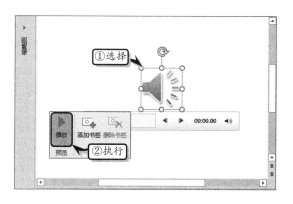

提示

执行【预览】|【播放】命令之后，开始播放音频文件。此时，【预览】选项组中的【播放】命令将变成【暂停】命令。

2．淡化声音

淡化音频是指控制声音在开始播放时音量从无声逐渐增大，以及在结束播放时音量逐渐减小的过程。

在 PowerPoint 中，用户可以为音频设置淡化效果。选择音频，选择【音频工具】下的【播放】选项卡，在【编辑】选项组中设置【淡入】值和【淡出】值即可。

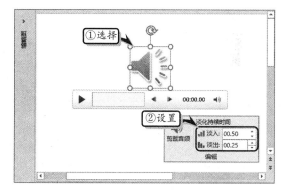

其中，【淡入】值的作用是为音频添加开始播放时的音量放大特效，而【淡出】值的作用则是为音频添加停止播放时的音量缩小特效。

3．裁剪声音

在录制或插入音频后，如需要剪裁并保留音频的一部分，则可使用 PowerPoint 的剪裁音频功能。选中音频，执行【音频工具】|【播放】|【编辑】|【剪裁音频】命令。

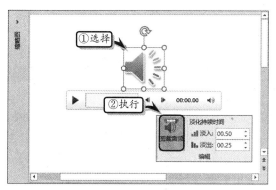

然后，在弹出的【剪裁音频】对话框中，可以手动拖动进度条中的绿色滑块，以调节剪裁的开始时间，同时，也可以调节红色滑块，修改剪裁的结束时间。如需要根据试听的结果来决定剪裁的时间段，用户也可直接单击该对话框中的【播放】按钮，来确定剪裁内容。

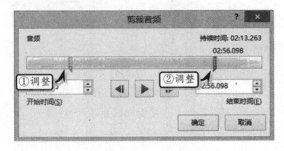

4．设置音频选项

音频选项的作用是控制音频在播放时的状态，以及播放音频的方式。PowerPoint 允许用户通过音频选项，控制音频播放的效果。

选择音频，在【音频工具】下的【播放】选项卡中的【音频选项】选项组中，设置各项选项即可设置音频的相关属性。例如，启用【跨幻灯片播放】复选框，将【开始】设置为"单击时"等。

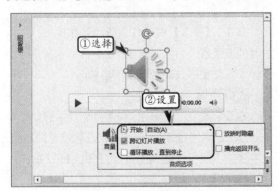

其中，在【音频选项】选项组中，提供了多种按钮和选项，其作用如下所述。

属	性	作 用
音量	低	设置音频播放时音量为低
	中	设置音频播放时音量为中
	高	设置音频播放时音量为高
	静音	设置音频播放时音量为静音
开始	自动	设置音频自动开始播放

续表

属	性	作 用
开始	单击时	设置音频在鼠标单击幻灯片时开始播放
跨幻灯片播放		设置音频播放会随着幻灯片的切换继续播放
循环播放，直到停止		设置音频播放完毕后自动重新播放，直到用户手动停止
放映时隐藏		设置音频的图标在幻灯片放映时隐藏
播完返回开头		设置音频播放完毕后自动返回幻灯片开头

5．添加书签

在播放声音的过程中，用户还可以通过添加书签的方法，来标注声音的播放情况。

执行【音频工具】|【播放】|【书签】|【添加书签】命令，即可在音频的播放位置添加一个书签。

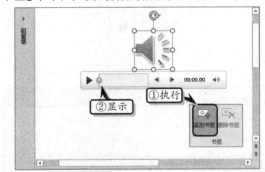

> **提示**
>
> 添加书签之后，可以按 Alt+Home 组合键或者 Alt+End 组合键跳过书签。

为音频添加书签之后，选择音频中的书签图标，执行【音频工具】|【播放】|【书签】|【删除书签】命令，即可删除音频中所选择的书签。

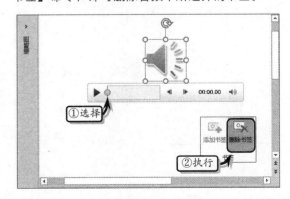

11.1.3 示例：苏州印象之音乐版

在制作幻灯片中，可以运用 PowerPoint 内置的音频功能来增加幻灯片的渲染性。在本示例中，将通过为"苏州印象之三"演示文稿添加音乐的操作，来详细介绍 PowerPoint 音频的使用方法。

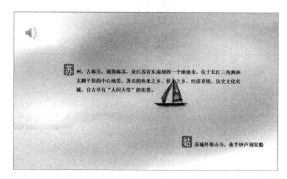

STEP|01 打开"苏州印象之三"演示文稿，选择第 1 张幻灯片，执行【插入】|【媒体】|【音频】|【PC 上的音频】命令。

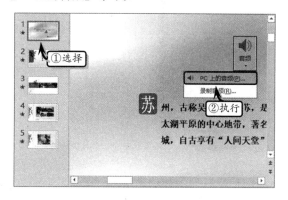

STEP|02 在弹出的【插入音频】对话框中，选择音频文件，单击【插入】按钮。

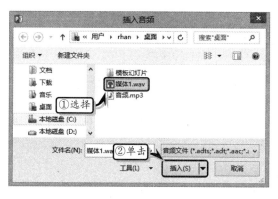

STEP|03 选择音频图标，在【播放】选项卡【音频选项】选项组中，将【开始】设置为"自动（A）"，同时启用相应选项。

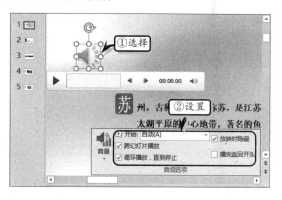

STEP|04 在【播放】选项卡【编辑】选项组中，将【淡入】和【淡出】分别设置为"00.25"。

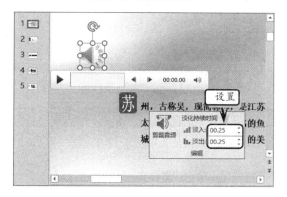

STEP|05 执行【动画】|【高级动画】|【动画窗格】命令，选择"媒体 1"效果，将其移动到第 1 位。

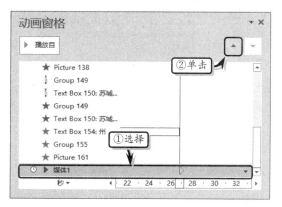

STEP|06 选择音频图标，单击【静音/取消静音】按钮，调整音频的播放音量。

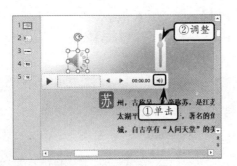

11.2　使用视频

在使用 PowerPoint 时，用户不仅可以为演示文稿插入、记录声音，还可以记录动态图形和图像的视频内容。

11.2.1　插入视频

PowerPoint 支持多种类型的视频文档格式，允许用户将绝大多数视频文档插入到演示文稿中。常见的 PowerPoint 视频格式主要包括以下几种。

视频格式	说　　明
ASF	高级流媒体格式，微软开发的视频格式
AVI	Windows 视频音频交互格式
QT、MOV	QuickTime 视频格式
MP4	第 4 代动态图像专家格式
MPEG	动态图像专家格式
MP2	第 2 代动态图像专家格式
WMV	Windows 媒体视频格式

1．插入本地视频

执行【插入】|【媒体】|【视频】|【PC 上的视频】命令，在弹出的【插入视频文件】对话框中，选择视频文件，单击【插入】按钮即可。

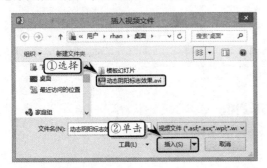

提示

用户也可以通过执行【插入】|【媒体】|【视频】|【联机视频】命令，插入联机视频。

另外，在包含"内容"版式的幻灯片中，单击占位符中的【插入视频文件】图标，在弹出的对话框中选择视频的插入位置，选择【来自文件】选项。

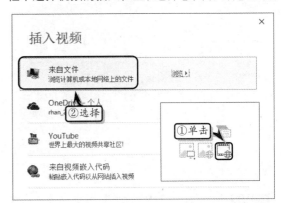

然后，在弹出的【插入视频文件】对话框中，选择视频文件，单击【插入】按钮即可。

2．插入联机视频

PowerPoint 2016 提供了一个联机视频功能，通过该功能可以查找位于 OneDrive 或 YouTube 等网络中的视频文件。

在幻灯片中，执行【插入】|【媒体】|【视频】|【联机视频】命令，在弹出的对话框中选择所需搜索视频的类型，输入搜索内容，单击【搜索】按钮。

此时，系统会自动搜索网络中的音频文件，并显示搜索列表。在其结果列表中选择一种视频文件，单击【插入】按钮即可。

11.2.2　使用屏幕录制

PowerPoint 2016 内置了屏幕录制功能，运用该功能可以录制屏幕中的一些操作或视频播放。执行【插入】|【媒体】|【屏幕录制】命令，此时会弹出录制操作菜单和区域选择框。

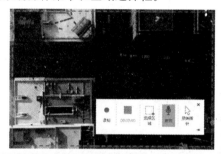

提示

在菜单中选择【录制指针】选项，可在录制屏幕过程中将指针一起录制到视频中。

选择菜单中的【选择区域】选项，可重新选择录制区域。选择区域之后，在菜单中选择【录制】选项，开始录制屏幕。

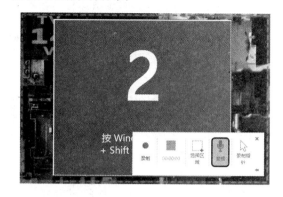

录制完成之后，在菜单中选择【停止录制】选项，停止屏幕录制，并将录制内容以视频的方式显示在幻灯片中。

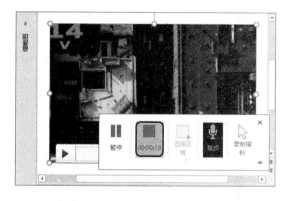

11.3　编辑视频

在幻灯片中插入视频之后，还需要对视频通过一系列的编辑操作，来控制、调整和美化视频，使其符合幻灯片的整体设计需求。

11.3.1　处理视频

PowerPoint 不仅允许用户为演示文稿插入视频，而且还允许用户控制视频的播放，并设置视频的各种属性。

1．播放视频

用户可在设计演示文稿时试听插入的视频。选择插入的视频，然后即可在弹出的浮动框上单击试听的各种按钮，以控制视频的播放。

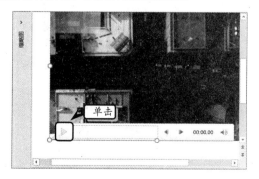

另外，选择视频图标，执行【视频工具】|【播放】|【预览】|【播放】按钮，即可播放视频文件。

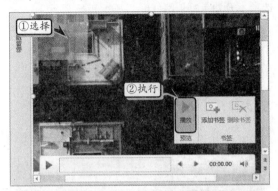

提示

用户也可以执行【视频工具】|【格式】|【预览】|【播放】命令，或者右击视频执行【预览】命令，来播放视频文件。

2．淡化视频

在 PowerPoint 中，用户可以为视频设置淡化效果。选择视频，选择【视频工具】下的【播放】选项卡，在【编辑】选项组中设置【淡入】值和【淡出】值。

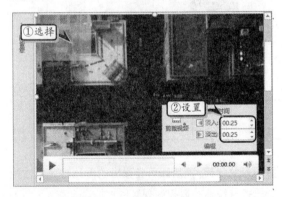

3．剪裁视频

选中视频，执行【音频工具】|【播放】|【编辑】|【剪裁视频】命令。然后，在弹出的【剪裁视频】对话框中，可以手动拖动进度条中的绿色滑块，以调节剪裁的开始时间，同时，也可以调节红色滑块，修改剪裁的结束时间。如需要根据试听的结果来决定剪裁的时间段，用户也可直接单击该对话框中的【播放】按钮，来确定剪裁内容。

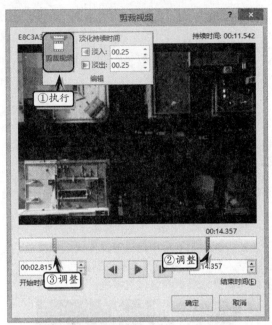

4．设置视频选项

选择视频，在【视频工具】下的【播放】选项卡中的【视频选项】选项组中，设置各选项即可设置视频的相关属性。例如，启用【全屏播放】复选框，将【开始】设置为"自动"等。

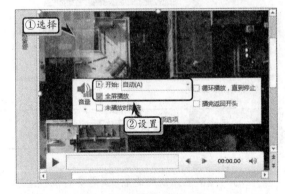

11.3.2　设置视频格式

在 PowerPoint 中插入视频后，用户还可以对视频进行美化处理，既突出了视频文件，又美化了幻灯片。

1．更正视频

更正视频是提高视频的亮度和对比度，选择视频文件，执行【视频工具】|【格式】|【调整】|【更正】命令，在其级联菜单中选择一种更正样式。

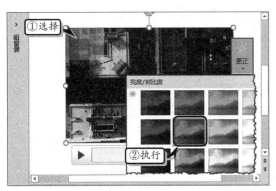

另外，执行【视频工具】|【格式】|【调整】|【视频更正选项】命令，在弹出的【设置视频格式】任务窗格中，自定义更正选项。

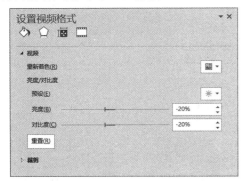

2．设置视频颜色

设置视频颜色是对视频重新着色，使其具有不同风格效果。选择视频文件，执行【视频工具】|【调整】|【颜色】命令，在其级联菜单中选择一种更正样式。

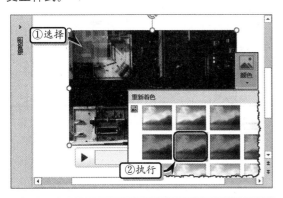

提示

用户也可以执行【视频工具】|【格式】|【调整】|【颜色】|【其他辩题】命令，自定义视频颜色。

3．设置标牌框架

设置标牌框架是设置视频剪辑的预览图像。选择视频文件，执行【视频工具】|【格式】|【调整】|【标牌框架】|【文件中的图像】命令，在弹出的【插入图片】对话框中，选择【来自文件】选项。

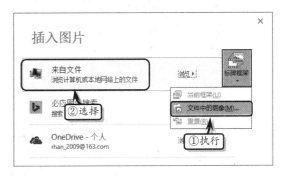

提示

当用户替换视频显示图像后，在播放条中将显示"标牌框架已设定"字样。

然后，在弹出的【插入图片】对话框中，选择需要插入的图片文件，单击【插入】按钮，即可替换现有视频文件中的显示图像。

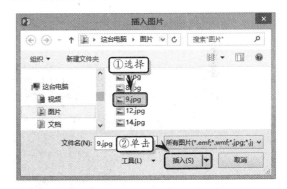

注意

设置标牌框架之后，可通过执行【调整】|【标牌框架】|【重置】命令，撤销当前所设置的标牌框架。

4．设置视频样式

选择视频文件，执行【视频工具】|【格式】|【视频样式】|【视频样式】命令，在其级联菜单中

选择一种样式应用到视频图片中。

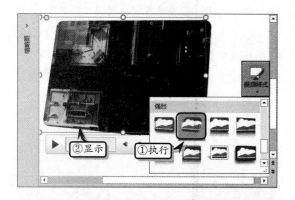

11.3.3 示例：立体视频

在 PowerPoint 中，除了可以通过添加音频来增加幻灯片的多彩性之外，还可以通过添加视频来形象地展示幻灯片的内容。在本示例中，将通过制作一个立体视频幻灯片，来详细介绍插入和调整视频的操作方法。

STEP|01 新建空白演示文稿，执行【设计】|【自定义】|【幻灯片大小】|【标准】命令，设置幻灯片的大小。

STEP|02 删除所有占位符，执行【设计】|【自定

义】|【设置背景格式】命令。选中【渐变填充】选项，并设置【类型】和【角度】选项。

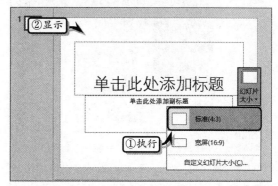

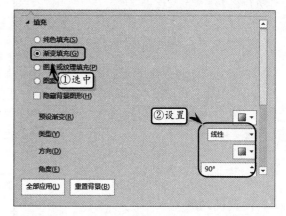

STEP|03 保留两个渐变光圈，选择左侧的渐变光圈，将【颜色】设置为"蓝色，个性色 1，深色 25%"。

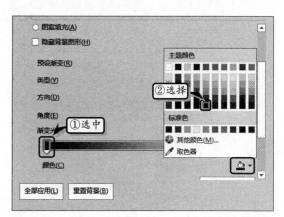

STEP|04 选择右侧的渐变光圈，将【颜色】设置为"黑色，文字 1，深色 15%"。

STEP|05 执行【插入】|【插图】|【形状】|【直线】命令，绘制一条直线并调整直线的大小。

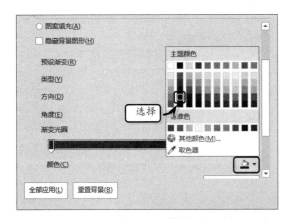

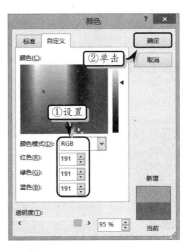

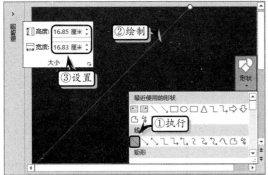

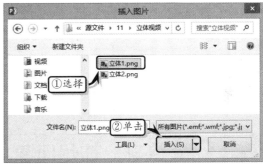

STEP|06 执行【格式】|【形状样式】|【形状轮廓】|【粗细】|【2.25磅】命令，设置直线的轮廓样式。

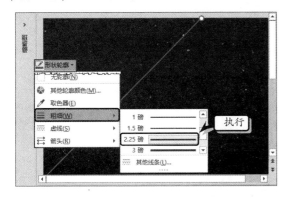

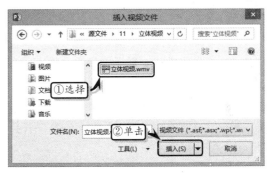

STEP|07 执行【形状样式】|【形状轮廓】|【其他轮廓颜色】命令，激活【自定义】选项卡，自定义轮廓颜色。使用同样方法，制作其他直线。

STEP|08 执行【插入】|【图像】|【图片】命令，选择图片文件，单击【插入】按钮，插入图片并调整其位置和大小。

STEP|09 执行【插入】|【媒体】|【视频】|【PC上的视频】命令，在弹出的【打开视频文件】对话框中选择视频文件，单击【插入】按钮。

STEP|10 调整视频大小，执行【视频工具】|【格式】|【视频样式】|【视频形状】|【立方体】命令，设置视频样式。

STEP|11 在【播放】选项卡【视频选项】选项组中，将【开始】设置为"自动（A）"。

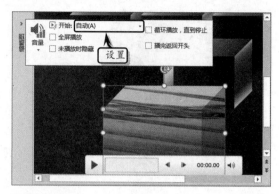

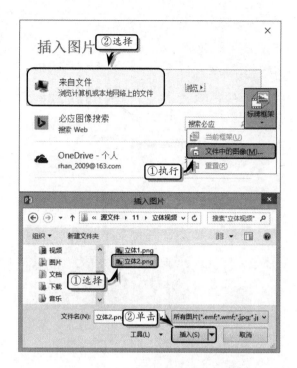

STEP|12 执行【格式】|【调整】|【标牌框架】|【文件中的图像】命令，选择【来自文件】选项。

STEP|13 在弹出的【插入图片】对话框中，选择需要插入的图片文件，单击【插入】按钮，即可替换现有视频文件中的显示图像。

11.4 练习：苏州印象之四

　　苏州印象中的闻，是闻苏州的市花——桂花。桂花，别名木犀、岩佳、九里香、金粟，是我国传统十大名花之一。而苏州印象中的听，是听苏州的昆曲，昆曲是以鼓、板控制演唱节奏，以曲笛、三弦等为主要伴奏乐器，主要以中州官话为唱说语言。在本练习中，将详细介绍运用 PowerPoint 制作苏州印象中的闻和听幻灯片的操作方法和技巧。

操作步骤 ▷▷▷▷

STEP|01 设置背景格式。新建空白幻灯片，执行【设计】|【自定义】|【设置背景格式】命令，选中【图片或纹理填充】选项，并单击【文件】按钮。

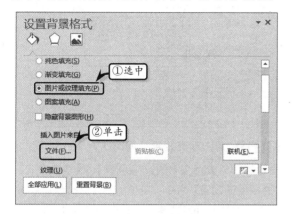

STEP|02 在弹出的【插入图片】对话框中，选择图片文件，并单击【插入】按钮，插入背景图片。

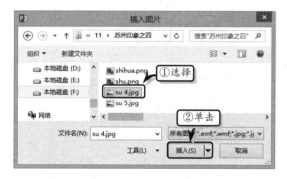

STEP|03 复制第 3 张幻灯片中的形状和文本对象，调整其位置并修改文本内容。

STEP|04 插入图片。执行【插入】|【图像】|【图片】命令，选择图片文件，单击【插入】按钮。

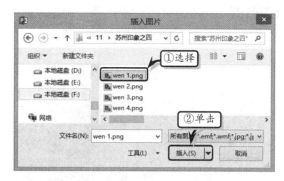

STEP|05 制作毛笔效果字。执行【插入】|【插图】|【形状】|【曲线】命令，绘制"闻"字的首要部首。

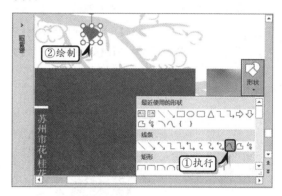

STEP|06 选择部首形状，执行【绘图工具】|【格式】|【形状样式】|【形状填充】|【其他填充颜色】命令，自定义填充颜色。使用同样方法，设置形状轮廓颜色。

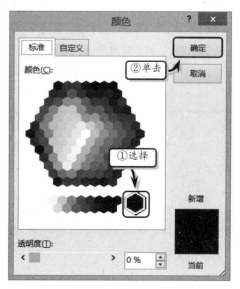

STEP|07 使用同样方法，制作"闻"毛笔效果字的其他部首，设置部首形状样式，并排列形状。

STEP|08 添加动画效果。选择毛笔效果字的首要部首，执行【动画】|【动画】|【动画样式】|【进入】|【擦除】命令，同时执行【效果选项】|【方向】|【自顶部】命令，并设置【计时】选项。使用同样方法，为其他部首添加动画效果。

STEP|09 设置说明文本。复制第 5 张幻灯片，调整幻灯片的位置，删除多余的图片和形状，修改文本占位符中的内容，并更改文本的显示方向。

STEP|10 插入图片。执行【插入】|【图像】|【图

片】命令，选择图片文件，单击【插入】按钮。插入图片，并排列图片的位置。

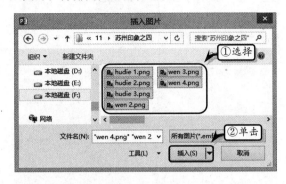

STEP|11 添加动画效果。同时选择下方和下方的蝴蝶翅膀，执行【动画】|【动画】|【动画样式】|【更多强调效果】命令，在弹出的【更改强调效果】对话框中选择动画效果，并设置【计时】选项。

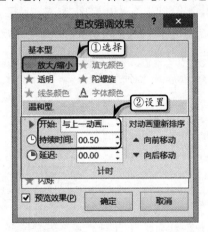

STEP|12 同时选择下方和下方的蝴蝶翅膀，执行【动画】|【高级动画】|【添加动画】|【动作路径】|【自定义路径】命令，绘制动作路径，并设置【计时】选项。

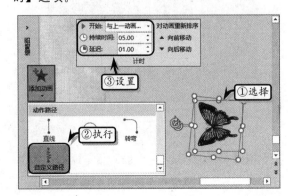

STEP|13 选择蝴蝶身体图片，执行【动画】|【动画】|【动画样式】|【动作路径】|【自定义路径】命令，绘制动作路径，并设置【计时】选项。

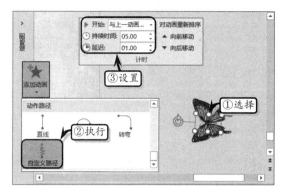

STEP|14 选择右侧的图片，执行【动画】|【动画】|【动画样式】|【进入】|【浮入】命令，同时执行【效果选项】|【方向】|【下浮】命令，并设置【计时】选项。使用同样方法，为其他对象添加动画效果。

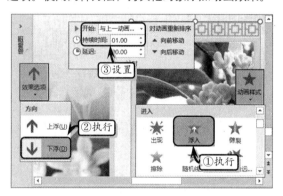

STEP|15 设置背景格式。新建空白幻灯片，执行【设计】|【自定义】|【设置背景格式】命令，选中【图片或纹理填充】选项，并单击【文件】按钮。

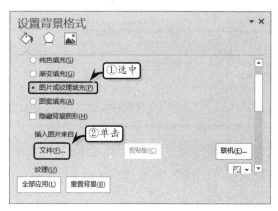

STEP|16 在弹出的【插入图片】对话框中，选择图片文件，并单击【插入】按钮，插入背景图片。

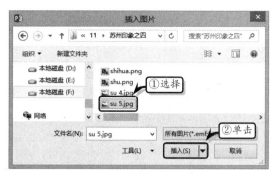

STEP|17 复制第3张幻灯片中的形状和文本对象，调整其位置并修改文本内容。

STEP|18 插入图片。执行【插入】|【图像】|【图片】命令，选择图片文件，单击【插入】按钮。

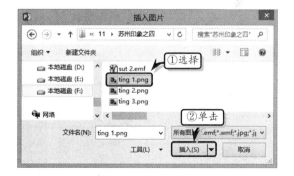

STEP|19 制作毛笔效果字。执行【插入】|【插图】|【形状】|【曲线】命令，绘制"听"字的首要部首。

STEP|20 选择部首形状，执行【绘图工具】|【格式】|【形状样式】|【形状填充】|【其他填充颜色】命令，自定义填充颜色。使用同样方法，设置形状

轮廓颜色。

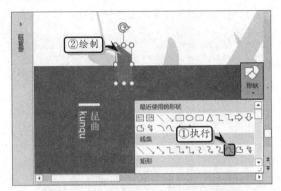

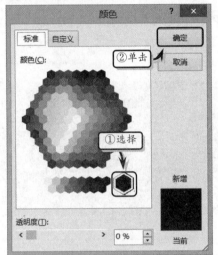

STEP|21 使用同样方法，制作"听"毛笔效果字的其他部首，设置部首形状样式，并排列形状。

STEP|22 添加动画效果。选择毛笔效果字的首要部首，执行【动画】|【动画】|【动画样式】|【进入】|【擦除】命令，同时执行【效果选项】|【方向】|【自顶部】命令，并设置【计时】选项。使

用同样方法，为其他部首添加动画效果。

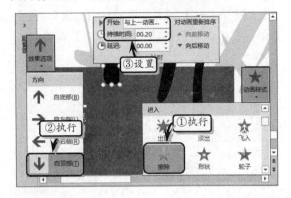

STEP|23 设置说明文本。复制第 5 张幻灯片，删除多余的图片和形状，修改文本占位符中的内容。同时，复制多个文本占位符，修改文本内容并排列占位符。

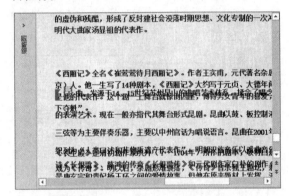

STEP|24 插入图片。执行【插入】|【图像】|【图片】命令，选择图片文件，单击【插入】按钮，插入图片，并排列图片的位置。

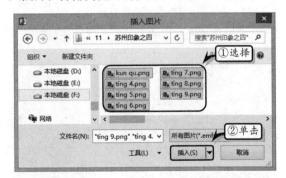

STEP|25 制作触发形状。执行【插入】|【插图】|【形状】|【矩形】命令，绘制一个矩形形状，并调整形状的大小和位置。

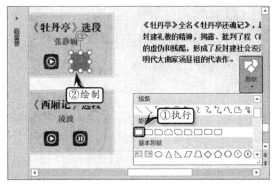

STEP|26 右击形状，执行【绘图工具】|【格式】|【形状样式】|【形状填充】|【其他填充颜色】命令，自定义填充颜色。

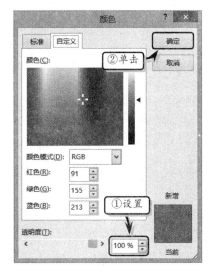

STEP|27 执行【形状轮廓】|【无轮廓】命令。使用同样方法，制作其他触发形状。

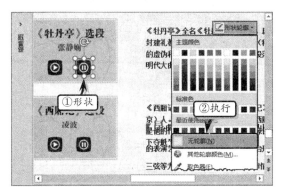

STEP|28 添加动画效果。选择最底层的总概论文本占位符，执行【动画】|【动画】|【动画样式】|

【进入】|【淡出】命令，并设置【计时】选项。

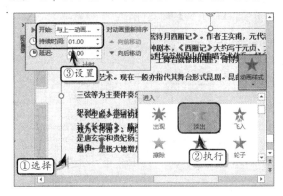

STEP|29 选择"牡丹亭"选段中的"停止"按钮上的触发形状，执行【动画】|【动画】|【动画样式】|【进入】|【出现】命令，并设置【计时】选项。

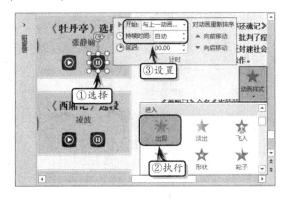

STEP|30 选择"牡丹亭"选段中的光盘图片，执行【动画】|【动画】|【动画样式】|【更多进入效果】命令，在弹出的【更改进入效果】对话框中选择动画效果。

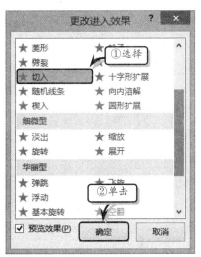

STEP|31 执行【动画】|【动画】|【效果选项】|【方向】|【自左侧】命令，并设置【计时】选项。

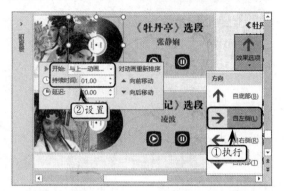

STEP|32 选择"牡丹亭"选段中的光盘图片，执行【动画】|【高级动画】|【添加动画】|【强调】|【陀螺旋】命令，并设置【计时】选项。

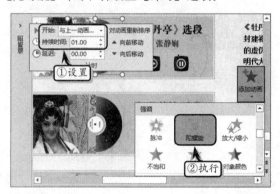

STEP|33 选择"牡丹亭"选段对应的正文占位符，执行【动画】|【动画】|【动画样式】|【进入】|【浮入】命令，并设置【计时】选项。

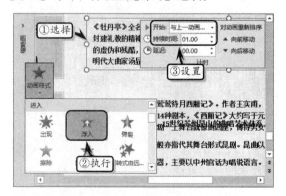

STEP|34 选择最底层的总概论文本占位符，执行【动画】|【高级动画】|【添加动画】|【退出】|【淡出】命令，并设置【计时】选项。使用同样方法，

分别为其他对象添加动画效果。

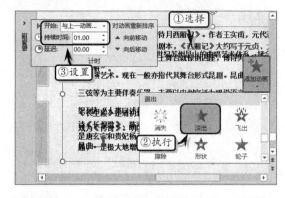

STEP|35 执行【动画】|【高级动画】|【动画窗格】命令，同时选择第 2~6 个动画效果，单击动画效果后面的下拉按钮，选择【计时】选项。

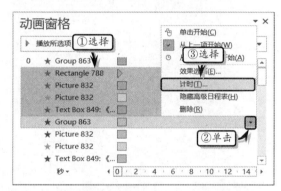

STEP|36 在【效果选项】对话框中的【计时】选项卡中，单击【触发器】按钮，选中【单击下列对象时启动效果】选项，并设置单击对象名称。使用同样方法，为其他动画效果添加触发器。

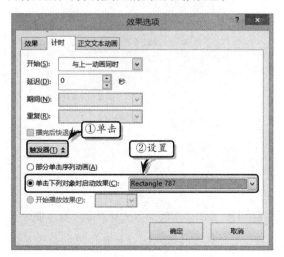

11.5 练习：PPT 培训教程之四

PPT 培训教程中的"美化生活"要素主要包括配色和谐、内容需要、布局美感、艺术气息和细节决定成败等内容，把握"美化生活"要素中的内容，可以帮助用户制作优美且具有内涵的 PPT 播放文件。另外，在制作大型 PPT 演示文稿时，需要多人协作进行，此时便需要制定详细的 PPT 制作流程，以帮助用户顺利完成 PPT 中各要素的制作。在本练习中，将详细介绍 PPT 培训教程中的"PPT 制作流程"和"美化生活"幻灯片的操作方法和技巧。

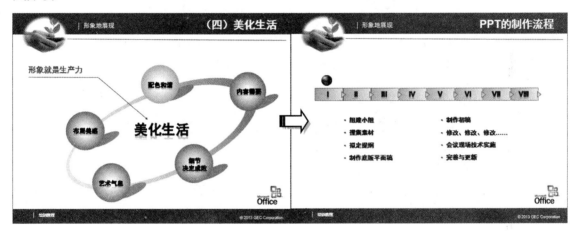

操作步骤 ▶▶▶▶

STEP|01 制作标题。复制第 5 张幻灯片中的标题占位符到第 6 张和第 7 张中，并分别更改占位符中的标题文本内容。

STEP|02 制作同心圆。绘制椭圆形，右击椭圆形状，执行【设置形状格式】命令，选中【渐变填充】

选项，将【类型】设置为"线性"，将【角度】设置为"0"。

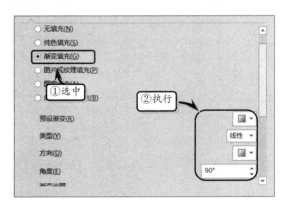

STEP|03 保留两个渐变光圈，选中左侧的渐变光圈，单击【颜色】下拉按钮，选择【其他颜色】选项，自定义颜色值。

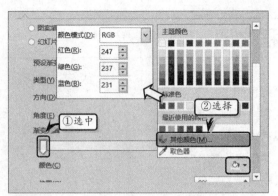

STEP|04 选中右侧的渐变光圈，单击【颜色】下拉按钮，选择【其他颜色】选项，自定义颜色值。

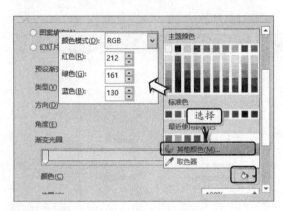

STEP|05 展开【线条】选项组，选中【无线条】选项，设置椭圆的形状轮廓样式。

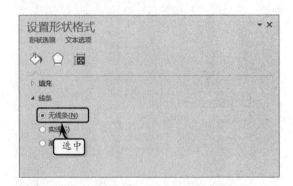

STEP|06 执行【插入】|【插图】|【形状】|【椭圆】命令，绘制第 2 个椭圆形状，执行【格式】|【形状样式】|【形状填充】|【白色，背景1】命令。

STEP|07 执行【形状轮廓】|【无轮廓】命令，并组合 2 个椭圆形状。

STEP|08 制作阴影圆形形状。执行【插入】|【插

图】|【形状】|【椭圆】命令，绘制两个椭圆形形状，并分别设置形状的大小和方向。

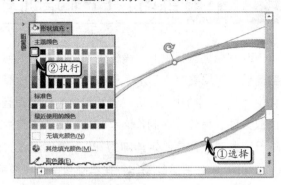

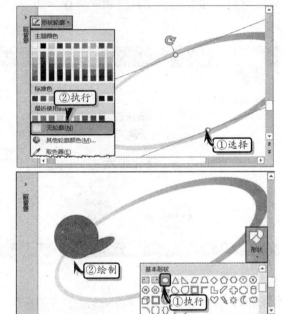

STEP|09 选择大椭圆形形状，右击执行【设置形状格式】命令。选中【渐变填充】选项，并将【类型】设置为"路径"。

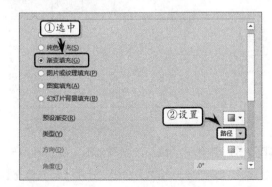

STEP|10 保留两个渐变光圈，选中左侧的渐变光圈，单击【颜色】下拉按钮，选择【白色，背景1】选项。

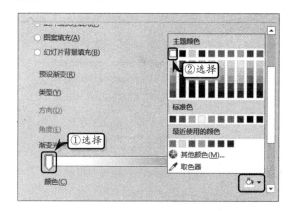

STEP|11 选中右侧的渐变光圈，单击【颜色】下拉按钮，选择【其他颜色】选项，自定义渐变颜色。

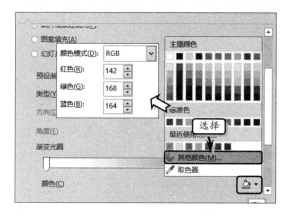

STEP|12 展开【线条】选项组，选中【无线条】选项，设置椭圆的形状轮廓样式。

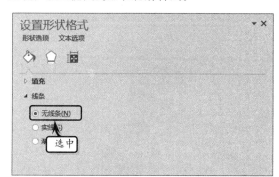

STEP|13 选择小椭圆形形状，调整其位置。并执行【绘图工具】|【格式】|【形状样式】|【形状填充】|【其他填充颜色】命令，自定义填充颜色。

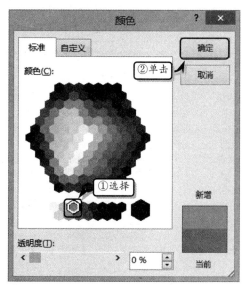

STEP|14 执行【格式】|【形状样式】|【形状轮廓】|【无轮廓】命令，设置形状的轮廓样式。

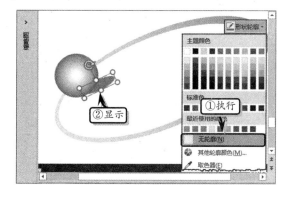

STEP|15 复制标题文本占位符，修改文本内容，并设置文本的艺术字样式和字体格式。同时，组合椭圆形状和文本占位符。使用同样方法，制作其他阴影圆形形状。

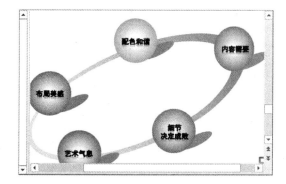

STEP|16 制作内容文本。复制两个标题占位符，

分别更改文本内容，并设置文本的字体格式或艺术字样式。

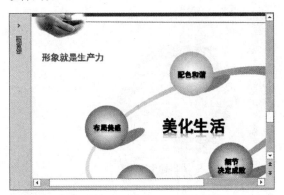

STEP|17 制作箭头形状。执行【插入】|【插图】|【形状】|【直线】命令，在幻灯片中绘制两条直线，并设置形状的轮廓颜色和粗细。

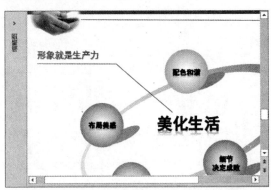

STEP|18 选择下方的直线，执行【绘图工具】|【形状样式】|【形状轮廓】|【箭头】|【箭头样式 5】命令，设置直线形状的箭头样式。

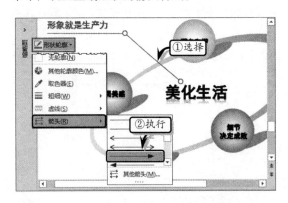

STEP|19 选择所有的直线形状，执行【形状样式】|【形状轮廓】|【粗细】|【0.75 磅】命令，设置轮

廓线条的粗细。然后，组合直线和文本占位符对象。

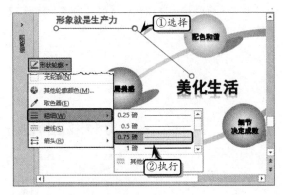

STEP|20 添加动画效果。选择组合后的文本占位符，执行【动画】|【动画】|【动画样式】|【擦除】命令，为其添加动画效果。

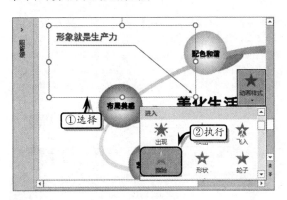

STEP|21 执行【动画】|【动画】|【效果选项】|【自左侧】命令，同时将【开始】设置为"上一动画之后"。

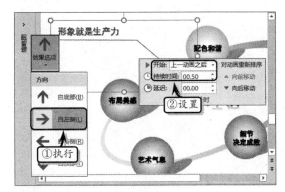

STEP|22 选择背景椭圆形形状，执行【动画】|【动画】|【动画样式】|【进入】|【淡出】命令，并将【开始】设置为"上一动画之后"。

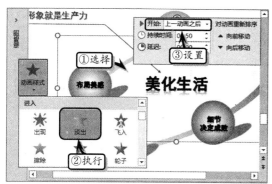

STEP|23 选择"配色和谐"组合形状,执行【动画】|【动画】|【动画样式】|【进入】|【淡出】命令,并将【开始】设置为"上一动画之后"。

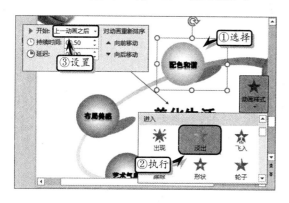

STEP|24 执行【动画】|【高级动画】|【添加动画】|【动作路径】|【形状】命令,并将【开始】设置为"与上一动画同时"。使用同样方法,分别为其他组合圆形形状添加动画效果。

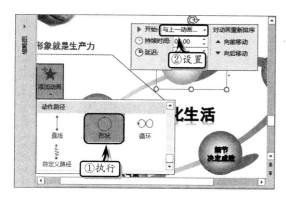

STEP|25 插入图片。选择第 7 张幻灯片,执行【插入】|【图像】|【图片】命令,选择图片文件,单击【插入】按钮,插入图片,并调整图片的位置。

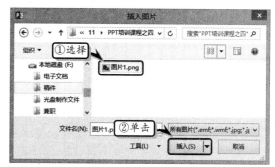

STEP|26 插入矩形形状。执行【插入】|【插图】|【形状】|【矩形】命令,插入一个矩形形状并设置形状的大小。

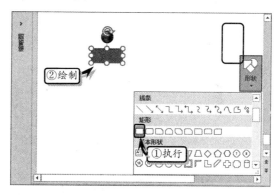

STEP|27 右击形状执行【设置形状格式】命令,选中【渐变填充】选项,并将【角度】设置为"0°"。

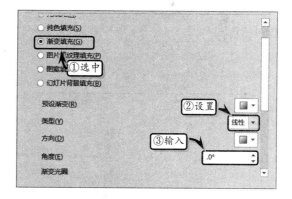

STEP|28 保留 3 个渐变光圈,并调整渐变光圈的位置。选中左侧的渐变光圈,单击【颜色】下拉按钮,选择【其他颜色】选项,自定义颜色。使用同样方法,设置其他渐变光圈的颜色。

STEP|29 选择矩形形状,执行【绘图工具】|【格式】|【形状样式】|【形状轮廓】|【其他轮廓颜色】命令,自定义轮廓颜色。

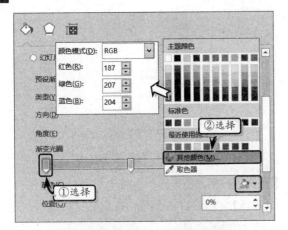

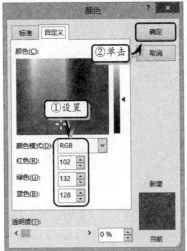

STEP|30 制作三角形形状。执行【插入】|【插图】|【形状】|【等腰三角形】命令，在幻灯片中绘制一个等腰三角形形状，并设置形状的大小。

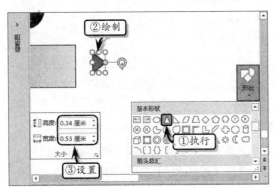

STEP|31 选择矩形形状，执行【开始】|【剪贴板】|【格式刷】命令。然后，单击等腰三角形形状，复制形状格式。

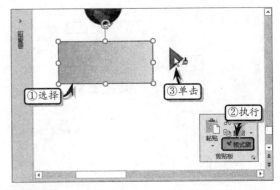

STEP|32 制作艺术字序号。执行【插入】|【文本】|【艺术字】|【填充-黑色，文本 1，阴影 1】命令，输入艺术字文本并设置其字体格式。

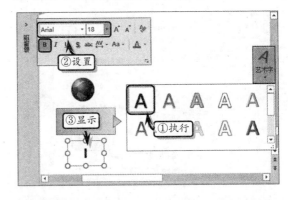

STEP|33 选择艺术字，执行【绘图工具】|【艺术字样式】|【文本轮廓】|【黑色，文字 1】命令，同时，执行【艺术字样式】|【文本效果】|【映像】|【映像选项】命令，自定义映像效果。

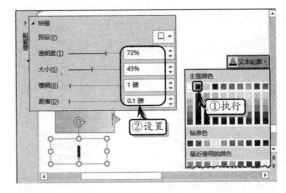

STEP|34 组合对象。同时选择矩形、等腰三角形形状和艺术字，右击执行【组合】|【组合】命令，组合对象。使用同样方法，制作其他组合形状。

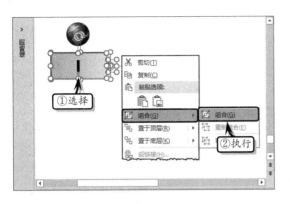

STEP|35 制作流程文本。复制标题占位符，修改文本并设置文本的字体格式。

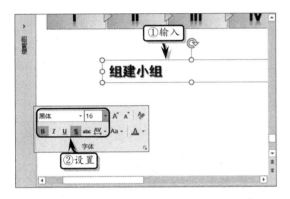

STEP|36 选择文本占位符，执行【开始】|【段落】|【项目符号】|【项目符号和编号】命令，选择一种项目符号，并设置其大小和颜色。

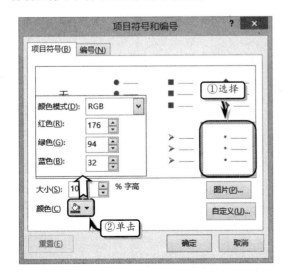

STEP|37 使用同样方法，制作其他流程文本，并排列文本占位符的位置。

STEP|38 添加动画效果。选择图片，执行【动画】|【动画】|【动画样式】|【进入】|【淡出】命令，并将【开始】设置为"与上一动画同时"。

STEP|39 选择"组建小组"形状，执行【动画】|【动画】|【动画样式】|【更多进入效果】命令，自定义动画效果，并设置【开始】选项。

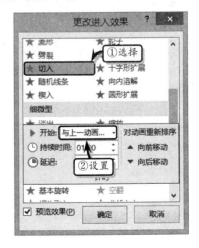

STEP|40 选择"I"组合形状，执行【动画】|【动画】|【动画样式】|【进入】|【淡出】命令，并设置【开始】选项。

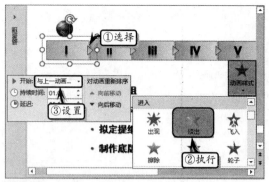

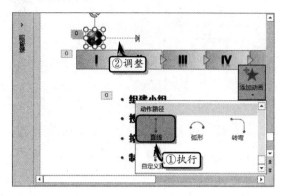

并调整动作路径的运行方向。使用同样方法，添加其他动画效果。

STEP|41 选择图片形状，执行【动画】|【高级动画】|【添加动画】|【动作路径】|【直线】命令，

练习 1：为风景相册添加音乐
⊙downloads\11\新手训练营\风景相册音乐

提示：本练习中，主要使用 PowerPoint 中的插入音频、设置播放样式等常用功能。

其中，主要制作步骤如下所述。

（1）打开"风景相册"演示文稿，选择第 1 张幻灯片，执行【插入】|【媒体】|【音频】|【PC 上的音频】命令。

（2）在弹出的【插入音频】对话框中，选择音频文件，单击【插入】按钮。

练习 2：薪酬方案设计思路
⊙downloads\11\新手训练营\薪酬方案设计思路

提示：本练习中，主要使用 PowerPoint 中的设置背景格式、插入艺术字、绘制形状、设置形状格式、

插入音频、设置播放方式等常用功能。

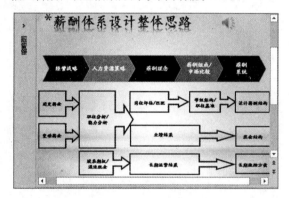

其中，主要制作步骤如下所述。

（1）制作渐变填充背景格式，并制作艺术字标题。

（2）插入多种形状，制作思路流程图，并设置形状的填充颜色和轮廓样式。

（3）执行【插入】|【媒体】|【音频】|【PC 上的音频】命令，选择音频文件，单击【插入】按钮，插入音频文件。

（4）选择音频图标，执行【音频工具】|【播放】|【音频样式】|【在后台播放】命令，设置音频的播放样式。

练习 3：野生动物视频
⊙downloads\11\新手训练营\野生动物视频

提示：本练习中，主要使用 PowerPoint 中的设

置幻灯片主题、插入视频、设置视频样式等常用功能。

其中，主要制作步骤如下所述。

（1）新建空白演示文稿，删除幻灯片中的所有占位符。

（2）执行【设计】|【主题】|【平面】命令，设置幻灯片的主题样式。

（3）执行【插入】|【媒体】|【视频】|【PC 上的视频】命令，选择视频文件，单击【插入】按钮，插入视频文件。

（4）调整视频文件的大小，并执行【视频工具】|【格式】|【视频样式】|【圆形对角，白色】命令，设置视频的外观样式。

练习 4：时尚四彩

　　downloads\11\新手训练营\时尚四彩

提示：本练习中，主要使用 PowerPoint 中的插入图片、绘制形状、设置形状格式、插入艺术字、添加动画效果等常用功能。

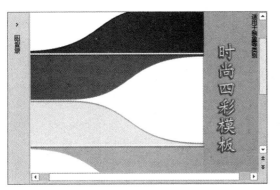

其中，主要制作步骤如下所述。

（1）在幻灯片中插入 4 种代表不同颜色的图片，并排列图片位置。

（2）插入矩形形状，并设置形状的字体格式。

（3）在形状上方插入文本框和艺术字，并设置艺术字的字体格式。

（4）为形状添加"切入"动画效果，为艺术字添加"淡出"动画效果。

（5）从中间往上下两侧开始选择图片，为其添加"伸展"动画效果，并分别设置动画效果的【开始】选项。

练习 5：个人简历封面

　　downloads\11\新手训练营\个人简历封面

提示：本练习中，主要使用 PowerPoint 中的设置背景格式、绘制形状、设置形状格式、插入艺术字、设置艺术字格式、添加动画效果等常用功能。

其中，主要制作步骤如下所述。

（1）执行【设计】|【自定义】|【设置背景格式】命令，设置图片背景格式。

（2）在幻灯片中绘制云形和半闭框形状，并设置形状的填充颜色、轮廓样式和形状效果。

（3）在半闭框形状中间插入艺术字，输入标题文本并设置文本的字体格式。

（4）为云形形状添加"轮子"动画效果，为半闭框形状添加"擦除"动画效果。

（5）为艺术字添加"下拉"动画效果，并分别设置动画效果的【开始】选项。

第 **12** 章

设置动画与交互效果

作为一种重要的多媒体制作工具，PowerPoint 除了允许用户设计文本、图形、图表、图像和表格之外，还允许用户为这些显示对象添加丰富的动画效果，以增加演示文稿的动态性与多样性。另外，用户还可以通过为幻灯片添加各种切换效果，来增加幻灯片演示时的过渡动感效果；或者通过为幻灯片添加超链接和动作的方法，来丰富幻灯片的内容。在本章中，将详细介绍设置动画效果、切换效果，以及添加超链接和动作交互效果的基础知识和操作方法。

PowerPoint

12.1　添加动画效果

动画是 PowerPoint 幻灯片的一种重要技术，通过这一技术，用户可以将各种幻灯片的内容以活动的方式展示出来，增强幻灯片的互动性。

12.1.1　幻灯片动画基础

PowerPoint 中的动画，事实上包括两种基本的要素，即动画的显示对象、显示对象所表现的动作或变化的属性。

而显示对象是存在于演示文稿中的所有可显示内容，主要包括各种占位符、文本、表格、SmartArt 形状、艺术字、图形、图像、动画、视频、音频和其他各种插入的文档对象。

显示对象是构成演示文稿的内容基础。在之前的章节中，已介绍了 PowerPoint 中的绝大多数显示对象，PowerPoint 允许为这些显示对象添加各种各样的动画。

> **提示**
>
> 幻灯片也是一种特殊的显示对象。可以说，PowerPoint 演示文稿就是由各种显示对象组成的。

在制作 PowerPoint 动画时，用户可以分别改变动画中显示对象的位置及属性，以制作各种类型的动画。根据位置和属性等特点，可将 PowerPoint 动画分为 3 种类型。

1．动作动画

动作动画是指通过对显示对象的位移体现的动画。在动作动画中，显示对象往往需要向各种方向进行移动。

上图中的汽车移动动画就是一个典型的动作动画，在该动画中，汽车自左向右移动。

2．属性动画

属性动画的特点在于，在这种动画中，显示对象本身的位置并没有发生改变，所改变的是显示对象自身的各种属性。

例如，PowerPoint 中为显示对象添加的【快速样式】、【边框】等。属性动画着重体现显示对象自身的变化。

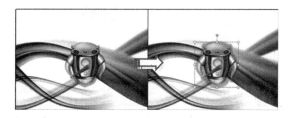

上图中的外星人发光就是一个典型的属性动画。在该动画中，外星人发出的红光逐渐地扩大，但外星人本身却没有发生任何位移。

3．动作属性动画

动作属性动画是本节之前介绍的两种动画的结合体。在动作属性动画中，显示对象既会发生位移，也会改变自身的属性，这两种变化将同时发生。

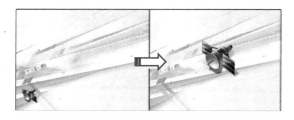

在上图的动画中，卫星的图标不仅发生了位移，其面积也增加了一倍，故为动作属性动画。

> **提示**
>
> 动作属性动画是 PowerPoint 中最常用的动画，绝大多数 PowerPoint 动画都是动作和属性同时应用的动画。

12.1.2　应用动画效果

PowerPoint 为用户提供了进入、强调、退出和路径等动画效果，以帮助用户方便地为各种多媒体显示对象添加动画效果。

1．添加内置动画效果

选择幻灯片中的对象，执行【动画】|【动画】|【动画样式】命令，在其级联菜单中选择相应的样式，为对象添加动画效果。

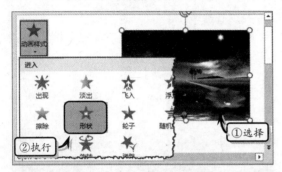

> **提示**
>
> 用户还可以通过执行【动画】|【动画】|【动画样式】|【更多强调】、【更多退出】和【其他动作路径】命令，添加更多种类的动画效果。

另外，当其级联菜单中的动画样式无法满足用户需求时，可执行【动画】|【动画】|【动画样式】|【更多进入效果】命令。在弹出的【更改进入效果】对话框中，选择一种动画效果。

2．添加自定义路径动画

PowerPoint 为用户提供了自定义路径动画效果的功能，以满足用户设置多样式动画效果的需求。

在幻灯片中选择对象，执行【动画】|【动画】|【动画样式】|【自定义路径】命令。然后，拖动鼠标绘制动作路径。

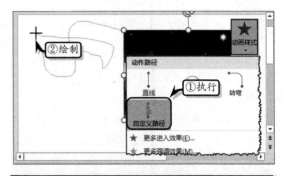

> **技巧**
>
> 绘制完动作路径之后，双击鼠标即可结束路径的绘制操作。

12.1.3　设置效果选项

PowerPoint 为绝大多数动画样式提供了一些设置属性，允许用户设置动画样式的类型。

1．设置路径方向

对于一个简单的对象，例如形状或图片等对象，当为其添加"飞入"等动画效果时，PowerPoint 只为其提供路径方向。选择添加动画效果的对象，执行【动画】|【动画】|【效果选项】命令，在其级联菜单中选择一种进入方向。

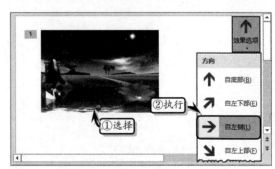

2．设置路径序列

当用户为图表或包含多个段落的文本框添加动画效果时，系统除了显示路径方向选项之外，还会显示【序列】选项，以帮助用户调整每个段落或图表数据系列的进入效果。

选择图表或文本框对象，执行【动画】|【动画】|【效果选项】命令，在【序列】栏中选择一种序列选项即可。

合图表"的进入序列选项。

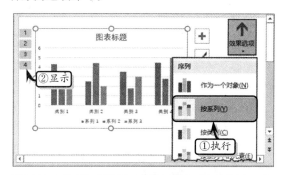

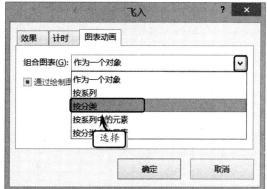

> **提示**
>
> 为图表或文本框设置效果选项之后，在图表或文本框的左上角将显示动画序号，表示动画播放的先后顺序。

另外，单击【动画】选项组中的【对话框启动器】按钮，在弹出的对话框中，激活【效果】选项卡，在【设置】选项组中设置动画效果的进入方向，以及平滑和弹跳效果。

而激活【图表动画】选项卡，则可以设置"组

> **知识链接 12-1** 添加多个动画效果
>
> PowerPoint 提供了为单个对象添加多个动画的功能，运用该功能可以充分体现幻灯片对象的多样动感性。

12.2　编辑动画效果

为对象添加动画效果之后，为适应整个幻灯片的播放效果，还需要更改或添加动画效果，或者调整动画效果的运动路径。

12.2.1　调整动画效果

在 PowerPoint 中，除了允许用户为动画添加样式外，还允许用户更改已有的动画样式，并为动画添加多个动画样式。

1．更改动画效果

选择包含动画效果的对象，执行【动画】|【动画】|【动画样式】命令，在其级联菜单中选择一种动画效果，即可使用新的动画样式覆盖旧动画样式。

> **提示**
>
> 更改后的新动画样式在使用上和原动画样式没有任何区别，用户也可通过【效果选项】按钮设置新动画样式的效果。

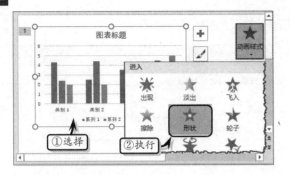

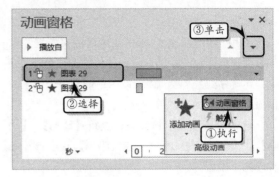

2．添加动画效果

在 PowerPoint 中，允许用户为某个显示对象应用多个动画样式，并按照添加的顺序进行播放。

选择包含动画效果的对象，执行【动画】|【高级动画】|【添加动画】命令，在其级联菜单中选择一种动画效果。

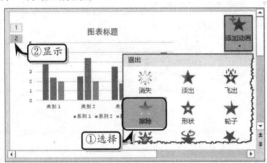

> **提示**
>
> 添加了第 2 种动画样式后，在对象的左上角将显示多个数字序号。单击序号按钮，即可切换动画样式，方便对其进行编辑。

3．调整播放顺序

在为显示对象添加多个动画样式后，为了控制动画的播放效果，还需要在【动画窗格】任务窗格中设置动画效果的播放顺序。

首先，执行【动画】|【高级动画】|【动画窗格】命令，显示【动画窗格】任务窗格。然后，在列表中选择动画效果，单击【上移】按钮和【下移】按钮，即可调整动画效果的播放顺序。

> **提示**
>
> 用户也可以单击动画对象左上角的动画序号，执行【动画】|【计时】|【向上移动】或【向下移动】命令，来调整动画效果的播放顺序。

4．设置动画触发器

在 PowerPoint 中，各种动画往往需要通过触发器来触发播放。此时，用户可以使用 PowerPoint 中的"触发器"功能，设置多种触发方式。

执行【动画】|【高级动画】|【触发器】|【单击】命令，在其级联菜单中选择一种触发选项即可。

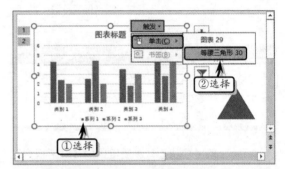

> **注意**
>
> 如用户为演示文稿插入了音频和视频等媒体文件，并添加了书签，则可将这些书签也作为动画的触发器，添加到动画样式中。

12.2.2 调整动作路径

在为显示对象添加动作路径类的动画之后，用户可调节路径，以更改显示对象的运动轨迹。

1．显示路径轨迹

首先，为对象添加"动作路径"类动画效果。然后，选择该对象即可显示由箭头和虚线组成的运动轨迹。另外，当用户选择运动轨迹线时，系统将自动显示运动前后的对象。

2．移动动作路径

在路径线上，包含一个绿色的起始点和一个红色的结束点。如用户需要移动动作路径的位置，可把鼠标光标置于路径线上之后，其会转换为"十字箭头"。此时，用户拖动鼠标光标，即可移动路径的位置。

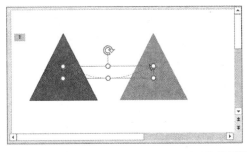

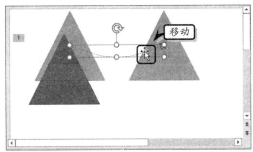

3．旋转动作路径

将鼠标光标置于顶端的位置节点上，其将转换为"环形箭头"标志。然后，用户即可拖动鼠标，旋转动作的路径。

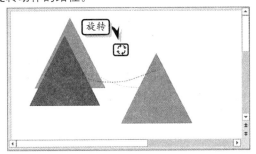

4．编辑路径顶点

选择动作路径，执行【动画】|【动画】|【效果选项】|【路径】|【编辑顶点】命令。此时，系统将自动在路径上方显示编辑点，拖动编辑点即可调整路径的弧度或方向。

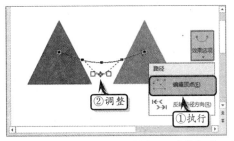

编辑完路径后，可单击路径之外的任意区域，或右击路径，执行【关闭路径】命令，均可关闭路径。

> **技巧**
>
> 选择路径轨迹，右击执行【编辑顶点】命令，也可显示路径的编辑点。

5．反转路径方向

反转路径方向是调整动作路径的播放方向。选择对象，执行【动画】|【动画】|【效果选项】|【路径】|【反转路径方向】命令，即可反转动作路径。

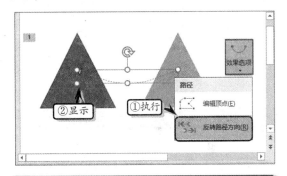

> **技巧**
>
> 选择路径轨迹，右击执行【反转路径方向】命令，也可显示路径的编辑点。

> **知识链接 12-2** 设置路径方向
>
> 为对象添加动作路径效果之后，用户还需要通过编辑动作路径的顶点与方向，来显示动作路径的整体运行效果。

12.3 设置动画选项

为对象添加动画效果之后，为完美地播放每个 | 动画效果，还需要设置动画效果的开始播放方式、

持续时间和延迟时间，以及触发器的播放方式。

12.3.1 设置动画时间

设置动画时间主要是设置动画的播放计时方式、持续时间和延时时间，从而保证动画效果在指定的时间内以指定的播放长度进行播放。

1. 设置动画计时方式

PowerPoint 为用户提供了单击时、与上一动画同时和上一动画之后 3 种计时方式。

选择包含动画效果的对象，在【动画】选项卡【计时】选项组中，单击【开始】选项后面的【动画计时】下拉按钮，在其列表中选择一种计时方式即可。

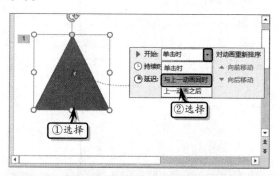

另外，在【动画窗格】任务窗格中，单击动画效果后面的下拉按钮，在其列表中选择相应的选项，即可设置动画效果的计时方式。

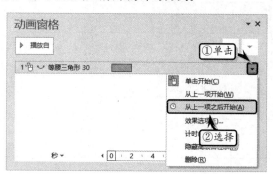

2. 设置持续和延迟时间

持续时间是用于指定动画效果的播放长度，而延迟时间则是指动画播放延迟的时间，也就是经过多少时间才开始播放动画。

选择对象，在【动画】选项卡【计时】选项组中，分别设置【持续时间】和【延迟】选项。

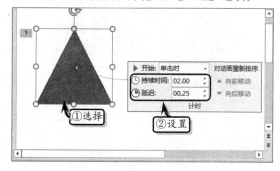

另外，在【动画窗格】任务窗格中，单击动画效果后面的下拉按钮，在其列表中选择【计时】选项。此时，可在弹出的【飞入】对话框中通过设置【延迟】和【期间】选项，来设置动画效果的持续和延迟时间。

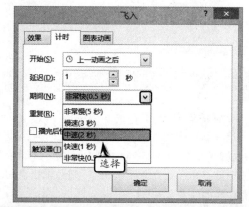

12.3.2 设置动画效果

设置动画效果是设置动画的重复放映效果、增强效果，以及触发器的播放方式等内容。

1. 设置重复放映效果

在【动画窗格】任务窗格中，单击动画效果后面的下拉按钮，在其列表中选择【计时】选项。在【计时】选项卡中，单击【重复】下拉按钮，在其下拉列表中选择一种重复方式即可。

2. 设置增强效果

在【动画窗格】任务窗格中，单击动画效果后面的下拉按钮，在其列表中选择【效果】选项。在【效果】选项卡中，单击【声音】下拉按钮，选择一种播放声音，并单击其后的声音图标，调整声音的大小。另外，单击【动画播放后】下拉按钮，选择一种动画播放后的显示效果。

> **提示**
>
> 单击【动画】选项组中的【对话框启动器】按钮，也可弹出【飞入】对话框，激活【效果】选项卡即可设置增强效果。

3. 设置触发器播放方式

在【动画窗格】任务窗格中，单击动画效果后面的下拉按钮，在其列表中选择【计时】选项。在弹出的【飞入】对话框中的【计时】选项卡中，单击【触发器】按钮，展开触发器设置列表。选中【单击下列对象时启动效果】选项，并设置单击对象。

知识链接 12-3	设置图表的动画效果

图表是幻灯片表现数据的主要形式之一，用户可通过为图表设置动画效果的方法，来设置图表中不同数据类型的显示方式与显示顺序，从而使枯燥乏味的数据具有活泼性与动态性。

12.4 设置切换动画

幻灯片切换动画是一种特殊效果，在上一张幻灯片过渡到当前幻灯片时，可应用该效果。

12.4.1 添加切换动画

切换动画类似于动画效果，既可以为幻灯片添加切换效果，又可以设置切换效果的方向和方式。

1. 添加切换效果

在【幻灯片选项卡】窗格中选择幻灯片，执行【切换】|【切换到此幻灯片】|【切换效果】命令，在其级联菜单中选择一种切换样式。

> **提示**
>
> 执行【切换】|【计时】|【全部应用】命令，则演示文稿中，每张幻灯片在切换时，将显示为相同的切换效果。

2. 设置切换效果

切换效果类似于动画效果，主要用于设置切换动画的方向或方式。选择该幻灯片，执行【切换】|【切换到此幻灯片】|【效果选项】命令，在其级联菜单中选择一种效果即可。

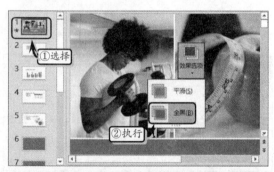

> **提示**
>
> 其【效果选项】级联菜单中的各选项，随着切换效果的改变而自动改变。

12.4.2 编辑切换动画

为幻灯片添加切换效果之后，还需要通过设置切换动画的声音和换片方式，来增加切换效果的动态性和美观性。

1. 设置切换声音

为幻灯片添加切换效果之后，执行【切换】|【计时】|【声音】命令，在其下拉列表中选择声音选项即可。

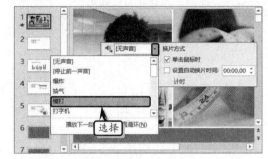

另外，单击【声音】下拉按钮，在其下拉列表中选择【其他声音】选项，可在弹出的【添加音频】对话框中，选择本地声音。

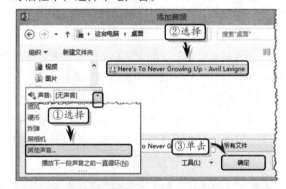

2. 设置换片方式

在【计时】选项组中，启用【换片方式】栏中的【设置自动换片时间】复选框，并在其后的微调框中，输入调整时间为 00:05。

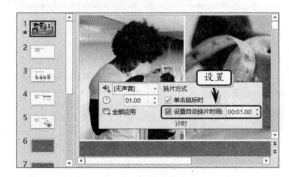

注意

当用户启用【单击鼠标时】复选框，表示只有在用户单击鼠标时，才可以切换幻灯片。

知识链接 12-4 设置不同的转换效果

　　虽然用户可以运用 PowerPoint 中内置的动画效果，来增加幻灯片的动态性。但是，却无法增加幻灯片与幻灯片之间的播放效果。此时，用户可以运用设置每张幻灯片转换效果的功能，来完善演示文稿的整体动画效果。

12.5　设置交互效果

　　PowerPoint 为用户提供了一个包含 Office 应用程序共享的超链接和动作功能，通过该功能不仅可以实现具有条理性的放映效果，还可以实现幻灯片与幻灯片、幻灯片与演示文稿或幻灯片与其他程序之间的链接，以帮助用户达到制作交互式幻灯片的目的。

12.5.1　创建超级链接

　　超级链接是一种最基本的超文本标记，可以为各种对象提供连接的桥梁，可以链接幻灯片与电子邮件、新建文档等其他程序。

1．为文本创建超级链接

　　首先，在幻灯片中选择相应的文本，执行【插入】|【链接】|【超链接】命令。

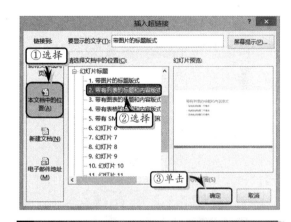

提示

当文本创建超级链接后，该文本的颜色将使用系统默认的超级链接颜色，并在文本下方添加一条下划线。

2．通过动作按钮创建超级链接

　　执行【插入】|【插图】|【形状】命令，在其级联菜单中选择【动作按钮】栏中相应的形状，在幻灯片中拖动鼠标绘制该形状。

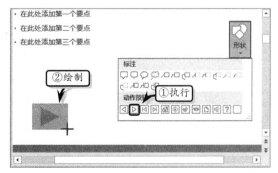

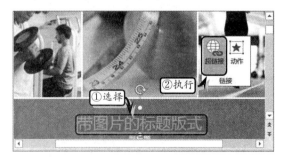

　　在弹出的【插入超链接】对话框中的【链接到】列表中，选择【本文档中的位置】选项卡，并在【请选择文档中的位置】列表框中选择相应的选项。

在弹出的【操作设置】对话框中，选中【超链接到】选项，并单击【超链接到】下拉按钮，在其下拉列表中选择【幻灯片】选项。

然后，在弹出的【超链接到幻灯片】对话框中的【幻灯片标题】列表框中，选择需要链接的幻灯片，并单击【确定】按钮。

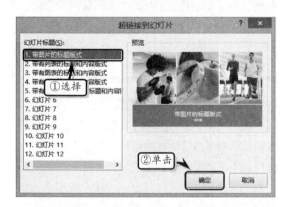

PowerPoint 提供了如下 12 种动作按钮供用户选择使用。

按　　钮	作　　用
◁	后退或跳转到前一项目
▷	前进或跳转到下一项目
◁|	跳转到开始
▷|	跳转到结束
🏠	跳转到第一张幻灯片
ⓘ	显示信息
🔙	跳转到上一张幻灯片
▭	播放影片
▯	跳转到文档
◁:	播放声音
?	开启帮助
▭	自定义动作按钮

3. 通过动作设置创建超级链接

选择幻灯片中的对象，执行【插入】|【链接】|【动作】命令。在弹出的【动作设置】对话框中，选中【超链接到】选项，并单击【超链接到】下拉按钮，在下拉列表中选择相应的选项。

4. 链接到其他对象

在 PowerPoint 中，除了可以链接本演示文稿中的幻灯片之外，还可以链接其他演示文稿、电子邮件、新建文档等对象的超链接功能。

执行【插入】|【链接】|【超链接】命令，选择【原有文件或网页】选项卡，在【当前文件夹】列表框中选择需要链接的演示文稿。

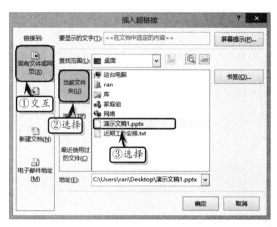

提示

在【插入超链接】对话框中，还可以选择其他文件，作为链接目标。例如，Word 文档、图片等。

另外，在【插入超链接】对话框中，交互【电子邮件地址】选项卡，输入邮件地址，并在【主题】文本框中输入邮件主题名称。

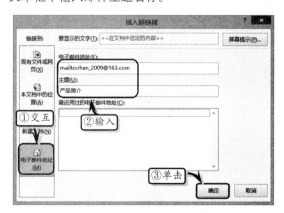

注意

在【插入超链接】对话框中，单击【屏幕提示】按钮，可在弹出的【设置超链接屏幕提示】对话框中，设置超链接的屏幕提示内容。

12.5.2　添加动作

PowerPoint 除了允许用户为演示文稿中的显示对象添加超级链接外，还允许用户为其添加其他一些交互动作，以实现复杂的交互性。

1．运行程序动作

选择幻灯片中的对象，执行【插入】|【链接】|【动作】命令，在弹出的【操作设置】对话框中，选中【运行程序】选项，同时单击【浏览】按钮。

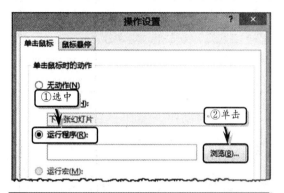

提示

在幻灯片中添加的动作，只有在播放幻灯片时，才可以使用。

在弹出的【选择一个要运行的程序】对话框中，选择相应的程序，并单击【确定】按钮。

2．运行宏动作

选择要添加的动作对象，执行【插入】|【链接】|【动作】命令，在弹出的【操作设置】对话框中，选中【运行宏】选项。同时，单击【运行宏】下拉按钮，在其下拉列表中选择宏名，并单击【确定】按钮。

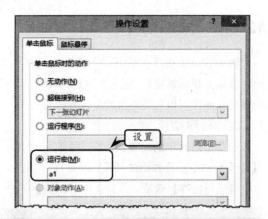

提示

在使用宏功能之前，用户还需要在幻灯片中创
建宏。

4．添加动作声音

执行【插入】|【链接】|【动作】命令，在【操
作设置】对话框中，选择某种动作后启用【播放声
音】复选框，并单击【播放声音】下拉按钮，在其
下拉列表中选择一种声音。

3．添加对象动作

执行【插入】|【链接】|【动作】命令，在【操
作设置】对话框中，选中【对象动作】选项，并在
【对象动作】下拉列表中选择一种动作方式。

12.6 练习：时钟动态开头效果

动画效果是一个优秀幻灯片的精髓，而一个优秀的演示文稿，
往往需要由一些具有动态效果的开头幻灯片进行装饰。在本练习中，
将运用 PowerPoint 中的图片与动画效果等功能，制作具有多重动态
效果的时钟开头幻灯片。

操作步骤 >>>>

STEP|01 设计幻灯片。新建空白演示文稿，删除幻灯片中的所有占位符。

STEP|02 执行【设计】|【自定义】|【幻灯片大小】|【自定义幻灯片大小】命令，自定义幻灯片的大小。

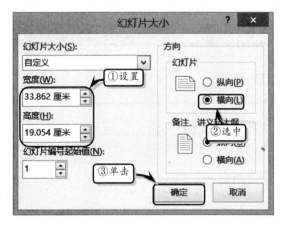

STEP|03 执行【设计】|【自定义】|【设置背景格式】命令，选中【渐变填充】选项，并将【角度】设置为"90°"。

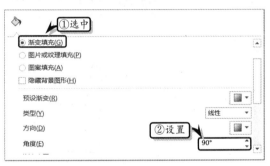

STEP|04 删除多余的渐变光圈，选择左侧的渐变光圈，单击【颜色】下拉按钮，选择【黑色，文字1，淡色 25%】选项。

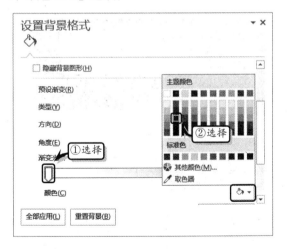

STEP|05 选择右侧的渐变光圈，单击【颜色】下拉按钮，选择【黑色，文字 1，淡色 15%】选项。

STEP|06 插入背景图片。执行【插入】|【图像】|【图片】命令，选择图片文件，单击【插入】按钮。同样方法，插入并排列所有的背景六边形图片。

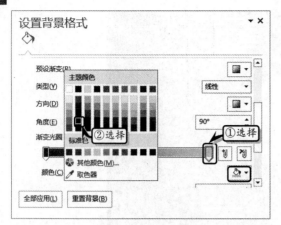

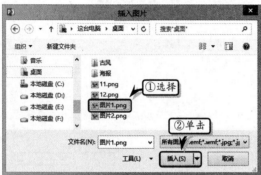

STEP|07 选择所有的六边形图片，执行【动画】|【动画】|【动画样式】|【进入】|【淡出】命令，并将【开始】设置为"与上一动画同时"。

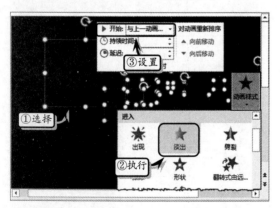

STEP|08 执行【动画】|【高级动画】|【添加动画】|【动作路径】|【直线】命令，并将【开始】设置为"与上一动画同时"，将【持续时间】设置为"03.00"。

STEP|09 将鼠标移至动作路径动画效果线的前端，拖动鼠标调整直线路径的方向与长度。

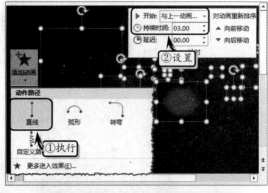

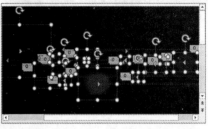

STEP|10 执行【动画】|【高级动画】|【添加动画】|【退出】|【淡出】命令，将【开始】设置为"与上一动画同时"，并将【延迟】设置为"02.50"。

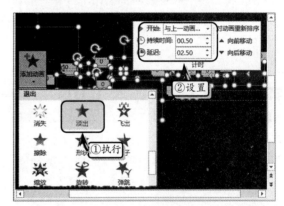

STEP|11 执行【插入】|【图像】|【图片】命令，选择星光图片，单击【插入】按钮。

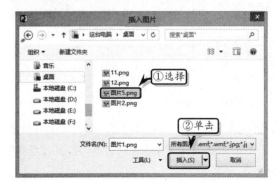

STEP|12 使用同样方法，插入多张星光图片，并排列星光图片的位置。

STEP|13 从左到右，同时选择所有的星光图片，执行【动画】|【动画】|【动画样式】|【淡出】命令，并在【计时】选项组中设置【开始】和【持续时间】选项。

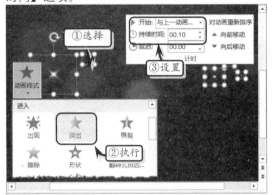

STEP|14 选择左边数第 2 个星光图片的动画效果，将【延迟】设置为"00.60"。

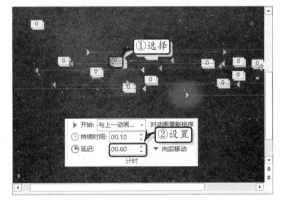

STEP|15 选择左边数第 3 个星光图片的动画效果，将【延迟】设置为"00.20"。

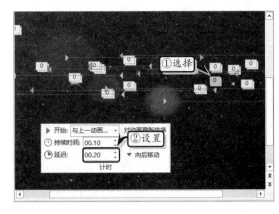

STEP|16 选择左边数第 4 个星光图片的动画效果，将【延迟】设置为"01.80"。

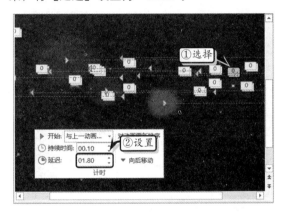

STEP|17 选择左边数第5个星光图片的动画效果，将【延迟】设置为"02.20"。

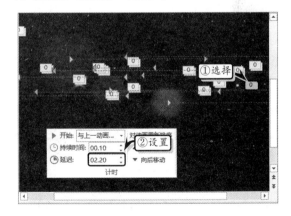

STEP|18 从左到右同时选择所有的星光图片，执行【动画】|【高级动画】|【添加动画】|【退出】|【缩放】命令，将【开始】设置为"与上一动画同时"。

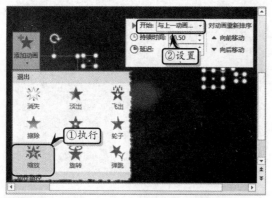

STEP|19 选择左侧第 1 个星光图片的退出动画效果，设置【持续时间】和【延迟】选项。

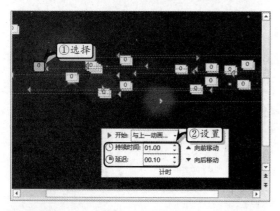

STEP|20 选择左侧第 2 个星光图片的退出动画效果，将【持续时间】设置为 "00.50"，将【延迟】设置为 "00.70"。

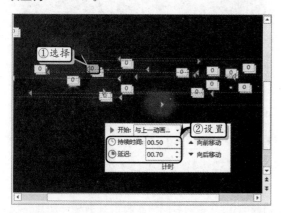

STEP|21 选择左侧第 3 个星光图片的退出动画效果，设置【持续时间】和【延迟】选项。使用同样的方法，设置其他星光图片的持续时间与延迟时间。

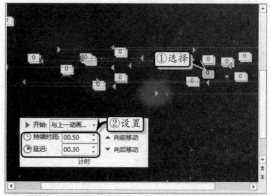

STEP|22 制作时钟。执行【设计】|【变体】|【其他】|【颜色】|【Office 2007-2010】命令，设置主体颜色。

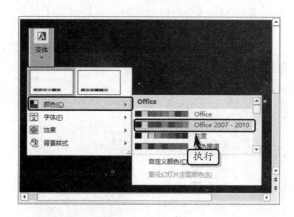

STEP|23 执行【插入】|【插图】|【形状】|【椭圆】命令，绘制一个椭圆形形状。

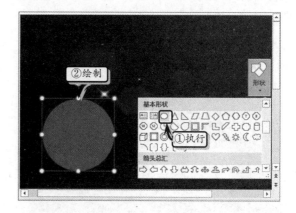

STEP|24 选择形状，执行【绘图工具】|【格式】|【形状样式】|【彩色轮廓-橙色，强调颜色 6】命令。

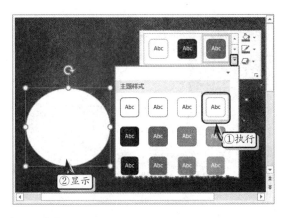

STEP|25 执行【插入】|【插图】|【形状】|【圆角矩形形状】命令，绘制圆角矩形形状并调整圆角弧度。

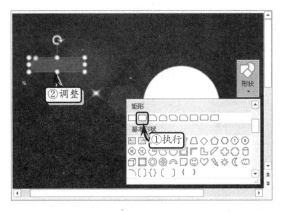

STEP|26 选择圆角矩形形状，右击执行【设置形状格式】命令。选中【渐变填充】选项，并设置【类型】和【角度】选项。

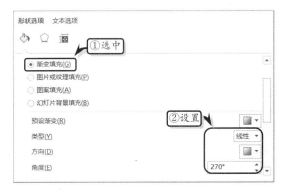

STEP|27 选择左侧的渐变光圈，单击【颜色】下拉按钮，选择【其他颜色】选项，自定义颜色值。

STEP|28 选择中间的渐变光圈，将【位置】设置为"80%"，并自定义颜色值。

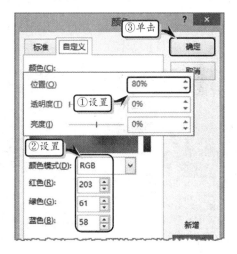

STEP|29 选择右侧的渐变光圈，单击【颜色】下拉按钮，选择【其他颜色】选项，自定义颜色值。

STEP|30 执行【格式】|【形状样式】|【形状轮廓】|【其他轮廓颜色】命令，自定义颜色值。

STEP|31 调整形状的大小并复制形状，选择复制后的形状，执行【格式】|【形状样式】|【形状填充】|【无填充颜色】命令。

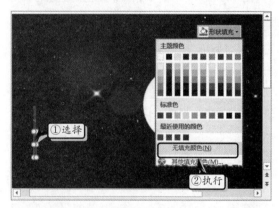

STEP|32 执行【格式】|【形状样式】|【形状轮廓】|【无轮廓】命令，取消形状的轮廓颜色。

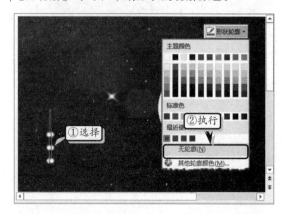

STEP|33 对齐并选择两个表针，右击执行【组合】|【组合】命令。同样方法，制作另外一个表针。

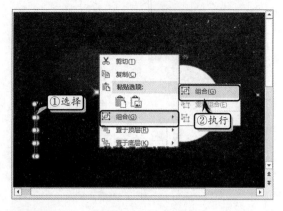

STEP|34 执行【插入】|【图像】|【图片】命令，选择图片文件，单击【插入】按钮，插入刻度图片。

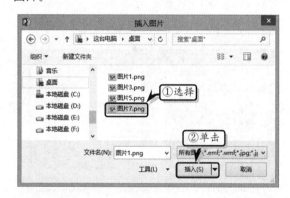

STEP|35 选择组合后的表盘与表针，执行【动画】|【动画】|【动画样式】|【更多进入效果】命令，在弹出的【更改进入效果】对话框中选择【基本缩放】选项，并将【开始】设置为"上一动画之后"。

STEP|36 执行【动画】|【高级动画】|【动画窗格】

命令，选择最后两个动画效果，将【开始】设置为"与上一动画同时"。

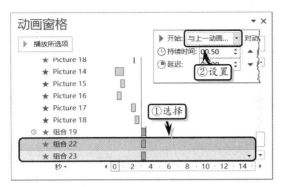

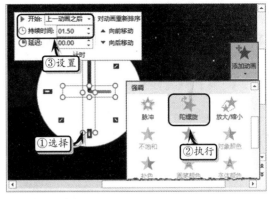

STEP|37 选择两个表针，执行【动画】|【高级动画】|【添加动画】|【强调】|【陀螺旋】命令，并设置【开始】和【持续时间】选项。

STEP|38 在【动画窗格】窗格中，选择最后一个动画效果，将【开始】设置为"与上一动画同时"。

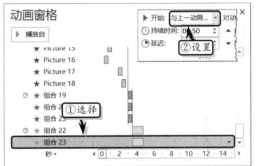

12.7 练习：卷轴效果

在 PowerPoint 中，不仅可以制作动态目录、动态文本及动态图表等具有代表性的动画效果；还可以使用自定义路径功能，制作左右运行的卷轴效果。其中，卷轴是指裱好的书画等，是中国画裱画最常见的方式，并以装有"轴杆"得名。在本练习中，主要运用 PowerPoint 中多功能的动画添加功能，以及图片设置功能来制作一个从左到右慢慢展开的卷轴效果。

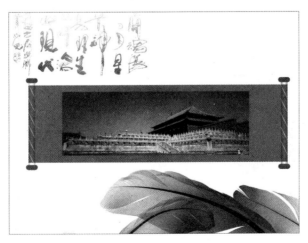

操作步骤 ▶▶▶▶

STEP|01 制作轴杆。新建空白演示文稿，删除所有占位符，设置幻灯片的大小。执行【插入】|【插图】|【形状】|【流程图:终止】命令，绘制矩形形状。

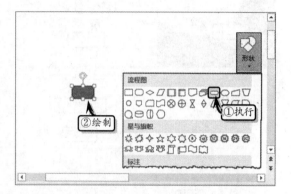

STEP|02 选择形状，执行【格式】|【形状样式】|【形状填充】|【其他填充颜色】命令，自定义填充颜色。

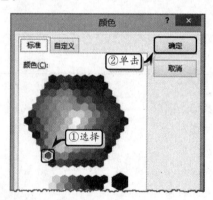

STEP|03 执行【格式】|【形状样式】|【形状轮廓】|【其他轮廓颜色】命令，自定义轮廓颜色。

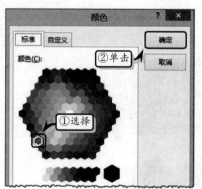

STEP|04 执行【形状样式】|【形状轮廓】|【粗细】|【0.75 磅】命令，设置轮廓线条粗细。

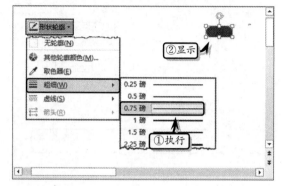

STEP|05 复制流程图形状，在幻灯片中插入一个矩形形状，并执行【格式】|【形状样式】|【形状轮廓】|【无轮廓】命令，设置轮廓样式。

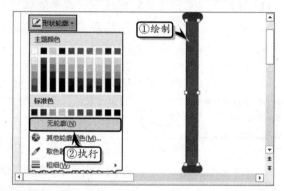

STEP|06 右击矩形形状，执行【设置形状格式】命令，选中【渐变填充】选项，并设置渐变选项。

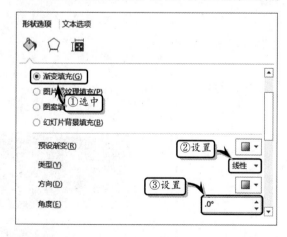

STEP|07 选中左侧的渐变光圈，将【颜色】设置为"黑色，文字 1"，并将【透明度】设置为"70%"。

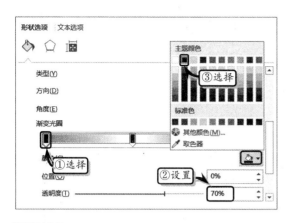

STEP|08 选中中间的渐变光圈，将【颜色】设置为"黑色，文字 1"，并设置【位置】和【透明度】选项。使用同样方法，设置右侧渐变光圈的效果。

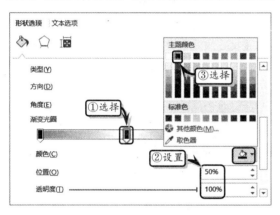

STEP|09 在幻灯片中绘制两个小矩形形状，右击形状执行【设置形状格式】命令。选中【渐变填充】选项，并设置渐变选项。

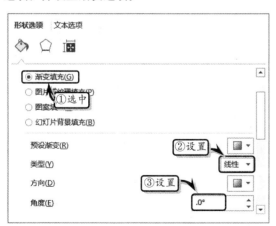

STEP|10 选中左侧的渐变光圈，单击【颜色】下拉按钮，选中【其他颜色】选项，自定义填充颜色。

使用同样方法，设置其他渐变光圈的颜色。

STEP|11 展开【线条】选项组，选中【无线条】选项，取消小矩形形状的轮廓样式。

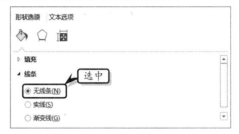

STEP|12 复制所有的形状，重新排列各个形状，并组合相应的形状。

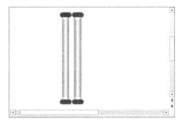

STEP|13 制作辅助轴杆。在幻灯片中绘制一个矩形形状，执行【格式】|【形状样式】|【形状填充】|【其他填充颜色】命令，自定义填充色。

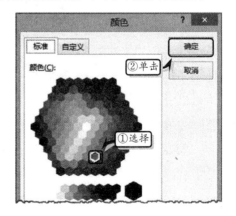

STEP|14 执行【形状样式】|【形状轮廓】|【无轮廓】命令，取消轮廓样式。

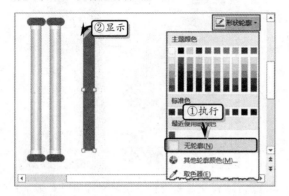

STEP|15 执行【插入】|【插图】|【形状】|【直线】命令，在矩形形状中绘制多条直线。

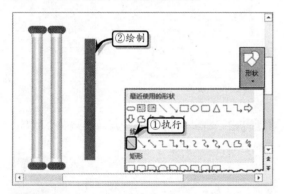

STEP|16 选择所有的直线，执行【格式】|【形状样式】|【形状轮廓】|【白色，背景 1】命令，同时执行【粗细】|【0.75 磅】命令，设置轮廓样式。

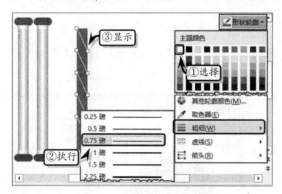

STEP|17 组合所有的直线和矩形形状，复制组合后的形状，排列组合后的形状，并组合卷轴和矩形组合后的形状。

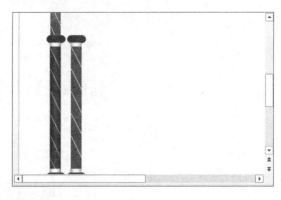

STEP|18 制作轴画。在幻灯片中绘制一个矩形形状，执行【格式】|【形状样式】|【形状填充】|【其他填充颜色】命令，自定义填充颜色。

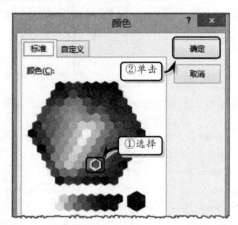

STEP|19 执行【形状样式】|【形状轮廓】|【无轮廓】命令，取消轮廓样式。

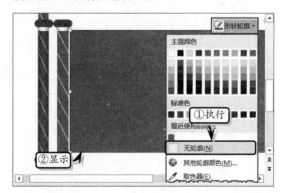

STEP|20 执行【插入】|【图像】|【图片】命令，选择图片文件，单击【插入】按钮。

STEP|21 调整图片的位置和显示层次，同时组合图片、矩形形状和右侧的轴杆形状。

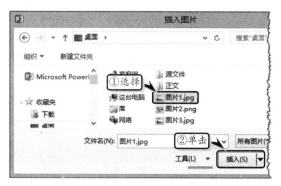

STEP|22 制作辅助元素。在幻灯片中插入一个矩形形状，执行【格式】|【形状样式】|【形状填充】|【白色，背景 1】命令，设置填充颜色。

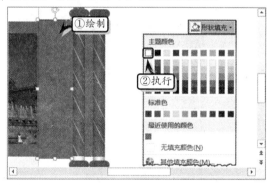

STEP|23 执行【形状样式】|【形状轮廓】|【白色，背景 1】命令，设置轮廓样式。使用同样方法，制作其他矩形形状，使其覆盖辅助轴杆。

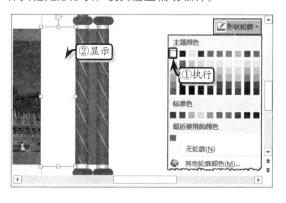

STEP|24 执行【插入】|【图像】|【图片】命令，选择图片文件，单击【插入】按钮，插入并调整图片的位置。

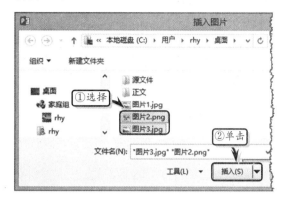

STEP|25 选择组合后的轴图，执行【动画】|【动画】|【动画样式】|【动作路径】|【直线】命令，并绘制动作路线。

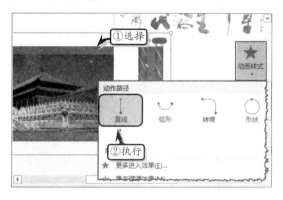

STEP|26 选择辅助轴杆，执行【动画】|【动画】|【动画样式】|【动作路径】|【直线】命令，绘制动作路径，并将【开始】设置为"与上一动画同时"。

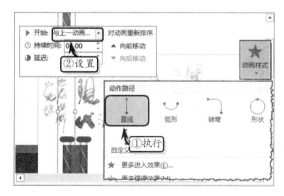

12.8 新手训练营

练习 1：移动的汽车

downloads\12\新手训练营\移动的汽车

提示：本练习中，主要使用 PowerPoint 中的插入 SmartArt 图形、插入图片、添加动画效果、设置效果选项等常用功能。

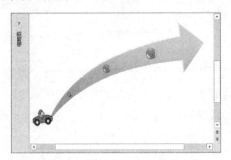

其中，主要制作步骤如下所述。

（1）执行【插入】|【插图】|SmartArt 命令，选择【向上箭头】选项，插入图形并设置图形的大小和样式。

（2）执行【插入】|【图像】|【图片】命令，插入汽车图片，并调整图片的方向和大小。

（3）为 SmartArt 图像添加"擦除"动画效果，并将【效果选项】设置为"自左侧"，将【开始】设置为"上一动画之后"。

（4）为小汽车图片添加"淡出"动画效果，并将【开始】设置为"上一动画之后"。

（5）为小汽车添加"自定义路径"动画效果，并绘制动画路径。

练习 2：翻转的立体效果

downloads\12\新手训练营\翻转的立体效果

提示：本练习中，主要使用 PowerPoint 中的绘制形状、设置形状格式、添加动画效果、设置动画选项等常用功能。

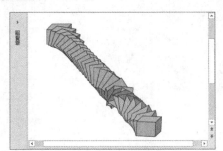

其中，主要制作步骤如下所述。

（1）执行【插入】|【插图】|【形状】|【立方体】命令，调整形状的大小并设置其填充颜色。

（2）复制形状，旋转形状并调整形状的角度。

（3）选择第 1 个形状，为其添加"淡出"动画效果，并将【开始】设置为"上一动画之后"。

（4）为该形状添加"消失"多重动画效果，并将【开始】设置为"上一动画之后"。

（5）选择第 1 个形状，执行【动画】|【高级动画】|【动画刷】命令，然后单击第 2 个形状。

（6）使用同样的方法，为其他形状添加动画效果。

练习 3：下拉触发式动画效果

downloads\12\新手训练营\下拉触发式动画效果

提示：本练习中，主要使用 PowerPoint 中的插入图片、插入文本框、设置字体格式、添加动画效果、设置动画选项等常用功能。

其中，主要制作步骤如下所述。

（1）在幻灯片中插入图片，并排列图片的位置。

（2）插入横排文本框，输入文本并设置文本的字体格式。

（3）为各个对象添加相应的动画效果，并设置其【开始】选项。

（4）执行【动画】|【高级动画】|【动画窗格】命令，在【动画窗格】任务窗格中同时选择最后 3 个动画效果。

（5）执行【动画】|【高级动画】|【触发】|【单击】|【等腰三角形】命令，制作触发器效果。

练习 4：链接幻灯片

downloads\12\新手训练营\链接幻灯片

提示：本练习中，主要使用 PowerPoint 中的插入形状、设置操作选项等常用功能。

其中，主要制作步骤如下所述。

（1）打开演示文稿，执行【插入】|【插图】|【形状】|【动作按钮:第一张】命令，绘制动作按钮。

（2）在弹出的【操作设置】对话框中，选中【超链接到】选项，并单击其下拉按钮，选择【2.日程】选项。

（3）将该幻灯片中的动作按钮分别复制到其他幻灯片中即可。

练习5：创建上下幻灯片的跳转效果

downloads\12\新手训练营\创建上下幻灯片的跳转效果

提示：本练习中，主要使用 PowerPoint 中的插入图片、插入文本框、设置字体格式、绘制形状、设

置形状格式、使用超链接等常用功能。

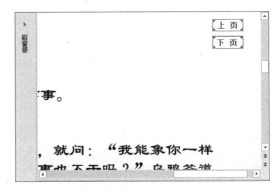

其中，主要制作步骤如下所述。

（1）打开演示文稿，选择第 2 张幻灯片，插入图片并排列图片的位置。

（2）执行【插入】|【文本】|【文本框】|【横排文本框】命令，绘制文本框，输入文本并设置文本的字体格式。

（3）组合图片和文本框，并在组合对象上方插入矩形形状，同时设置矩形形状的无填充颜色和无轮廓样式。

（4）选择"上页"组合对象上方的矩形形状，执行【插入】|【链接】|【超链接】命令，选择【本文档中的位置】选项卡中的【上一张幻灯片】选项。

（5）使用同样方法，为另外一个矩形添加超链接效果。

第 **13** 章

展示与发布演示文稿

　　制作幻灯片的最终目的是对其进行演示和共享，以获取其实用价值和观众的认可。在演示幻灯片时，用户可以根据不同的放映环境，来设置不同的放映方式，既可以满足用户展示幻灯片内容的各种需求，又充分体现了演示文稿的灵活性和可延展性。而在发布幻灯片时，可以使用 PowerPoint 中的发布和共享功能，通过将演示文稿打包成 CD 数据包、发布网络中以及输出到纸张中的方法，来传递与展示演示文稿的内容。在本章中，将详细介绍设置幻灯片的放映范围与方式，以及发布、输出与打印幻灯片的基础知识与操作方法。

13.1 放映幻灯片

制作演示文稿是一个重要的环节，放映演示文稿同样也是一个重要的环节。当演示文稿制作完毕后，就可以根据不同的放映环境，来设置不同的放映方式，最终实现幻灯片的放映。

13.1.1 设置放映范围

PowerPoint 为用户提供了从头放映、当前放映、联机演示与自定义放映 4 种放映方式。一般情况下，用户可通过下列 4 种方法，来定义幻灯片的播放范围。

1．从头开始

执行【幻灯片放映】|【开始放映幻灯片】|【从头开始】命令，即可从演示文稿的第一幅幻灯片开始播放演示文稿。

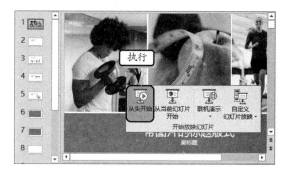

技巧

选择幻灯片，按 F5 键，也可从头开始放映幻灯片。

2．当前放映

如用户需要从指定的某幅幻灯片开始播放，则可以选择幻灯片，执行【幻灯片放映】|【开始放映幻灯片】|【从当前幻灯片开始】命令。

技巧

选择要放映的幻灯片，按 Shift+F5 键，也可从当前幻灯片开始放映。

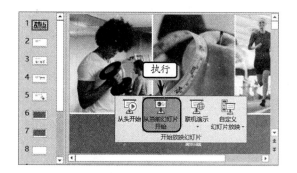

另外，选择幻灯片，在状态栏中单击【幻灯片放映】按钮，即可从当前幻灯片开始播放演示文稿。

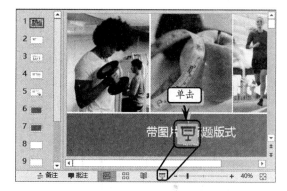

3．联机演示

联机演示是一种通过默认的演示文稿服务联机演示幻灯片放映。执行【幻灯片放映】|【开始放映幻灯片】|【联机演示】命令，启用【启用远程查看器下载演示文稿】复选框，并单击【连接】按钮。

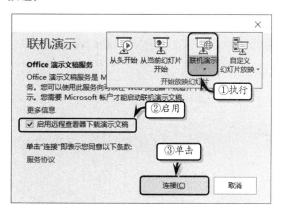

此时，系统将自动连接网络，并显示启动连接演示文稿的网络地址。可以单击【复制链接】按钮，复制演示地址，并通过电子邮件发送给相关人员。

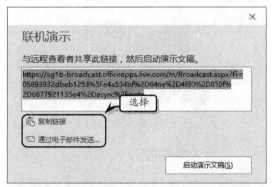

提示

在【联机演示】对话框中，单击【启动演示文稿】按钮，即可从头放映该演示文稿。

4. 自定义放映

除了上述放映方式之外，用户也可以通过【自定义幻灯片放映】功能，指定从哪一幅幻灯片开始播放。

执行【幻灯片放映】|【开始放映幻灯片】|【自定义幻灯片放映】命令，在弹出的【自定义放映】对话框中，单击【新建】按钮。

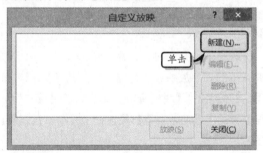

然后，在弹出的【定义自定义放映】对话框中，启用需要放映的幻灯片，单击【添加】按钮即可。

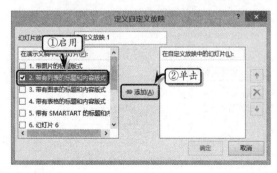

自定义完毕后，可单击【自定义幻灯片放映】按钮，执行【自定义放映 1】命令，即可放映幻灯片。

13.1.2　设置放映方式

在 PowerPoint 中，执行【幻灯片放映】|【设置】|【设置幻灯片放映】命令，可在打开【设置放映方式】对话框中，设置幻灯片的放映方式。

1. 放映类型

在【设置放映方式】对话框中，选中【放映类型】选项组中的【演讲者放映（全屏幕）】选项，并在【换片方式】选项组中，选中【手动】选项。

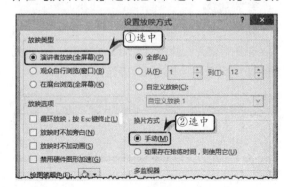

2．放映选项

放映选项主要用于设置幻灯片放映时的一些辅助操作，例如放映时添加旁边、不加动画或者禁止硬件图像加速等内容。其中，在【放映选项】选项组中，主要包括下表中的一些选项。

选　　项	作　　用
循环放映，按 Esc 键终止	设置演示文稿循环播放
放映时不加旁白	禁止放映演示文稿时播放旁白
放映时不加动画	禁止放映时显示幻灯片切换效果
禁止硬件图形加速	在放映幻灯片中，将禁止硬件图形自动进行加速运行
绘图笔颜色	设置在放映演示文稿时用鼠标绘制标记的颜色
激光笔颜色	设置录制演示文稿时显示的指示光标

3．放映幻灯片

在【放映幻灯片】选项组中，主要用于设置幻灯片播放的方式。当用户选中【全部】选项时，表示将播放全部的演示文稿。而选中【从…到…】选项时，则表示可选择播放演示文稿的幻灯片编号范围。

如果之前设置了【自定义幻灯片放映】列表，则可在此处选择列表，根据列表内容播放。

4．换片方式

在【换片方式】选项组中，主要用于定义幻灯片播放时的切换触发方式。当用户选中【手动】选项时，表示用户需要单击鼠标进行播放。而选中【如果存在排练时间，则使用它】选项，则表示将自动根据设置的排练时间进行播放。

5．多监视器

如本地计算机安装了多个监视器，则可通过【多监视器】选项组，设置演示文稿放映所使用的监视器和分辨率，以及演讲者视图等信息。

13.1.3　排练与录制

在使用 PowerPoint 播放演示文稿进行演讲时，用户可通过 PowerPoint 的排练和录制功能对演讲

活动进行预先演练，指定演示文稿的播放进程。除此之外，用户还可以录制演示文稿的播放流程，自动控制演示文稿并添加旁白。

1．排练计时

排练计时功能的作用是通过对演示文稿的全程播放，辅助用户演练。

执行【幻灯片放映】|【设置】|【排练计时】命令，系统即可自动播放演示文稿，并显示【录制】工具栏。

在【预演】工具栏上的按钮功能如下：

按钮或文本框	意　　义
【下一项】按钮 ➡	单击该按钮，可切换至下一张幻灯片
【暂停】按钮 ❚❚	单击该按钮，可暂时停止排练计时
幻灯片放映时间	显示当前幻灯片的放映时间
【重复】按钮 ↺	单击该按钮，重新对幻灯片排练计时
整个演示文稿放映时间	显示整个演示文稿的放映总时间

对幻灯片放映的排练时间进行保存后，执行【视图】|【演示文稿视图】|【幻灯片浏览】命令，切换到幻灯片的浏览视图，在其下方将显示排练时间。

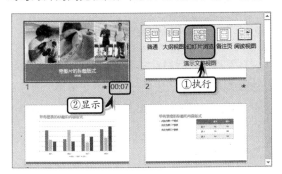

> **提示**
>
> 在一张幻灯片放映结束后，切换至第二张幻灯片，幻灯片的放映时间将重新开始计时。

2．录制幻灯片演示

除了进行排练计时外，用户还可以录制幻灯片演示，包括录制旁白录音，以及使用激光笔等工具对演示文稿中的内容进行标注。

执行【幻灯片放映】|【设置】|【录制幻灯片演示】|【从当前幻灯片开始录制】命令，在弹出的【录制幻灯片演示】对话框中，启用所有复选框，并单击【开始录制】按钮。

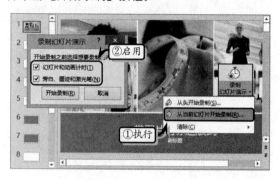

在幻灯片放映状态下，用户即可通过麦克风为

演示文稿配置语音，同时也可以激活激光笔工具，指示演示文稿的重点部分。

> **技巧**
>
> 录制幻灯片之后，执行【幻灯片放映】|【设置】|【录制幻灯片演示】|【清除】命令，在其级联菜单中选择相应的选项，即可清除录制内容。

> **知识链接 13-1** 使用监视器
>
> 在放映幻灯片时，除了通过设置放映范围、放映方式，以及排练与录制幻灯片之外，还可以通过设置放映监视器的方法，来增强幻灯片的放映效果。

13.2 审阅幻灯片

PowerPoint 提供了多种实用的工具，允许对演示文稿进行校验和翻译，甚至允许多个用户对演示文稿的内容进行编辑并标记编辑历史。此时，就需要使用 PowerPoint 的审阅功能，通过软件对 PowerPoint 的内容进行审阅和查对。

13.2.1 文本检查与智能查找

拼写检查是运用系统自带的拼写功能，检查幻灯片中文本的错误，以保证文本的正确率。而信息检索功能是通过微软的 Bing 搜索引擎或其他参考资料库，检索与演示文稿中词汇相关的资料，辅助用户编写演示文稿内容。

1．拼写检查

执行【审阅】|【校对】|【拼写检查】命令，系统会自动检查演示文稿中的文本拼写状态，当系统发现拼写错误时，则会显示【拼写检查】对话框，否则直接返回提示"拼写检查结束"的提示框。

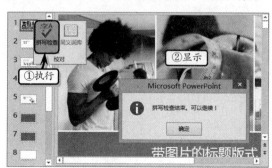

2．智能查找

智能查找是 PowerPoint 2016 新增的一个功能，主要通过查看定义、图像和来自各种联机源的其他结果来了解所选文本的更多信息。

选择需要查找的文本，执行【审阅】|【见解】|【智能查找】命令，在弹出的【见解】任务窗格中，将显示查找内容。例如，在幻灯片中选择"列表"文本，系统会自动在【见解】任务窗格中的【浏览】选项卡中，显示搜索内容。

另外，在【见解】任务窗格中，激活【定义】选项卡，将会显示有关所选文本的英文翻译内容。

3．中文简繁转换

选择幻灯片中的文本，执行【审阅】|【中文简繁转换】|【简繁转换】命令。在弹出的【中文简繁转换】对话框中，选择转换选项即可。

> **提示**
>
> 用户也可以直接执行【中文简繁转换】选项组中的【繁转简】或【简转繁】命令，即可直接转换文本。

13.2.2　添加批注

当用户编辑完演示文稿之后，可以使用 PowerPoint 中的批注功能，在将演示文稿给其他用户审阅时，让其他用户参与到演示文稿的修改工作中，以达到共同完成演示文稿的目的。

1．新建批注

选择幻灯片中的文本，执行【审阅】|【批注】|【新建批注】命令。在弹出的文本框中输入批注内容。

新建批注之后，在该批注的下方将显示"答复"栏，便于其他用户回复批注内容。

2. 显示批注

为幻灯片添加批注之后，执行【审阅】|【批注】|【显示批注】|【显示标记】命令，即可在幻灯片中只显示批注标记，而因此批注任务窗格。

3. 删除批注

当用户不需要幻灯片中的批注时，可以执行【审阅】|【批注】|【删除】|【删除此幻灯片中的所有批注和墨迹】命令，即可删除当前幻灯片中的批注。

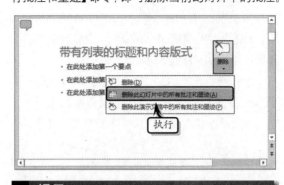

知识链接 13-2　使用墨迹书写

PowerPoint 为用户提供了墨迹书写功能，通过该功能可以将手绘笔和荧光笔笔画添加到幻灯片中，以增加幻灯片的多彩性。

13.3　发送和发布演示文稿

在制作完成演示文稿后，用户除了可以通过 PowerPoint 软件来对其进行放映以外，还可以将演示文稿制作为多种类型的可执行程序，甚至发布为视频，以满足实际使用的需要。

13.3.1　发送演示文稿

PowerPoint 可以与微软 Microsoft Outlook 软件结合，通过电子邮件发送演示文稿。

1. 作为附件发送

执行【文件】|【共享】命令，在展开的【共享】列表中，选择【电子邮件】选项，同时选择【作为附件发送】选项。

选中该选项，PowerPoint 会直接打开 Microsoft Outlook 窗口，将完成的演示文稿直接作为电子邮件的附件进行发送，单击【发送】按钮，即可将电子邮件发送到指定的收件人邮箱中。

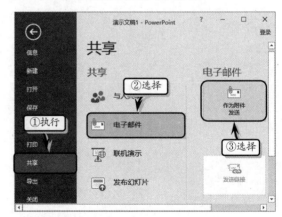

2. 以 PDF 形式发送

执行【文件】|【共享】命令，在展开的【共享】列表中，选择【电子邮件】选项，同时选择【以

PDF 形式发送】选项。

收件人的电子邮箱中。

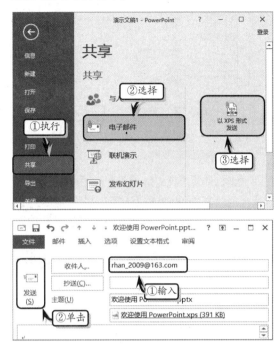

选中该选项，则 PowerPoint 将把演示文稿转换为 PDF 文档，并通过 Microsoft Outlook 发送到收件人的电子邮箱中。

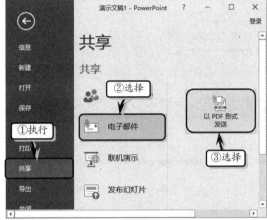

3．发送链接

如用户将演示文稿上传至微软的 MSN Live 共享空间，则可通过【发送链接】选项，将演示文稿的网页 URL 地址发送到其他用户的电子邮箱中。

4．以 XPS 形式发送

执行【文件】|【共享】命令，在展开的【共享】列表中，选择【电子邮件】选项，同时选择【以XPS 形式发送】选项。

选中该选项，则 PowerPoint 将把演示文稿转换为 XPS 文档，并通过 Microsoft Outlook 发送到

13.3.2　发布演示文稿

发布演示文稿是将演示文稿发布到幻灯片库或 SharePoint 网站，以及通过 Office 演示文稿服务演示功能，共享演示文稿。

1．发布幻灯片

执行【文件】|【共享】命令，选择【发布幻灯片】选项，同时在右侧选择【发布幻灯片】选项。

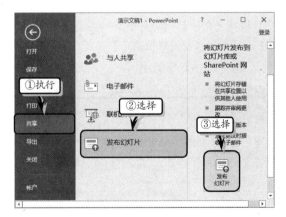

然后，在弹出的【发布幻灯片】对话框中，启用需要发布的幻灯片复选框，并单击【浏览】按钮。

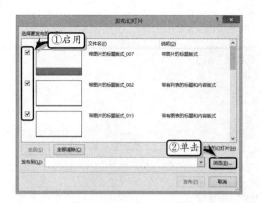

在弹出的【选择幻灯片库】对话框中，选择幻灯片存放的位置，并单击【选择】按钮，返回到【发布幻灯片】对话框中。然后，单击【发布】按钮，即可发布幻灯片。

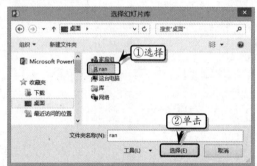

提示

发布幻灯片后，被选择发布的每张幻灯片，将分别自动生成为独立的演示文稿。

2．联机演示

执行【文件】|【共享】命令，在展开的【共享】列表中，选择【联机演示】选项，同时在右侧单击【联机演示】按钮。

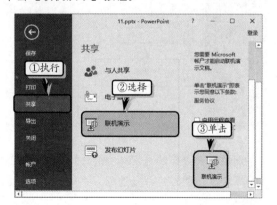

在弹出的【联机演示】对话框中，系统会默认选中链接地址，单击【复制链接】按钮，可将地址复制给其他用户。

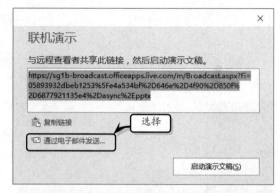

提示

在进行联机演示操作时，需要保证网络畅通，否则将无法显示链接地址。

另外，选择【通过电子邮件发送】选项。系统将自动弹出 Outlook 组件，并以发送邮件的状态进行显示。用户只需在【收件人】文本框中输入收件地址，单击【发送】按钮即可。

13.3.3　打包成 CD 或视频

在 PowerPoint 中，用户可将演示文稿打包制作为 CD 光盘上的引导程序，也可以将其转换为视频。

1．将演示文稿打包成 CD

打包成光盘是将演示文稿压缩成光盘格式，并将其存放到本地磁盘或光盘中。

执行【文件】|【导出】命令，在展开的【导出】列表中选择【将演示文稿打包成 CD】选项，并单击【打包成 CD】按钮。

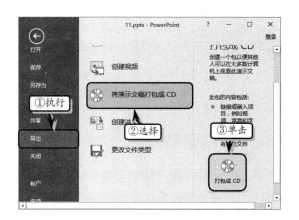

在弹出的【打包成 CD】对话框中的【将 CD 命名为】文本框中输入 CD 的标签文本，并单击【选项】按钮。

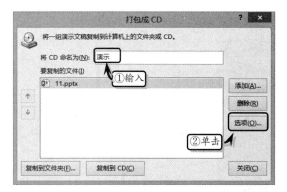

在弹出的【选项】对话框中，设置打包 CD 的各项选项，并单击【确定】按钮。

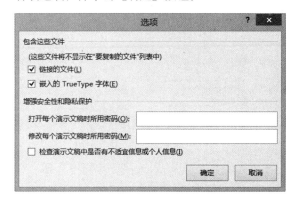

其中，在【选项】对话框中，主要包括下表中

的各项选项。

属 性		作 用
包含这些文件	链接的文件	将相册所链接的文件也打包到光盘中
	嵌入的 TrueType 字体	将相册所使用的 TrueType 字体嵌入到演示文稿中
增强安全性和隐私保护	打开每个演示文稿时所用密码	为每个打包的演示文稿设置打开密码
	修改每个演示文稿时所用密码	为每个打包的演示文稿设置修改密码
	检查演示文稿中是否有不适宜信息或个人信息	清除演示文稿中包含的作者和审阅者信息

在完成以上选项设置后，单击【复制到 CD】按钮后，PowerPoint 将检查刻录机中的空白 CD。在插入正确的空白 CD 后，即可将打包的文件刻录到 CD 中。

另外，单击【复制到文件夹】按钮，将弹出【复制到文件夹】对话框，单击【位置】后面的【浏览】按钮，在弹出的【选择位置】对话框中，选择放置位置即可。

2．创建视频

PowerPoint 还可以将演示文稿转换为视频内容，以供用户通过视频播放器播放。执行【文件】|【导出】命令，在展开的【导出】列表中选择【创建视频】选项，并在右侧的列表中设置相应参数。

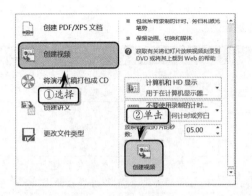

在右侧的列表中，主要包括下表中的各项参数设置选项。

属 性		作 用
播放设备	计算机和 HD 显示	以960px×720px的分辨率录制高清晰视频
	Internet 和 DVD	以640px×480px的分辨率录制标准清晰度视频
	便携式设备	以320px×240px的分辨率录制压缩分辨率视频
计时旁白设置	不要使用录制的计时和旁白	直接根据设置的秒数录制视频
	使用录制的计时和旁白	使用预先录制的计时、旁白和绘制注释录制视频
	录制计时和旁白	制作计时、旁白和绘制注释
	预览计时和旁白	预览已制作的计时、旁白和绘制注释
放映每张幻灯片的秒数		设置幻灯片切换的间隔时间，单位为秒

设置各选项之后，单击【创建视频】按钮，将弹出【另存为】对话框。设置保存位置和名称，单击【保存】按钮。此时，PowerPoint 自动将演示文稿转换为 MPEG-4 视频或 Windows Media Video 格式的视频。

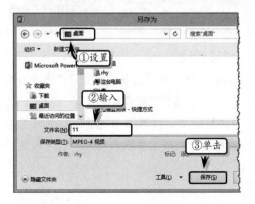

知识链接 13-3　将文档保存到 OneDrive 位置

在 PowerPoint 中，用户可以将幻灯片保存到 OneDrive 中，以供小组成员进行传阅和编辑。

13.3.4　创建 PDF/XPS 文档与讲义

使用 PowerPoint，用户可以将演示文稿转换为可移植文档格式，也可以将其内容粘贴到 Word 文档中，制作演讲讲义。

1. 创建 PDF/XPS 文档

执行【文件】|【导出】命令，在展开的【导出】列表中选择【创建 PDF/XPS 文档】选项，并单击【创建 PDF/XPS 文档】按钮。

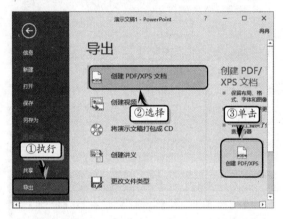

在弹出的【发布为 PDF 或 XPS】对话框中，设置文件名和保存类型，并单击【选项】按钮。

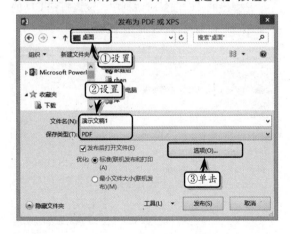

然后，在弹出的【选项】对话框中，设置发布

选项，并单击【确定】按钮。

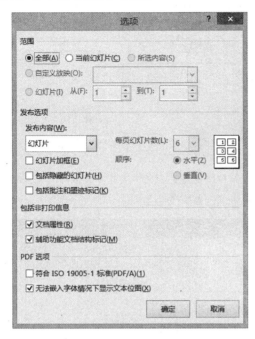

在【选项】对话框中，主要包括下表中的一些选项。

属　　性		作　　用
范围	全部	转换全部幻灯片
	当前幻灯片	转换当前显示的某幅幻灯片
	所选内容	转换选择的幻灯片
	自定义放映	转换自定义放映列表内的幻灯片
	幻灯片	转换幻灯片序列
发布选项	发布内容 / 幻灯片	发布幻灯片内容
	发布内容 / 讲义	发布讲义母版内容
	发布内容 / 备注页	发布幻灯片的备注内容
	发布内容 / 大纲视图	发布幻灯片的大纲
	每页幻灯片数	发布内容为讲义时，设置每页显示的幻灯片数量
	顺序	设置讲义母版中幻灯片的水平或垂直顺序
	幻灯片加框	为幻灯片添加边框
	包括隐藏的幻灯片	发布的幻灯片内容中包含隐藏的幻灯片
	包括批注和墨迹标记	发布的内容包括批注以及墨迹标记

续表

属　　性		作　　用
包括非打印信息	文档属性	转换的幻灯片中包含作者信息
	辅助功能文档结构标记	转换的幻灯片中包含辅助功能的文档结构标记信息
PDF 选项	符合 ISO 19005-1 标准（PDF/A）	转换为 ISO 19005—1 标准格式的 PDF
	无法嵌入字体情况下显示文本位图	在无法嵌入字体的情况下，将文本内容转换为位图

最后，单击【确定】按钮，返回【发布为 PDF或 XPS】对话框，设置优化的属性，并单击【发布】按钮，即可将演示文稿发布为 PDF 文档或 XPS文档。

2．创建讲义

讲义是辅助演讲者进行讲演、提示演讲内容的文稿。使用 PowerPoint，用户可以将演示文稿中的幻灯片粘贴到 Word 文档中。

执行【文件】|【导出】命令，在展开的【导出】列表中选择【创建讲义】选项，并单击【创建讲义】按钮。

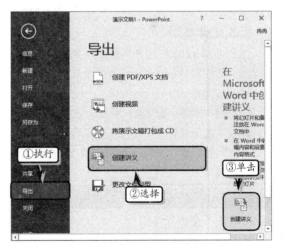

然后，在弹出的【发送到 Microsoft Word】对话框中，选择发布方式，单击【确定】按钮即可。

在【发送到 Microsoft Word】对话框中，主要包括下表中的一些选项。

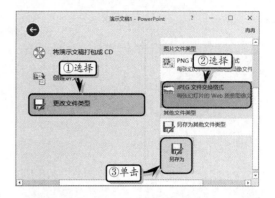

其中,在【更改文件类型】列表中,主要包括下列中的一些文件类型。

属 性		作 用
Microsoft Word 使用的版式	备注在幻灯片旁	在幻灯片旁显示备注
	空行在幻灯片旁	在幻灯片旁留空
	备注在幻灯片下	在幻灯片下方显示备注
	空行在幻灯片下	在幻灯片下方留空
	只使用大纲	只为讲义添加大纲
将幻灯片添加到 Microsoft Word 文档	粘贴	将幻灯片内容全部粘贴到 Word 文档中
	粘贴链接	只为 Word 文档粘贴链接地址,不粘贴幻灯片

3. 更改文件类型

使用 PowerPoint,用户可将演示文稿存储为多种类型,既包括 PowerPoint 的演示文稿格式,也包括其他各种格式。

执行【文件】|【导出】命令,在展开的【导出】列表中选择【更改文件类型】选项,并在【更改文件类型】列表中选择一种文件类型,单击【另存为】按钮。

> **提示**
>
> 更改文件类型功能类似于另存为功能,主要是将文档另存为其他格式的文件。

文 件 类 型	作 用
演示文稿	PowerPoint 2007~PowerPoint 2010 专用格式的演示文稿,扩展名为.pptx
PowerPoint 97-2003 演示文稿	PowerPoint 97 ~ PowerPoint 2003 专用格式的演示文稿,扩展名为.ppt
OpenDocument 演示文稿	OpenOffice 演示程序的演示文稿格式,扩展名为.odp
模板	PowerPoint 2007~PowerPoint 2010 专用格式的演示文稿模板,扩展名为.potx
PowerPoint 放映	PowerPoint 2007~PowerPoint 2010 专用格式的放映文稿,扩展名为.ppsx
PowerPoint 图片演示文稿	将所有演示文稿中的幻灯片转换为图片,然后另外保存的演示文稿
PNG 可移植网络图形格式	将所有演示文稿中的幻灯片转换为 PNG 图片并保存
JPEG 文件交换格式	将所有演示文稿中的幻灯片转换为 JPEG 图片并保存

最后,在弹出的【另存为】对话框中,设置保存位置,单击【保存】按钮即可。

13.4 打印演示文稿

使用 PowerPoint,用户还可以设置打印预览以及各种相关的打印属性,以将演示文稿的内容打印到实体纸张上。

13.4.1　设置打印选项

执行【文件】|【打印】命令，展开【设置】列表，在该列表中既可以预览打印效果，又可以设置打印范围、打印颜色和打印版式。

1．设置打印范围

在【设置】列表中，单击【打印全部幻灯片】下拉按钮，在其下拉列表中选择相应的选项即可。

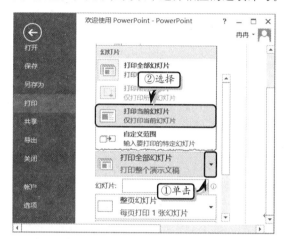

> **提示**
>
> 在其下拉列表中选择【自定义范围】选项，在【幻灯片】文档中输入打印页码范围即可。

2．设置打印版式

在【设置】列表中，单击【整页幻灯片】下拉按钮，在其下拉列表中选择相应的选项即可。

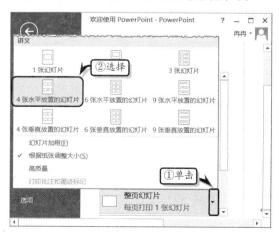

3．设置打印颜色

在【设置】列表中，单击【颜色】下拉按钮，在其下拉列表中选择相应的选项即可。

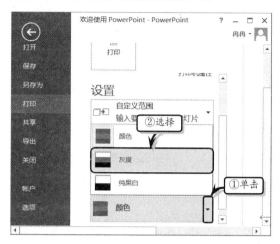

13.4.2　编辑页眉和页脚

在【设置】列表中，选择【编辑页眉和页脚】选项，弹出【页眉和页脚】对话框。激活【幻灯片】选项卡，启用【日期和时间】复选框，并选中【固定】选项。然后，启用【幻灯片编号】和【页脚】复选框，在【页脚】文本框中输入页脚内容。

另外，激活【备注和讲义】选项卡，启用【页码】、【页眉】和【页脚】复选框，并在文本框中输入页眉和页脚内容，单击【全部应用】按钮即可。

最后，在【打印】列表右侧预览最终打印效果，单击【打印】按钮，开始打印演示文稿。

13.5 练习：动态目录

PowerPoint 除了可以使用文本、图片或形状等元素来构建丰富多彩的幻灯片之外，还可以使用动画效果，将幻灯片中的各种元素以活动的方式进行展示，从而增强幻灯片的动态性。除此之外，用户还可以通过为同一元素添加多个动画效果的方法，来增加元素的炫舞特性。在本练习中，将通过制作一个动态目录的幻灯片，来详细介绍使用多重动画效果的基础方法和技巧。

操作步骤 >>>>

STEP|01 制作背景形状。新建空白演示文稿，删除幻灯片中的所有占位符。执行【插入】|【插图】|【形状】|【矩形】命令，绘制一个矩形形状。

STEP|02 调整形状大小和位置，执行【绘图工具】|【格式】|【形状样式】|【形状轮廓】|【无轮廓】命令，取消形状轮廓。

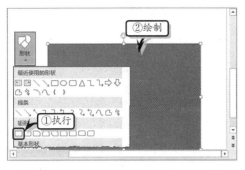

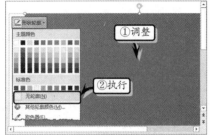

STEP|03 右击形状执行【设置形状格式】命令。展开【填充】选项组，选中【渐变填充】选项，并设置【类型】和【角度】选项。

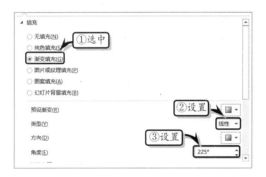

STEP|04 删除多余的渐变光圈，选中左侧的渐变光圈，单击【颜色】下拉按钮，选择【白色，背景 1，深色 25%】选项，同时将【亮度】设置为"-25%"。

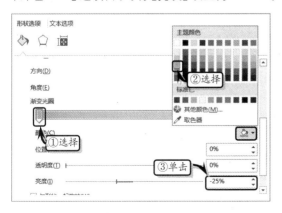

STEP|05 选择右侧的渐变光圈，单击【颜色】下拉按钮，选择【白色，背景 1】选项，设置右侧渐变光圈的颜色。

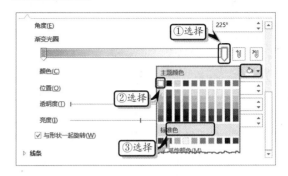

STEP|06 插入图片。执行【插入】|【图像】|【图片】命令，选择图片文件，单击【插入】按钮。

STEP|07 选择图片，调整图片文档大小和位置。使用同样方法，插入其他图片，并排列和调整图片。

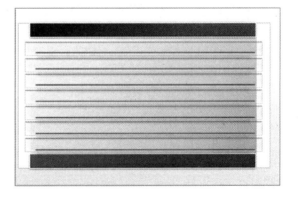

STEP|08 添加说明性文本。执行【插入】|【插图】|【形状】|【矩形】命令，绘制矩形形状并调整形状的大小和位置。

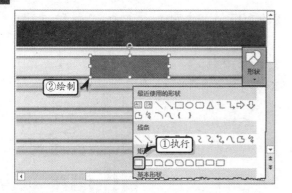

STEP|09 执行【绘图工具】|【格式】|【形状样式】|【形状填充】|【无填充颜色】命令，同时执行【形状轮廓】|【无轮廓】命令，设置形状样式。

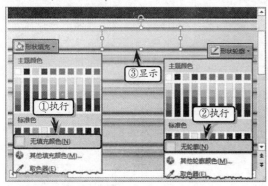

STEP|10 右击形状，执行【编辑文字】命令，输入说明性文本，并设置文本的字体格式。使用同样方法，添加其他说明性文本。

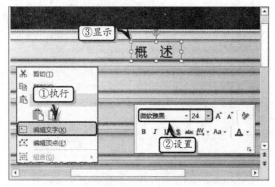

STEP|11 添加动画效果。选择最上面的图片，执行【动画】|【动画】|【动画样式】|【更多进入效果】命令，在弹出的【更改进入效果】对话框中选择【阶梯状】选项，单击【确定】按钮。

STEP|12 在【计时】选项组中，将【开始】设置为"与上一动画同时"，并将【持续时间】设置为"00.60"。

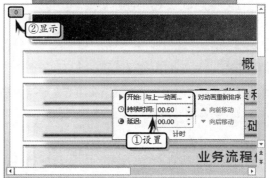

STEP|13 选择最下方的图片，执行【动画】|【动画】|【动画样式】|【更多进入效果】命令，在弹出的【更改进入效果】对话框中选择【阶梯状】选项，单击【确定】按钮。

STEP|14 执行【动画】|【动画】|【效果选项】||【方向】|【右上】命令，设置动画进入方向。同时，在【计时】选项组中，设置【开始】和【持续时间】

选项。

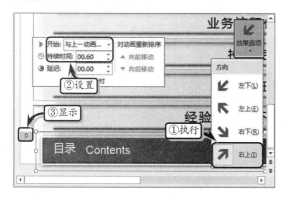

STEP|15 选择下方图片中的"目录"组合形状，执行【动画】|【动画】|【动画样式】|【更多进入效果】命令，在弹出的【更改进入效果】对话框中选择【切入】选项，单击【确定】按钮。

STEP|16 在【计时】选项组中，将【开始】设置为"上一动画之后"，并将【持续时间】设置为"00.30"。

STEP|17 从上到下同时选择第 2~7 个矩形图片，执行【动画】|【动画】|【其他】|【更多进入效果】命令，在弹出的【更改进入效果】对话框中选择【阶

梯状】选项，单击【确定】按钮。

STEP|18 选择上面第 2 个矩形图片，在【计时】选项组中设置【开始】、【持续时间】和【延迟】选项。使用同样方法，设置其他矩形图片的【计时】选项。

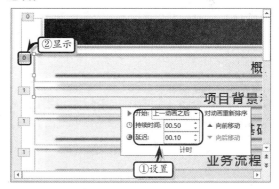

STEP|19 选择上面第 2 个矩形图片，执行【动画】|【动画】|【动画样式】|【更多进入效果】命令，在弹出的【更改进入效果】对话框中选择【阶梯状】选项，单击【确定】按钮。

STEP|20 执行【动画】|【动画】|【动画效果】|【方向】|【右上】命令，并在【计时】选项组中分别设置各选项。使用同样方法，为其他矩形图片添加多重动画效果。

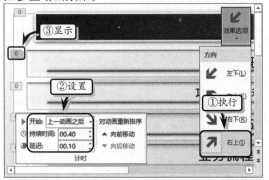

STEP|21 选择"概述"矩形形状，执行【动画】|【动画】|【动画样式】|【更多进入效果】命令，在弹出的【更改进入效果】对话框中选择【切入】选项，单击【确定】按钮。

STEP|22 在【计时】选项组中分别设置【开始】、【持续时间】和【延迟】选项。使用同样方法，分别为其他文本矩形形状和线条图片添加动画效果。

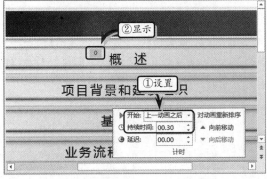

13.6 练习：动态列表幻灯片

设计是一种创造性的劳动，其目的就是创造出更富有艺术色彩的作品；而幻灯片中的列表设计，则是幻灯片整体设计中的重点之一。列表主要用于显示多项并列的简短内容，并通过项目符号或形状进行表述，多用于显示幻灯片中的目录或项目等。在本练习中，将通过制作一个动态列表幻灯片的方法，来详细介绍构建特殊列表幻灯片的操作方法和实用技巧。

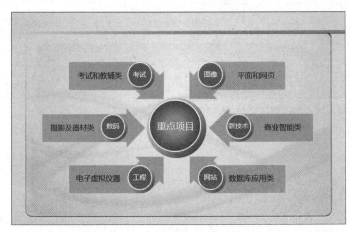

操作步骤 >>>>

STEP|01 制作幻灯片背景。新建空白演示文稿，删除所有占位符。执行【设计】|【自定义】|【幻灯片大小】|【自定义幻灯片大小】命令，自定义幻灯片宽度。

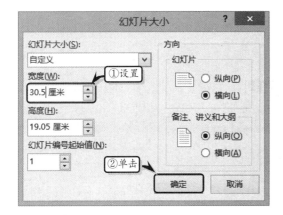

STEP|02 在弹出的对话框中，选择【最大化】选项，确保幻灯片中内容的最大化。

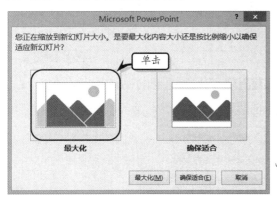

STEP|03 执行【插入】|【图像】|【图片】命令，选择图片文件，单击【插入】按钮，插入图片并调整图片的大小。

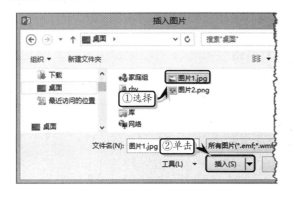

STEP|04 制作中心形状。执行【插入】|【插图】|【形状】|【椭圆】命令，绘制一个椭圆形状，并调整形状的大小。

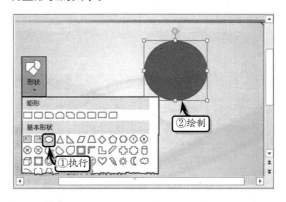

STEP|05 选择椭圆形状，执行【绘图工具】|【形状样式】|【形状轮廓】|【无轮廓】命令，取消形状轮廓。

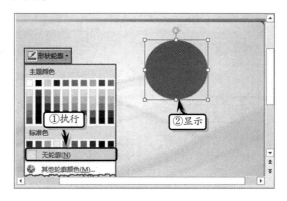

STEP|06 右击形状，执行【设置形状格式】命令，选中【渐变填充】选项，并设置【类型】和【角度】选项。

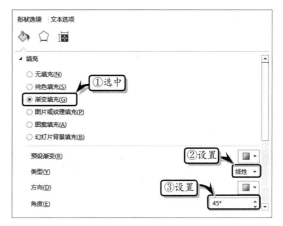

STEP|07 删除多余的渐变光圈，选择左侧的渐变光圈，单击【颜色】下拉按钮，选择【灰色-25%，背景 2】选项，设置渐变颜色。

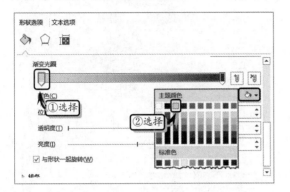

STEP|08 选择右侧的渐变光圈，单击【颜色】下拉按钮，选择【其他颜色】选项，在【自定义】选项卡中自定义渐变颜色。

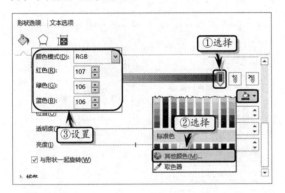

STEP|09 执行【插入】|【图像】|【图片】命令，选择图片文件，单击【插入】按钮，插入图片并调整图片的大小和位置。

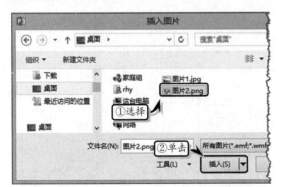

STEP|10 同时选择图片和椭圆形状，右击执行【组合】|【组合】命令，组合形状。

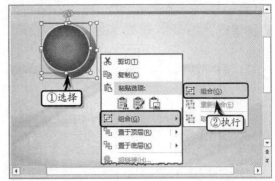

STEP|11 执行【插入】|【文本】|【文本框】|【横排文本框】命令，绘制文本框，输入文本并设置文本的字体格式。

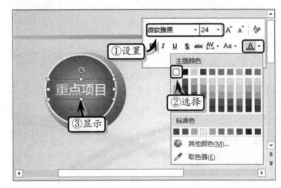

STEP|12 同时选择组合后的形状和文本框，右击执行【组合】|【组合】命令，组合文本框和形状。

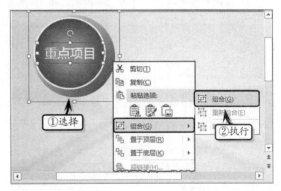

STEP|13 制作概述形状。执行【插入】|【插图】|【形状】|【椭圆】命令，在幻灯片中绘制一大一小两个椭圆形形状。

STEP|14 选择中心组合形状中的椭圆形形状，执行【开始】|【剪贴板】|【格式刷】命令，并单击新绘制的大椭圆形形状，复制形状格式。

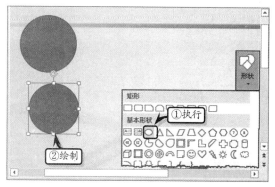

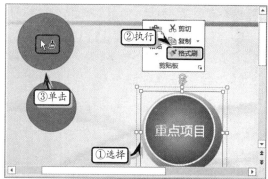

STEP|15 右击小椭圆形状，执行【设置形状格式】命令，选中【纯色填充】选项，并将【颜色】设置为"蓝色，着色 1"。

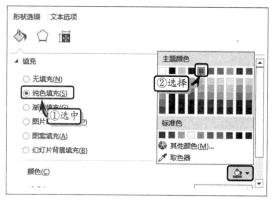

STEP|16 在【线条】选项组中，选中【实线】选项，将【颜色】设置为"白色，背景 1"，并将【宽度】设置为"2 磅"。

STEP|17 调整大小椭圆形状的位置，组合两个椭圆形状。为其添加文本框，输入文本并设置文本的字体格式。使用同样方法，制作其他概述形状。

STEP|18 制作内容形状。执行【插入】|【插图】|【形状】|【右箭头】命令，绘制右箭头形状，并调整形状的方向、大小和外形。

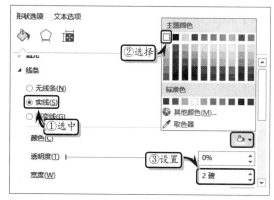

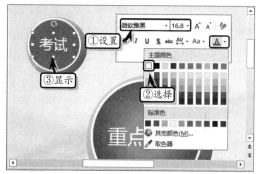

STEP|19 选择右箭头形状，执行【绘图工具】|【格式】|【形状样式】|【形状填充】|【其他填充颜色】命令，自定义填充色。

STEP|20 执行【绘图工具】|【形状样式】|【形状轮廓】|【灰色-25%，背景1】命令，设置轮廓样式。

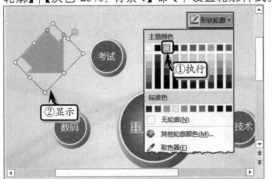

STEP|21 在绘图页中插入一个圆角矩形形状，调整形状的大小和弧度，并设置形状格式。

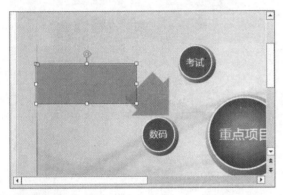

STEP|22 在圆角矩形形状上方绘制一个文本框，输入文本并设置文本的字体格式，并组合文本框、圆角矩形和右箭头形状。使用同样方法，制作其他内容形状。

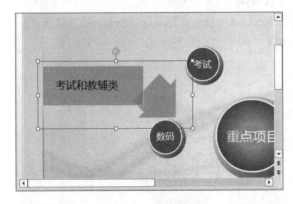

STEP|23 组合形状。同时选择"考试"和"网站"形状，右击执行【组合】|【组合】命令，组合形状。使用同样方法，分别组合其他概述和内容形状。

STEP|24 添加动画效果。选择"考试"组合形状，执行【动画】|【动画】|【动画样式】|【更多进入效果】命令，在弹出的【更改进入效果】对话框中选择【基本缩放】选项，单击【确定】按钮。

STEP|25 在【计时】选项组中设置【开始】和【持续时间】选项。使用同样的方法，分别为其他概述形状和中心形状添加进入动画效果。

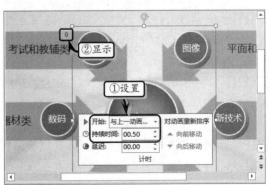

STEP|26 选择中心形状，执行【动画】|【高级动画】|【添加动画】|【强调】|【陀螺旋】命令，并设置【开始】和【持续时间】选项。使用同样方法，为概述形状添加多重强调动画效果。

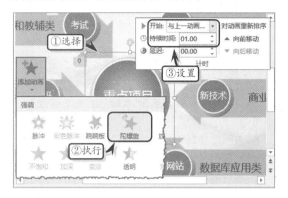

STEP|27 选择"电子虚拟仪器"组合形状，执行【动画】|【动画】|【动画样式】|【更多进入效果】命令，在弹出的【更改进入效果】对话框中选择【基本缩放】选项，并单击【确定】按钮。

STEP|28 在【计时】选项组中设置【开始】和【持续时间】选项。使用同样方法，分别为其他内容形状添加进入动画效果。

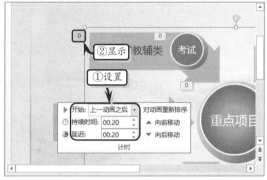

PowerPoint 13.7 新手训练营

练习 1：电影动画开头效果

downloads\13\新手训练营\电影动画开头效果

提示：本练习中，主要使用 PowerPoint 中的插入图片、插入艺术字、设置艺术字格式、添加动画效果、设置动画选项等常用功能。

其中，主要制作步骤如下所述。

（1）执行【插入】|【图像】|【图片】命令，选择多张图片文件，单击【插入】按钮，插入图片并排列图片的位置。

（2）组合相应的图片，插入艺术字标题，输入艺术字文本并设置文本的字体格式。

（3）为胶带播放图片添加"擦除"动画效果，为组合的"1949"对象添加"棋盘"效果。

（4）为组合数字图片对象添加"直线"动画效果。

（5）为其他对象添加相应的动画效果，并分别设置不同动画效果的【开始】选项。

练习 2：制作知识的定义幻灯片

downloads\13\新手训练营\知识的定义

提示：本练习中，主要使用 PowerPoint 中的设置母版背景样式、设置字体格式、绘制形状、设置形状格式、添加动画效果、设置效果选项等常用功能。

其中，主要制作步骤如下所述。

（1）执行【视图】|【母版视图】|【幻灯片母版】命令，设置幻灯片母版的背景样式，并关闭幻灯片母版视图。

（2）在占位符中输入文本内容，复制占位符并更改文本的字体格式。

（3）在幻灯片中绘制箭头形状，并设置形状的轮廓颜色和粗细度。

（4）在幻灯片中插入图片文件，并组合箭头形状和图片对象。

（5）为组合对象添加"缩放"动画效果，并为组合对象周围的文本占位符添加"飞入"动画效果。

（6）设置"飞入"动画效果的【效果选项】方向效果，并将【开始】设置为"上一动画之后"。

练习 3：拉链展开效果

⊙downloads\13\新手训练营\拉链展开效果

提示：本练习中，主要使用 PowerPoint 中的切换

视图、插入图片、绘制形状、设置形状格式、添加动画、设置动画选项等常用功能。

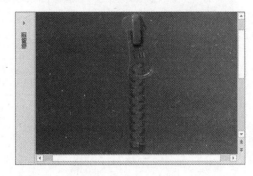

其中，主要制作步骤如下所述。

（1）执行【视图】|【母版视图】|【幻灯片母版】命令，切换到幻灯片母版视图中。

（2）选择第 1 张幻灯片，为幻灯片插入多张图片，并排列图片的先后位置。

（3）在幻灯片中绘制矩形形状，设置形状的填充颜色和轮廓颜色，并设置形状的显示层次。

（4）为最上层的拉头图片添加"直线"动画效果，为矩形形状添加"擦除"动画效果，为右侧第 1 个拉头图片添加"直线"动画效果。

（5）使用同样方法，分别为其他拉头图片添加直线动画效果，并调整动作路径的运行长度和方向。

第 14 章

PowerPoint 高手进阶

在 PowerPoint 中如果需要重复执行基本项任务，即可运用宏功能来实现这一操作，既可以解决日常工作中烦琐的操作过程，又可以提高办公效率。除此之外，PowerPoint 还内置了公式和控件功能，以协助用户制作更加丰富多彩的幻灯片。在本章中，将详细介绍使用控件、创建宏、宏的安全性的问题，以及插入 Microsoft 公式和管理 PowerPoint 加载项等基础知识。

14.1 插入 Microsoft 公式 3.0

Microsoft 公式是 PowerPoint 中预置的一种特殊对象。从最早期的 Microsoft 公式 1.0 到如今的 Microsoft 公式 3.0，微软公司为 Office 系列软件增加了多种公式格式的内容，允许用户书写绝大多数日常公式。

14.1.1 插入公式对象

执行【插入】|【文本】|【对象】命令。在弹出的【插入对象】对话框中，选择【新建】选项，在【对象类型】列表框中选择【Microsoft 公式 3.0】选项，并单击【确定】按钮。

提示

在【插入对象】对话框中，启用【显示为图标】复选框，即可在幻灯片中只显示对象的图标。

然后，在弹出的【公式编辑】窗口中，根据相应的命令来输入并编辑公式。

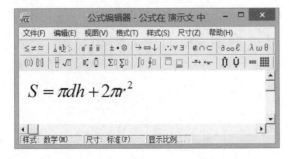

在公式编辑器软件的【工具栏】中，提供了多

种类型的工具按钮供用户选择，以插入各种类型的公式符号。

标签按钮	作用
≤≠≈	关系符号，用于显示两个表达式之间的关系
ⅈ ab ∴	间距和省略号，用于显示两表达式的距离或省略某个表达式的内容
x̄ x̃	修饰符号，用于修饰表达式，在表达式上方添加各种箭头和线
± • ⊗	运算符号，用于表示表达式之间的数学运算
→ ⇔ ↓	箭头符号，用于表示表达式的方向
∴ ∀∃	逻辑符号，用于表示因为、所以、存在、使得、逻辑与、逻辑或和逻辑非等特殊符号
∉∩	集合论符号，用于体现集合以及表达式之间的包含和被包含关系
∂∞ℓ	其他符号，用于表示梯度、微积分、无穷大、花体 I，R，X 以及角度、垂直、菱形等多种 QWERTY 键盘未包含的符号
λω θ	希腊字母小写，用于插入小写希腊字母符号
ΛΩ⊗	希腊字母大写，用于插入大写希腊字母符号
(ⅈ) [ⅈ]	围栏模板，用于插入各种类型的括号
⁢ √ⅈ	分式和根式模板，用于插入分数或方根表达式
x□ □x	上标和下标模板，用于在表达式上方或下方插入一个或多个新的表达式
Σ□ Σ□	求和模板，用于制作与Σ符号相关的求和表达式
∫□ ∮□	积分模板，用于制作与积分、不定积分类型相关的表达式
□ □	底线和顶线模板，用于在表达式上方或下方添加横线或箭头
→ ←	标签箭头模板，用于制作带有标签文本的方向箭头（多用于化学反应）
∏ ∪	乘积和集合论模板，用于制作极限、乘积和交集类的表达式
⬚⬚ ⬚⬚	矩阵模板，用于插入各种数组和集合数据

14.1.2　编辑公式

插入公式之后，可通过公式编辑器【工具栏】中的各项命令，通过编辑公式的字符间距、字符样式和字符尺寸等方法，来编辑公式，使其更加符合幻灯片的整体布局。

1．编辑字符间距

字符间距是表达式中各种字符之间的距离，其单位为磅。在【公式编辑器】窗口中，用户可执行【格式】|【间距】命令。

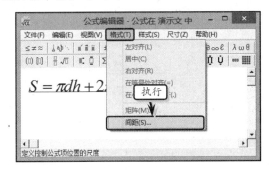

在弹出的【间距】对话框中，可设置 19 种数学表达式中字符的距离。另外，用户拖动对话框中的滚动条，即可查看位于当前显示属性下方的属性。然后，单击【应用】按钮，即可设置公式的间距格式。

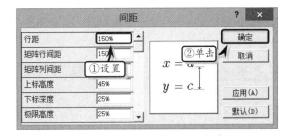

技巧

在【间距】对话框中，单击【默认】按钮，可删除所设置的间距选项，恢复到最初的默认状态。

2．编辑字符样式

在公式编写过程中，用户可设置字符的样式，包括字符的字体、粗体和斜体等属性。在【公式编辑器】窗口中，选择公式，执行【样式】|【变量】命令，将公式的样式更改为"变量"样式。

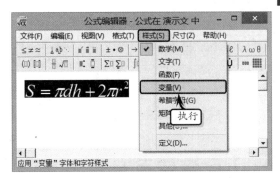

然后，执行【样式】|【定义】命令，在弹出的【样式】对话框中，为各种字符样式设置字体、粗体以及斜体等属性，单击【确定】按钮，应用样式。

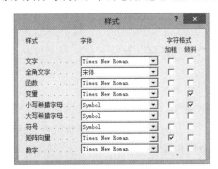

提示

在【样式】对话框中自定义样式之后，可通过执行【样式】命令，应用自定义样式。

3．编辑字符尺寸

编辑字符尺寸的方式与编辑字符样式类似，在【公式编辑器】窗口中选择公式，执行【尺寸】命令，在其级联菜单中选择一种尺寸选项。

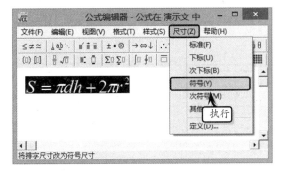

另外，执行【尺寸】|【定义】命令，在弹出的【尺寸】对话框中，设置各种字符的尺寸，并用类似的方式将其应用到表达式中。

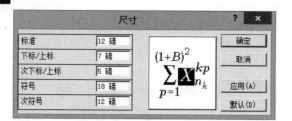

知识链接 14-1 | 插入不等式公式

在 PowerPoint 中，可通过插入公式对象及设置公式对象格式等方法，插入一个不等式公式。

PowerPoint

14.2 使用宏

在需要进行大量重复性的操作时，可使用宏功能编辑脚本命令，然后再通过键盘快捷键触发软件快速执行，此时就需要使用到宏。

14.2.1 宏安全

宏是计算机应用软件平台中的一种可执行的抽象语句命令，其由格式化的表达式组成，可控制软件执行一系列指定的命令，帮助用户快速处理软件中重复而机械的操作。

在默认状态下，出于安全方面的考虑，PowerPoint 禁止用户使用宏。因此在自行编辑和使用宏之前，用户应手动开启 PowerPoint 对宏的支持。

执行【文件】|【选项】命令，在【PowerPoint 选项】对话框中激活【信任中心】选项卡，单击【信任中心设置】按钮。

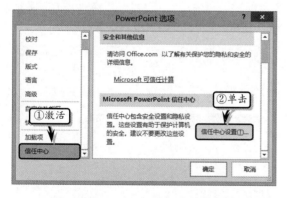

在弹出的【信任中心】对话框中，激活【宏设置】选项卡，然后在右侧的【宏设置】栏中选中【启用所有宏】选项。

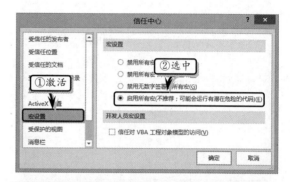

提示

在 PowerPoint 的【宏设置】栏中，所做的任何宏设置更改只适用于 PowerPoint，而不会影响任何其他 Office 程序。

用户在【宏设置】栏中，可以对在非受信任位置的文档中的宏，进行 4 个选项设置，以及开发人员宏设置。

安全选项	含义
禁用所有宏，并且不通知	如果用户不信任宏，可以选择此项设置。文档中的所有宏，以及有关宏的安全警报都被禁用。如果文档具有信任的未签名的宏，则可以将这些文档放在受信任位置
禁用所有宏，并发出通知	这是默认设置。如果想禁用宏，但又希望在存在宏的时候收到安全警报，则应使用此选项。这样，可以根据具体情况选择何时启用这些宏
禁用无数字签署的所有宏	此设置与"禁用所有宏，并发出通知"选项相同，但下面这种情况除外：在宏已由受信任的发行者进行了数字签名时，如果用户信任发行者，则可以运行宏

续表

安全选项	含　义
启用所有宏(不推荐，可能会运行有潜在危险的代码)	可以暂时使用此设置，以便允许运行所有宏。因为此设置会使计算机容易受到可能是恶意的代码的攻击，所以不建议用户永久使用此置
信任对 VBA 工程对象模型的访问	此设置仅适用于开发人员

14.2.2　创建宏

在 PowerPoint 中可通过录制宏和使用 VBA 创建宏两种方法，来创建宏。在创建宏之前，还需要先启动【开发工具】选项卡。

1．启用【开发工具】选项卡

在默认状态下，PowerPoint 隐藏了【开发工具】选项卡，只提供最基本的演示文稿制作工具。如用户需要结合脚本和控件制作复杂的多媒体应用程序，可设置【开发工具】选项卡为显示，以辅助程序的设计。

执行【文件】|【选项】命令，在弹出的【PowerPoint 选项】对话框中，激活【自定义功能区】选项卡。在【自定义功能区】列表框中，启用【开发工具】复选框，并单击【确定】按钮。

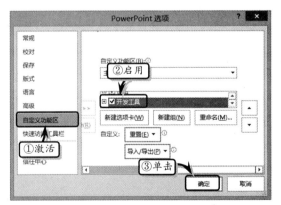

注意

在【自定义功能区】选项卡中，可单击列表框下方的【新建选项卡】按钮，新建一个自定义选项卡。

2．命令法创建宏

录制宏时，宏录制器会记录用户完成的操作。记录的步骤中不包括在功能区上导航的步骤。

执行【开发工具】|【代码】|【宏】命令，在弹出的【宏】对话框中，设置宏名称，并单击【创建】按钮。

此时，系统将自动弹出 Microsoft Visual Basic 窗口，在【代码】窗口中输入宏代码即可。

3．VBA 窗口法创建宏

在 PowerPoint 中，可直接通过 Visual Basic 编辑器编写代码，并通过运行宏功能执行编写的 VBA 代码。

在幻灯片中，执行【开发工具】|【代码】|Visual Basic 命令。在弹出的 VB 窗口中，执行【插入】|【模块】命令。

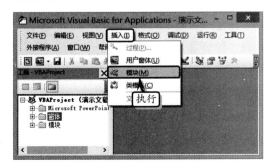

插入模块后，用户可在 VB 窗口中，输入代码，创建宏，如输入以下代码：

```
Sub 计算()
    Dim a
    a = MsgBox("这是一道简单的加法运算
    题",vbYesNo, "计算")
End Sub
```

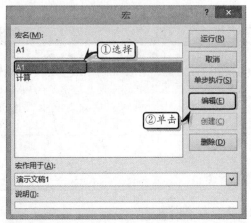

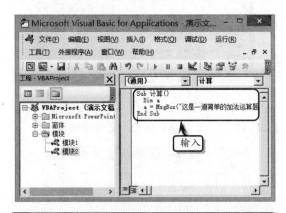

14.2.3 管理宏

用户可以通过复制宏功能，来复制宏的一部分以创建另一个宏。而运行宏是为了使用创建的宏以达到快速操作工作。

1. 复制宏

打开包含要复制的宏的演示文稿，执行【开发工具】|【代码】|【宏】命令。在弹出的【宏】对话框的【宏名】列表框中，选择需要复制的宏的名称，并单击【编辑】按钮。

然后，在 Visual Basic 编辑器的代码窗口中，选择要复制的宏所在的行，执行【复制】命令。

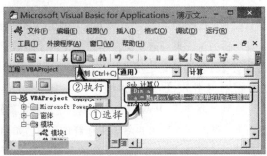

然后，在代码窗口的【模块编辑】窗格中，单击要在其中放置代码的模块，并执行【粘贴】命令。

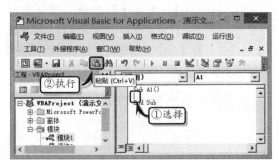

2. 运行宏

通过【宏】对话框，来运行宏是常用的一种方法。执行【开发工具】|【代码】|【宏】命令，在弹出的【宏】对话框中，选择需要运行的宏，单击【运行】按钮。

另外，用户还可以在 VBA 编辑器窗口中，单击【运行子过程/用户窗体】按钮▶，或者按 F5 键。此时，将执行 VBA 代码。

PowerPoint

14.3　管理 PowerPoint 加载项

加载项是由微软或第三方编写的、辅助用户使用 PowerPoint 的插件。在 PowerPoint 中，用户可添加加载项，或对已应用的加载项进行分类管理。

14.3.1　查看加载项

在 PowerPoint 中，执行【文件】|【选项】命令。在【PowerPoint 选项】对话框中，激活【加载项】选项卡，查看当前 PowerPoint 已加载的所有加载项。

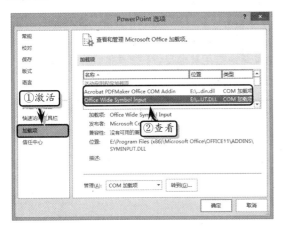

在【加载项】列表中，加载项分成 4 类显示。其中，具体情况如下表所述。

分　类	说　明
活动应用程序加载项	添加于鼠标右键菜单中的加载项，通常由第三方编写
非活动应用程序加载项	Office 软件内置的加载项，通常由微软编写，在安装时直接添加到 PowerPoint 中
文档相关加载项	添加到当前演示文稿中的加载项
禁用的应用程序加载项	用户禁止启用的各种加载项

14.3.2　按类管理加载项

在【PowerPoint 选项】对话框中查看当前加载项情况之后，可根据加载项的不同类型，来管理加载项。

1. 管理非活动应用程序加载项

非活动应用程序加载项又被称作 COM 加载项。在【PowerPoint 选项】对话框中，单击【管理】下拉按钮，在其下拉列表中选择【COM 加载项】选项，单击【转到】按钮。

在弹出的【COM 加载项】对话框中，可启用加载项前的复选框，并单击【删除】按钮，将其删除。也可单击【添加】按钮，选择新的加载项，将其添加到 PowerPoint 中。完成设置后即可单击【确定】按钮，保存【管理】操作。

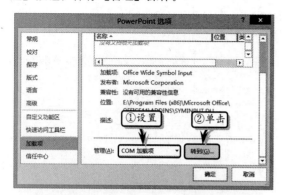

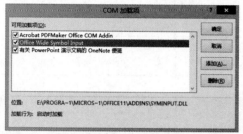

2．管理文档相关加载项

文档相关加载项又称 PowerPoint 加载项，是加载到 PowerPoint 中的宏脚本。用户可通过两种方式管理 PowerPoint 加载项。

在【PowerPoint 选项】对话框中，单击【管理】下拉按钮，在其下拉列表中选择【PowerPoint 加载项】选项，单击【转到】按钮。

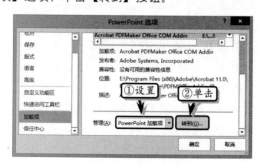

此时，系统会自动弹出【加载项】对话框。用户可在该对话框中，进行添加、删除等管理 PowerPoint 加载项的操作。

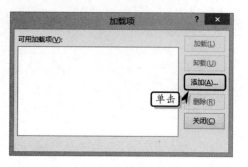

3．添加活动应用程序加载项

活动应用程序加载项又称动作或操作，用户可通过两种方式为 PowerPoint 添加该类加载项。

在【PowerPoint 选项】对话框中，单击【管理】下拉按钮，在其下拉列表中选择【操作】选项，单击【转到】按钮。

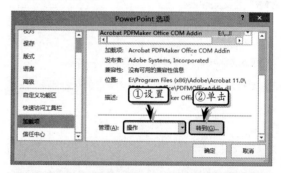

在弹出的【自动更正】对话框中，启用【在右键菜单中启用其他操作】复选框，单击【确定】按钮即可启用该加载项。

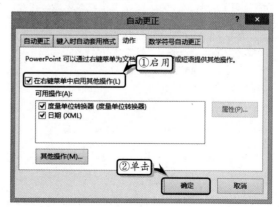

在【自动更正】对话框中，单击【其他操作】按钮，可打开网页浏览器，从 Office.com 官方网站下载第三方动作。

某些加载项，则用户可在【禁用项目】对话框的列表中选择加载项，单击下方的【启用】按钮，将其启用。

4．禁用与启用

在【PowerPoint 选项】对话框中，单击【管理】下拉按钮，在其下拉列表中选择【禁用项目】选项，单击【转到】按钮。

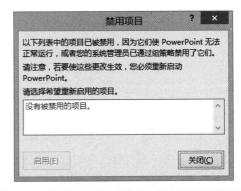

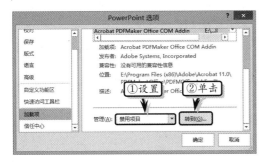

在弹出的【禁用项目】对话框中，如已禁用了

启用过多的加载项有可能降低 PowerPoint 的运行速度，因此，用户也可在【信任中心】中禁止所有的加载项，提高 PowerPoint 运行的效率。

14.4 使用控件

控件是 PowerPoint 中的一种交互性对象，其作用类似网页中的表单，允许用户与演示文稿进行复杂的交互。

14.4.1 插入控件

在 PowerPoint 的【开发工具】选项卡中，提供了多种控件，包括11种基础控件和其他Windows控件。

控 件 名 称	说 明
【标签】控件 A	插入标签控件
【文本框】控件	插入文本框控件
【数值调节钮】控件	插入数值调节钮控件
【命令按钮】控件	插入命令按钮控件
【图像】控件	插入图像控件
【滚动条】控件	插入滚动条控件
【复选框】控件	插入复选框控件
【单选按钮】控件	插入选项按钮控件

续表

控 件 名 称	说 明
【组合框】控件	插入组合框控件
【列表框】控件	插入列表框控件
【切换按钮】控件	插入切换按钮控件
【其他】控件	插入此计算机提供的控件组中的控件

1．插入基础控件

基础控件是显示在【开发工具】选项卡【控件】选项卡中的常用的 11 种控件，下面以插入"标签"控件为例，详细介绍插入基础控件的操作方法。

标签的作用是显示内容较少的文本，并供脚本程序修改。执行【开发工具】|【控件】|【标签】命令，拖动鼠标在幻灯片中绘制控件即可。

2．插入其他控件

PowerPoint除了直接提供11种基本的控件外，还允许用户调用已安装到 Windows 操作系统中的其他控件，将这些控件添加到幻灯片中。

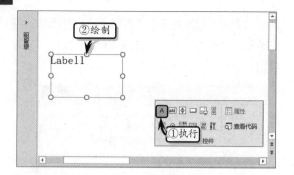

执行【开发工具】|【控件】|【其他】命令，在弹出的【其他控件】对话框中，选择控件类型，单击【确定】按钮，将其插入到幻灯片中。

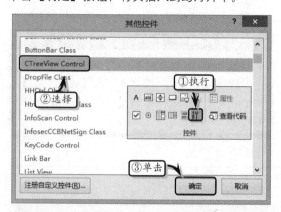

14.4.2 设置控件属性

选择控件，执行【开发工具】|【控件】|【属性】命令，在弹出的【属性】对话框中设置控件的属性。

技巧

右击标签，执行【属性】命令，也可打开【属性】面板。

其中，在【属性】对话框中，主要包括下表中的各种属性选项。

属性名称	作用
Accelerator	定义切换到控件的快捷键
AutoSize	设置控件是否自动调节尺寸
BackColor	设置控件的背景颜色
BackStyle	设置控件的背景样式
BorderColor	设置控件的边框线颜色
BorderStyle	设置控件的边框线样式
Caption	设置控件的标题
Enabled	设置控件允许用户单击或编辑
Font	设置控件中字体的样式
ForeColor	设置鼠标单击控件后显示的颜色
Height	设置控件的高度
Left	设置控件距幻灯片左侧边框的距离
MouseIcon	设置鼠标滑过控件时指针的图像
MousePointer	设置鼠标滑过控件时指针的图标
Picture	设置控件的背景图像
PicturePosition	设置控件的背景图像定位方式
SpecialEffect	设置控件的特效
TextAlign	设置控件中文本内容的水平对齐方式
Top	设置控件距幻灯片顶部边框的距离
Visible	设置控件为可视或隐藏
Width	设置控件的宽度
WordWrap	设置控件中文本的换行处理方式

提示

用户可在【属性】面板的顶部单击【控件名称】后面的下拉按钮，从列表中选择当前已插入演示文稿的控件，并对这些控件进行编辑。

另外，PowerPoint 中的控件是以代码的方式显示和控制的，因此，在插入控件后，用户还可以查看控件的源代码，以设置控件的属性或控制控件。

在 PowerPoint 中选中控件，执行【开发工具】

|【控件】|【查看代码】命令，在打开的 Microsoft Visual Basic for Applications 窗口中，查看或编辑该控件的代码。

技巧

用户也可以通过双击控件的方法，打开 Microsoft Visual Basic for Applications 窗口中，查看或编辑该控件的代码。

知识链接 14-2 插入"命令按钮"控件

　　为幻灯片插入控件并通过为控件设置 VBA 代码，可实现简单的公式运算。

14.5　练习：交互式幻灯片

互动幻灯片是指各种元素之间相互影响，互为因果的作用和关系。我们可以利用 PowerPoint 中的自定义动画和 VBA 功能，制作出一个互动型的幻灯片，当用户在进行操作演示文稿时，自动判断答案是否正确。

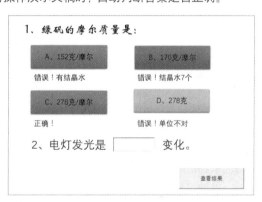

操作步骤

STEP|01 制作按钮。新建空白演示文稿，设置幻灯片大小，在标题占位符中输入"1、绿矾的摩尔质量是:"，并设置其字体格式。

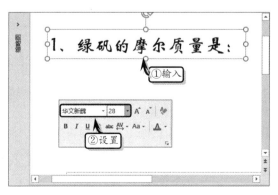

STEP|02 执行【插入】|【插图】|【形状】|【动作按钮:自定义】命令，绘制形状并选中【无动作】选项。

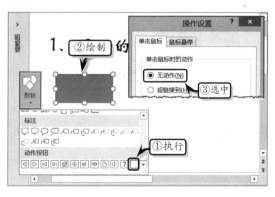

STEP|03 编辑按钮文字。右击"动作按钮"形状，执行【编辑文字】命令，输入文本并设置文本的字体格式。

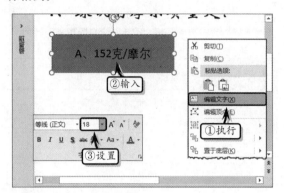

STEP|04 复制形状，修改形状文本并排列形状。

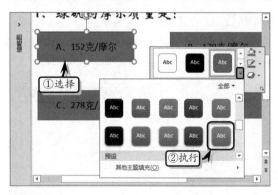

STEP|05 设置形状样式。选择第 1 个形状，执行【绘图工具】|【格式】|【形状样式】|【其他】|【强烈效果-绿色，强调颜色 6】命令，设置形状样式。

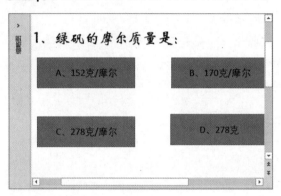

STEP|06 分别运用相同的方法，对其他 3 个形状应用形状样式。然后，在每个形状下面插入文本框并输入文字。

STEP|07 添加动画效果。选择"错误！有结晶水"

文本框，执行【动画】|【动画】|【动画样式】|【进入】|【飞入】命令，同时执行【效果选项】|【方向】|【自左侧】命令，为文本添加动画效果。

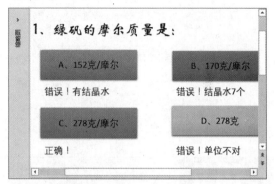

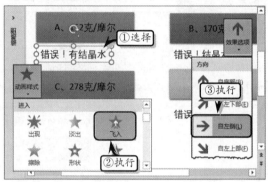

STEP|08 执行【动画】|【高级动画】|【动画窗格】命令，右击动画效果执行【计时】命令。

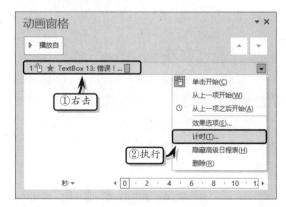

STEP|09 单击【触发器】按钮，选中【单击下列对象时启动效果】选项，并设置对象名称。使用同样的方法，为其他文本添加动画效果。

STEP|10 添加控件。在幻灯片中插入文本框，输入"电灯发光是"和"变化"文字，并设置【字号】为 28。

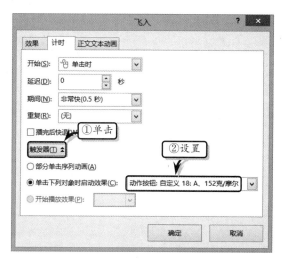

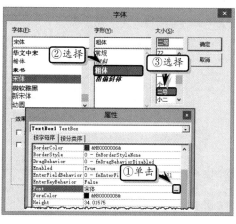

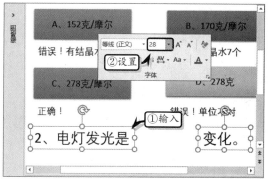

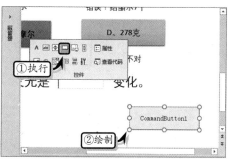

STEP|11 执行【开发工具】|【控件】|【文本框】
命令，绘制一个"文本框"控件。

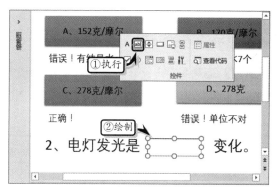

STEP|12 选择控件，执行【控件】|【属性】命令，
设置控件的字体格式。

STEP|13 设置控件属性。执行【开发工具】|【控
件】|【命令按钮】命令，在幻灯片中绘制该
按钮。

STEP|14 执行【控件】|【属性】命令，在【属性】
对话框中，修改按钮名称为"查看结果"。

STEP|15 输入代码。双击【查看结果】按钮，弹
出 VBA 编辑窗口，并在代码编辑窗口中，输入代
码即可实现交互效果。

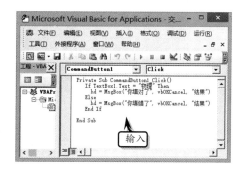

代码编辑窗中的代码如下：

```
Private Sub CommandButton1_Click()
    If TextBox1.Text = "物理" Then
        hd = MsgBox("你填对了",
        vbOKCancel, "结果")
    Else
        hd = MsgBox("你填错了",
```

```
        vbOKCancel, "结果")
    End If
End Sub
```

STEP|16 运行。按 F5 键放映幻灯片，查看效果。单击【查看结果】按钮，将弹出【结果】对话框，提示用户是否答对题目。

14.6 练习：新年贺卡

春节是中国的传统节日，也是俗语中的年。在过年时，家家户户在准备年夜饭的同时，也在一起等待着新年的来临。在本练习中，将利用插入图片、自定义动画等功能，来制作一个带有动画效果的新年贺卡。

操作步骤 ▶▶▶▶

STEP|01 设置幻灯片背景。新建空白演示文稿，执行【设计】|【自定义】|【幻灯片大小】|【标准】命令，设置幻灯片的大小。

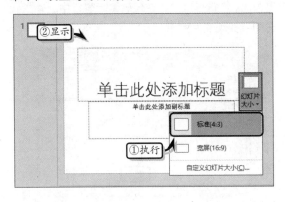

STEP|02 删除所有占位符，执行【设计】|【自定义】|【设置背景格式】命令，选中【纯色填充】选项，将【颜色】设置为"深红"。

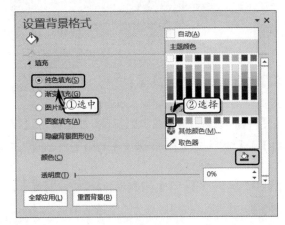

STEP|03 插入图片。执行【插入】|【图像】|【图片】命令，在弹出的【插入图片】对话框中，选择图片文件，单击【插入】按钮。

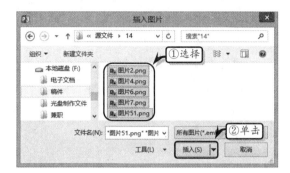

STEP|04 调整各个图片的位置，执行【插入】|【文本】|【文本框】|【竖排文本框】命令，绘制文本框并输入文本。

STEP|05 选择文本框，在【开始】选项卡【字体】选项组中，设置文本的字体格式。

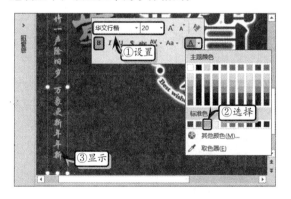

STEP|06 添加动画效果。选择"恭贺新年"图片，执行【动画】|【动画】|【动画样式】|【缩放】命令，并在【计时】选项组中设置【开始】和【持续时间】选项。

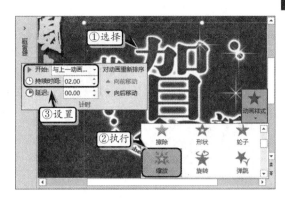

STEP|07 选择第 1 排左侧的"星光"图片，执行【动画】|【动画】|【动画样式】|【进入】|【淡出】命令，并在【计时】选项组中设置【开始】选项。

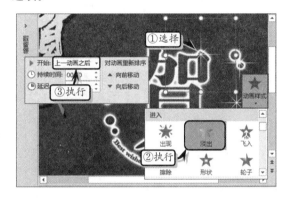

STEP|08 执行【动画】|【高级动画】|【添加动画】|【退出】|【淡出】命令，并在【计时】选项组中设置【开始】选项。

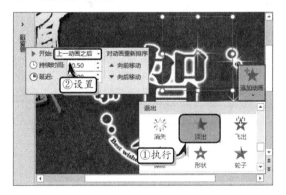

STEP|09 执行【动画】|【高级动画】|【添加动画】|【进入】|【淡出】命令，并在【计时】选项组中设置【开始】选项。使用同样方法，设置其他星光图片的动画效果。

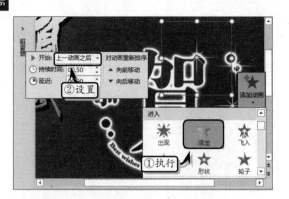

STEP|10 选择"贺岁"图片，执行【动画】|【动画】|【动画样式】|【进入】|【浮入】命令，同时执行【效果选项】|【方向】|【下浮】命令，并设置【开始】选项。

STEP|11 选择文本框上方的"星光"图片，执行【动画】|【动画】|【动画样式】|【更多进入效果】命令，在弹出的【更改进入效果】对话框中选择【基本缩放】选项，并单击【确定】按钮。

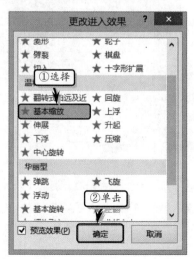

STEP|12 在【计时】选项组中，将【开始】设置为"与上一动画同时"。

STEP|13 执行【动画】|【高级动画】|【添加动画】|【强调】|【陀螺旋】命令，并在【计时】选项组中设置【开始】选项。

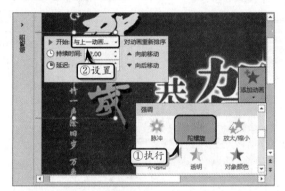

STEP|14 执行【动画】|【高级动画】|【添加动画】|【动作路径】|【直线】命令，并在【计时】选项组中设置【开始】选项。

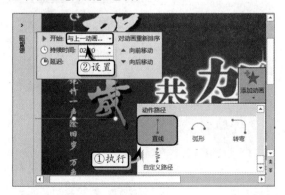

STEP|15 选择动作路径动画效果，调整动作路径的动画线的方向和长度。

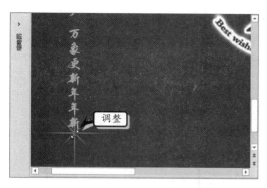

STEP|16 选择文本框，执行【动画】|【动画】|
【动画样式】|【进入】|【擦除】命令，同时执行【动
画效果】|【自顶部】命令，并在【计时】选项组
中设置【开始】和【持续时间】选项。

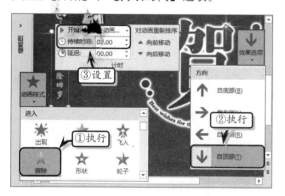

STEP|17 选择文本框上方的"星光"图片，执行
【动画】|【高级动画】|【添加动画】|【更多退出效果】
命令，在弹出的【更改进入效果】对话框中选择【基
本缩放】选项，并单击【确定】按钮。

STEP|18 在【计时】选项组中，将【开始】设置
为"上一动画之后"。

14.7 新手训练营

练习 1：制作动态背景

downloads\14\新手训练营\动态背景

提示：本练习中，主要使用 PowerPoint 中的切换
视图、插入图片、设置动画效果、设置动画选项等常
用功能。

其中，主要制作步骤如下所述。

（1）执行【视图】|【母版视图】|【幻灯片母版】
命令，切换到幻灯片母版视图中。

（2）选择第 2 张幻灯片，执行【插入】|【图像】
|【图片】命令，选择图片文件，单击【插入】按钮，

插入图片并排列图片的显示位置。

（3）为背景图片和箭头形状添加"擦除"动画效果，并将【效果选项】设置为"自左侧"。

练习2：制作调查步骤图

downloads\14\新手训练营\调查步骤图

提示：本练习中，主要使用 PowerPoint 中的切换视图、绘制形状、设置形状格式、添加动画效果等常用功能。

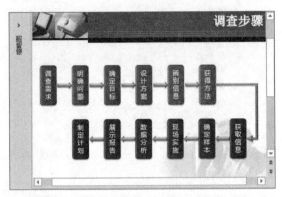

其中，主要制作步骤如下所述。

（1）在幻灯片母版视图中，设置幻灯片的图片背景格式。

（2）切换到普通视图中，在幻灯片中插入圆角矩形形状，设置形状的填充颜色和轮廓颜色，为形状添加文本并设置文本的字体格式。

（3）在圆角矩形形状中间插入右箭头形状，并设置箭头形状的样式。

（4）为每个形状添加动画效果即可。

练习3：新年快乐

downloads\14\新手训练营\新年快乐

提示：本练习中，主要使用 PowerPoint 中的设置图片背景、设置字体格式、插入图片、添加动画效果、设置效果选项等常用功能。

其中，主要制作步骤如下所述。

（1）执行【视图】|【母版视图】|【幻灯片母版】命令，选择第1张幻灯片，插入背景图片，同时关闭幻灯片母版。

（2）在幻灯片中输入文本内容，并设置文本的字体格式。

（3）插入多张四叶草图片，并排列图片的显示位置。

（4）从上到下，从左上到，依次为四叶草图片添加"淡出"动画效果，并根据具体情况设置其【开始】方式。

练习4：制作论语介绍幻灯片

downloads\14\新手训练营\论语介绍幻灯片

提示：本练习中，主要使用 PowerPoint 中的插入图片、绘制形状、设置形状格式、插入艺术字、设置艺术字格式、添加动画效果等功能。

其中，主要制作步骤如下所述。

（1）在幻灯片中插入图片文件，并排列图片位置。在图片下方插入直线形状，并将形状的轮廓颜色设置为无轮廓颜色。

（2）组合相应的图片和直线形状。然后，在幻灯片中插入圆角矩形形状，设置形状的轮廓颜色和填充颜色。

（3）插入艺术字，输入文本并设置文本的字体格式。

（4）排列艺术字，插入各个形状，设置形状样式并排列形状。

（5）为各个对象添加动画效果。